丛书序

功能材料是指具有一定功能的材料，是涉及光、电、磁、热、声、生物、化学等功能并具有特殊性能和用途的一类新型材料，包括电子材料、磁性材料、光学材料、声学材料、力学材料、化学功能材料等等，近年来很热门的纳米材料、超材料、拓扑材料等由于它们具有特殊结构和功能，也是先进功能材料。人们利用功能材料器件可以实现物质的多种运动形态的转化和操控，可以制备高性能电子器件、光电子器件、光子器件、量子器件和多种功能器件，所以其在现代工程领域有广泛应用。

20世纪后半期以来，关于功能材料的制备、特性和应用就一直是国际上研究的热点。在该领域研究中，新材料、新现象、新技术层出不穷，相关的国际会议频繁举行，科技工作者通过学术交流不断提升材料制备、特性研究和器件应用研究的水平，推动当代信息化、智能化的发展。我国从20世纪80年代起，就深度融入国际上功能材料的研究潮流，取得众多优秀的科研成果，涌现出大量优秀科学家，相关学科蓬勃发展。进入21世纪，先进功能材料依然是前沿高科技，在先进制造、新能源、新一代信息技术等领域发挥着极其重要的作用。以先进功能材料为代表的新材料、新器件的研究水平，已成为衡量一个国家综合实力的重要标志。

把先进功能材料领域的科技创新成就在学术上总结成科学专著并出版，可以有效地推动科学与技术学科发展，推动相关产业发展。我们基于国内先进功能材料领域取得众多的科研成果，适时成立了"先进功能材料丛书"专家委员会,邀请国内先进功能材料领域杰出的科学家,将各自相关领域的科研成果进行总结并以丛书形式出版,是一件有意义的工作。该套丛书的实施也符合我国"十三五"科技创新的需求。

在本丛书的规划理念中,我们以光电材料、信息材料、能源材料、存储材料、智能材料、生物材料、功能高分子材料等为主题,总结、梳理先进功能材料领域的优秀科技成果,积累和传播先进功能材料科学知识、科学发现和技术发明,促进相关学科的建设,也为相关产业发展提供科学源泉,并将在先进功能材料领域的基础理论、新型材料、器件技术、应用技术等方向上,不断推出新的专著。

希望本丛书的出版能够有助于推进先进功能材料学科建设和技术发展,也希望业内同行和读者不吝赐教,帮助我们共同打造这套丛书。

中国科学院院士

2020 年 3 月

前　言

几千年来，金刚石以其绚丽的色彩而披上了神秘的外衣，加上其稀少和极其昂贵的价格，自古以来它就被人们视为财富的象征。

科学的发展日新月异，人们对金刚石有了更深刻的认识。金刚石是天然物质中最硬的材料，而且它在热、电、声、光等方面显示出优越的性能，这些性能包括：宽的禁带宽度、极高的本征电阻率、高击穿场强、低的介电常数、宽的光谱透过范围、极高的热导率、极低的线膨胀系数、高的载流子迁移率和极好的化学稳定性等。使得它在众多领域具有广阔的应用价值。

1955 年美国通用电气公司（GE）首次采用高温高压（high temperature high pressure，HTHP）法以石墨为原料合成了金刚石。目前已达到商用水平。然而 HTPT 法对设备要求苛刻，成本高，制造出的金刚石都是尺寸在纳米到毫米之间的小单晶颗粒，而且也无法制成膜状的金刚石，因此只能利用金刚石的高硬度特性，这就限制了其应用范围，仅用于切割、切削工具和首饰。

1958 年美国 Eversole 采用循环反应法在 $600 \sim 1\,000 \, \mathrm{℃}$ 和 $10 \sim 100 \, \mathrm{Pa}$ 气压下分解含碳气体（CBr_4 或 CH_4），在金刚石籽晶上生长出金刚石，首次证实了低气压条件下也能够制备出金刚石。1982 年日本无机材料研究院 Matsumoto 等用热丝辅助化学气相沉积法在单晶硅上生长出金刚石薄膜，取得突破性进展。他们使用热丝（约 $2\,000 \, \mathrm{℃}$）活化热丝附近的氢和碳氢化合物，使金刚石膜沉积到与热丝相距 $10 \, \mathrm{mm}$ 的非金刚石衬底上。首次发现沉积过程中氢原子的出现会优先刻蚀石墨而不是金刚石，从而免去了循环反应法要求的沉积与刻蚀交替循环的过程,提高了金刚石薄膜的生长速率,同时也改善了非金刚石衬底上金刚石薄膜的质量。在光电子领域薄膜态占有主导地位,特别在异质面上生长出金刚石薄膜更显重要。由此带来了全球范围研究金刚石膜的热潮,各种化学气相沉积法金刚石薄膜制备技术不断地涌现、改进和完善。其间本人投入其中,成为国内金刚石膜光电器件研究的先驱者之一。

撰写此书便于读者理解金刚石膜的性能、制备技术以及其光电器件的原理和现有的研究成果,起到抛砖引玉作用。本书共分十章,前三章叙述了金刚石膜的制备工艺和膜结构、表面、界面,以及掺杂对热与光电性能的影响;后七章分别详尽描述了金刚石膜场效应晶体管、紫外光探测器、微电子器件热沉、X 射线探测器、粒子探测器、生物传感器和金刚石膜在光电领域的其它应用。金刚石膜被认为是 21 世纪重要的新型功能薄膜材料,已成为当今国内外材料和光电子元器件领域热门的研究课题之一。

在本书出版之际,向王林军、黄健、张明龙、方志军、沈沪江、苏青峰、刘健敏、莫要武、居建华、沈悦、张伟丽、彭鸿雁、戴雯琪、吴南春、王瑜、汪琳博士和各位硕士研究生们一并感谢。你们为金刚石膜课题,前赴后继三十年,始终精益求精,弘扬教学相长,保持团队朝气,渡过美好时光。感谢国家自然科学基金、上海自然科学基金、上海科委重大科技攻关项目、上海教委重点项目和美国 Intel 基金等的不断资助。感谢上海大学材料科学与工程学院资助本书的出版。在褚君浩院士的鼓励和推荐下,鞭策了我启动本书写作,更在此深表感谢。并谢谢我夫人侯敏华对我工作的理解和支持。

夏义本

2021 年 8 月 10 日

目　录

第一章　绪　论

1.1　金刚石膜的结构

金刚石虽是由一种原子(即碳原子)组成,但是它的晶格是一种复式格子,是由两个面心立方子晶格沿体对角线位移 1/4 的长度套构而成,如图 1.1(a)所示。金刚石结构的结晶学原胞如图 1.1(b)所示,在一个面心立方结构内还有 4 个碳原子,这 4 个碳原子(浅色标记原子)分别位于 4 个空间对角线的 1/4 处。金刚石中每个碳原子都以 sp^3 杂化轨道的形式通过 σ 键与周围的四个相邻碳原子配位形成共价键。这五个原子形成一个正四面体结构,其中 4 个位于正四面体的顶角上,还有一个位于正四面体的中心。室温下,金刚石的碳碳键长为 1.55 Å,碳碳键角 109.28°。

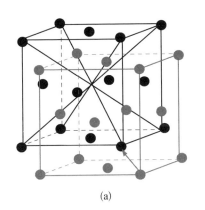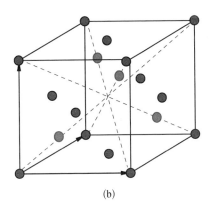

(a)　　　　　　　　　　　　　　　(b)

图 1.1　金刚石结构

1.2　金刚石膜的优异特性

金刚石是自然界中最硬的物质之一,除此之外,金刚石在力学、热学、光学及电学等方面也有着极其独特的性质,是一种性能极佳的结构和功能材料[1]。表 1.1 列出了金刚石与一些常用半导体材料(如 β - SiC、GaAs、CdZnTe、GaN、Si 等)的性能比较,从中不难看出,金刚石表现出了无与伦比的优势,在机械加工、光学、电子学等许多领域有着广泛的应用前景。

表 1.1 室温下金刚石和一些常用半导体材料的性能比较[2]

性　　质	金刚石	β－SiC	GaAs	CdZnTe	GaN	Si
原子序数	6	14/6	31/33	48/30/52	31/7	14
硬度/GPa	100	3.43	0.59			0.98
密度/(g/cm³)	3.51	3.21	5.32	5.90	6.09	2.33
熔点/℃	4 000	2 540	1 238	1 092~1 295		1 420
禁带宽度/eV	5.5	3.0	1.43	1.5~2.2	3.45	1.12
热膨胀系数/(10⁻⁶/℃)	1.1	4.7	5.9		5.6	2.6
介电常数	5.7	9.7	12.5	10.9	9	11.8
电阻率/(Ω·cm)	>10¹³	150	10⁸	10¹¹	>10¹⁰	10⁵
电子迁移率/[cm²/(V·s)]	2 200	400	8 500	1 350	1 250	1 500
空穴迁移率/[cm²/(V·s)]	1 800	50	400	120	850	600
击穿场强/(10⁴ V/cm)	1 000	400	40	0.15	>100	30
热导率/[W/(cm·K)]	20	5	0.46		1.3	1.5
电子饱和速率/(10⁷ cm/s)	2.7	2.5	1		2.2	1
工作温度/℃	<800		130	300	>300	77

1. 金刚石膜的力学性能

金刚石具有极优异的力学性能。金刚石的硬度为 100 GPa,是目前已知材料中硬度最大的物质之一。如今,金刚石薄膜的硬度已基本达到天然金刚石的硬度,加上其摩擦系数极低,使金刚石成为极好的切削工具、模具的涂层材料和真空下使用的干摩擦材料。将金刚石薄膜直接沉积到刀具表面,可以制备出不同几何形状的金刚石涂膜刀具,显示出长寿命、切割速率快、高加工精度、高加工质量等优越性,比传统的碳化物工具有更好的性能,在加工非铁系材料领域具有广阔的应用前景。现今,已有用切割的金刚石厚膜做的镶嵌刀具和金刚石膜涂覆的刀具在市场销售,成功用于切削有色金属、稀有金属、石墨及复合材料,特别适宜航空、汽车工业所用高硅铝合金材料的切削加工[3]。

金刚石薄膜低的密度、高的弹性模量以及极高的声波传播速度,可以作为高保真扬声器高单元的振膜,是高档音响扬声器的优选材料。同时,由于以上的特点,金刚石薄膜也可以用作声表面波(surface acoustic wave,SAW)器件的衬底材料。

2. 金刚石膜的光学性能

金刚石具有很优异的光学性质,除了大约在 $3 \sim 5~\mu m$ 位置存在微小的吸收峰外(由声子振动引起),从紫外($0.22~\mu m$)到远红外整个波段金刚石都具有高的透过率。同时由于具有宽的带隙($5.5~eV$)、高的化学稳定性、优异的抗辐照性能以及强的抗热冲击能力,金刚石可以作为大功率红外激光器和各种探测器件的理想窗口材料[4];金刚石的折射率高(2.41),可以作为太阳能电池的防反射膜;金刚石具有高的透过率、高的热导率、优异的力学性能和化学稳定性,可作为各种光学透镜的保护膜、高速飞行飞机和导弹的头部雷达罩等。

3. 金刚石膜的热学性能

金刚石具有极高的热导率。随着高热导金刚石薄膜制备技术的进步,如今金刚石薄膜的热导率也基本达到了天然金刚石的水平。同时由于金刚石薄膜具有高的电阻率、小热容等特性,因此它是散热性能极好的热沉材料,可以作为高功率集成电路基片和绝缘层以及固体激光器、高温强辐射条件下各种探测器件的导热绝缘层。

4. 金刚石膜的电学性能

金刚石具有宽带隙($5.5~eV$)、高热导、高击穿电压(比 Si 和 GaAs 高 2 个数量级)、高电子与空穴迁移率、高电子饱和速度以及较小的介电常数等特性,非常适合于制备高温、高偏压、高功率、高辐射条件下使用的半导体器件。故其有望取代硅,作为制备耐高温、抗辐射等恶劣条件下工作的电子器件(比如高能粒子探测器、场效应晶体管等)的理想材料[5]。

近年来,随着金刚石掺杂技术取得一定的进步,以及人们发现金刚石具有负电子亲和势和突出的二次电子发射与场发射性能,从而使金刚石薄膜成为一种极有希望的平板显示用阴极材料,可用于制造冷阴极电子发射器件和平板显示器件,美国、日本等国家已经在该领域投入了大量的人力和财力。

1.3 化学气相沉积法金刚石膜的制备技术

化学气相沉积(chemical vapor deposition,CVD)法金刚石薄膜的制备技术和方法始于 1962 年,这一年美国人 Eversole 第一个描述了制备金刚石的低压 CVD 方法,并在实验中首次证实了低气压条件下能够制备出金刚石。随后,20 世纪 70 年代,Augus、Derjaguin 等发展了 Eversole 的工作,相继在金刚石衬底上同质外延了金刚石薄膜,但是生长速度很慢,这些技术没有实用价值。1982 年,Matsumoto 等采用热丝 CVD 法制备金刚石薄膜,取得了 CVD 金刚石制备技术上的重大突破。从此,各种沉积金刚石薄膜的 CVD 方法迅速发展,CVD 金刚石薄膜的许多特性已接近或者达到了天然金刚石的水平。

所有沉积金刚石薄膜的 CVD 法都具有共同的特点:使用某种方法产生高温,然后在高温条件下使含碳化合物裂解形成活化含碳基团以及使氢分子离解成原子氢,同时还必须使衬底保持适合金刚石薄膜生长的温度范围。根据高温热源产生方式的不同,目前制备金刚石薄膜的 CVD 方法主要可以分为以下几种[6]。

1. 热丝辅助化学气相沉积法

热丝辅助化学气相沉积(hot filament chemical vapor deposition,HFCVD)法是最早在低压条件下成功制备金刚石薄膜的方法之一,是热解法的进一步发展,目前仍普遍被采用。给高熔点金属热丝(如钽丝)加热,通入 H_2 得到原子氢,产生的原子氢可以有效地刻蚀石墨。该方法合成速度约为 $1\sim3$ μm/h,沉积的金刚石薄膜质量受到各种参数(特别是热丝性质)的影响,但与基体结合较好。最近发展的等离子体辅助热丝 CVD(EACVD)法,不仅可获得远比一般热丝 CVD 法更高的沉积速度($10\sim20$ μm/h),而且金刚石膜的质量也得到显著提高。该方法具有设备简单、价格低廉、成膜过程容易控制等优点。

2. 微波等离子体辅助化学气相沉积法

1983 年,日本的 Kamo 等首次报道采用该方法制备出金刚石薄膜。微波等离子体辅助化学气相沉积法(MW - PCVD)近年来得到快速发展的原因之一是无极放电,可制备出高质量的金刚石薄膜,适合于金刚石薄膜的外延生长与掺杂等。微波等离子体与其它等离子体不同,微波激发频率是 2.45 GHz,它会使电子在微波这一高频电场作用下产生急剧振荡,从而利于气体原子、分子碰撞,使气体产生较高离化率,即充分活化,因此可以激发氢气产生过饱和浓度的原子氢,有利于金刚石薄膜的生长。MPCVD 法沉积得到的金刚石薄膜化学纯度高,同时它的沉积温度低,避免了对衬底的破坏。采用该方法制备金刚石薄膜具有均匀、污染少的特点,同时有可能在曲面或复杂表面上沉积金刚石薄膜。缺点是设备价格昂贵。

3. 射频等离子体辅助化学气相沉积法

射频等离子体辅助化学气相沉积(RF - PCVD)法利用 13.56 MHz 的射频在两

个金属板电极之间通过耦合与诱导形成等离子体。射频等离子波等离子体分散的面积更大,但射频等离子体形成的离子轰击会严重损伤薄膜,不利于高质量金刚石薄膜的生长。

4. 直流等离子体辅助化学气相沉积法

直流等离子体是制备金刚石薄膜过程中另外一种使反应气体活化的方法。直流等离子体辅助化学气相沉积法(DA-PCVD)能沉积大面积的金刚石薄膜。直流等离子体与 HFCVD 结合能够提高生长速率。直流电弧等离子体喷射 CVD 法能够以更快的速度(>200 μm/h)沉积高质量金刚石薄膜,因此它们在金刚石薄膜的制备方面有很好的市场前景。

5. 电子回旋共振微波等离子体辅助化学气相沉积法

电子回旋共振微波等离子体辅助化学气相沉积(ECR-MWCVD)法是在微波等离子体装置上附加磁场,产生高密度的等离子体,促进金刚石薄膜的生长。ECR-MWCVD 法保持了微波等离子体的优点:金刚石薄膜不受电极的污染,提高了膜的质量与纯度,降低了沉积温度和工作气压,故有利于等离子体的测量与控制,并可进行大面积沉积金刚石薄膜。然而,由于 ECR-MWCVD 法工作气压比较低,金刚石薄膜的生长率很低。因此该方法仅适合在实验室使用。

6. 火焰燃烧辅助化学气相沉积法

火焰燃烧辅助化学气相沉积法(combustion flame-assisted CVD)使用了与一般常用的火焰热喷涂或乙炔焊枪类似的装置,由乙炔和氧燃烧产生的高温使气体分子发生分解和活化,在火焰内侧的衬底上沉积出金刚石薄膜。该法具有设备简单、可以在大气下合成金刚石薄膜、生长速度较快、有利于在大面积及复杂形状的衬底表面上成膜、不耗电等优点,因而具有广阔发展前景。其缺点是沉积的金刚石薄膜的微结构及化学组成不均匀,衬底由于受热不均匀而容易弯曲或断裂。火焰燃烧辅助化学气相沉积法制备的金刚石薄膜作为涂层材料在摩擦学方面有很好的应用前景。

7. 激光辅助化学气相沉积法

激光辅助化学气相沉积(LA-CVD)法利用激光作热源,通过激光束促进原料气的分解、激发,同时有适当高能量的电子作用于基体表面,基体表面温度较高,生长初期成核密度高,膜的生长速度可达 3 600 μm/h,但在设备长时间工作的稳定性、制备高质量、大面积金刚石薄膜方面还存在着较多问题。

1.4 金刚石膜在光电领域中的主要应用

1.4.1 金刚石膜热沉

一直以来,硅技术的发展遵循着 Moore 定律,集成芯片上的晶体管数随时间呈指数上升。但是,这种发展势头将由于材料性能的限制而受阻,其中一个很重要的问题在于散热。曾经绝缘体上硅(silicon on insulator, SOI)技术取代 CMOS 技术而被广泛应用于集成电路产业。相对于硅体材料,SOI 唯一的优势在于二氧化硅提供了电绝缘。但在集成电路产业不断发展的情形下,二氧化硅的低热导率将是 SOI 的巨大障碍。高功率芯片的结点温度会达到 85℃ 以上,使集成芯片上的晶体管性能下降,因此开发新一代高热导率绝缘散热材料成为半导体行业的研究重点。

金刚石具有作为半导体器件封装所必需的优异的性质,如高的热导率 $[2\,000\,W/(m \cdot K), 25℃]$、低介电常数(5.5),以及高电阻率($10^{16}\,\Omega \cdot cm$)和高击穿场强($1\,000\,kV/mm$)等,因此金刚石可以作为半导体器件热管理的首选材料,可作为集成电路基片和绝缘层以及固体激光器的导热绝缘层。从 20 世纪 60 年代起,微电子界开始了利用金刚石作为半导体器件封装基片的努力,并将金刚石作为散热材料,用在微波雪崩二极管和激光器上,成功地改进了它们的输出功率[7]。但是,天然金刚石或高温高压下合成金刚石高昂的价格和尺寸的限制,使这种技术无法大规模推广。近年来,低温低压下化学气相沉积(LPCVD)金刚石薄膜技术迅速发展,它不仅具有设备成本低和沉积面积大的优点,还能直接沉积在高导热系数的金属、复合材料或单晶硅衬底上,甚至可以制成自支撑的金刚石薄膜片,然后黏接到所需的基片上(金属或陶瓷),这为金刚石作为普及应用的商品化封装材料展示了美好的应用前景。

Annamalai 等在 1992 年率先提出了代替 SOI 技术的金刚石上硅技术(silicon on diamond, SOD)技术[8]。最开始 SOD 是先在 p 型硅衬底上用 CVD 沉积 $1\,\mu m$ 厚的金刚石膜,然后在这层金刚石膜上再沉积大约 $1\,\mu m$ 厚的多晶硅,利用区熔再结晶(ZMR)使硅薄膜结晶,由此形成 SOD 结构,如图 1.2 所示。人们将此 SOD 分别制作成为 MISFET 和 MOSFET,如图 1.3 所示,实验先把 SOD 结构应用于场效应晶体管器件,然后又将 SOD 技术应用在集成电路芯片上。

随后人们又对 SOD 技术进行了改进,其制造工艺流程如图 1.4 所示。高度取向的金刚石膜($75 \sim 100\,\mu m$)沉积在商业生产的(100)SOI 晶片上,随后硅衬底和二氧化硅层相继被刻蚀,从而形成 SOD 晶片。工艺过程中只有金刚石膜沉积时可能造成硅层的损坏,但事实上硅层没有任何形态上的变化,从 X 射线衍射图可见 SOD 结构中的硅层和原先 SOI 结构时没有任何改变[9]。

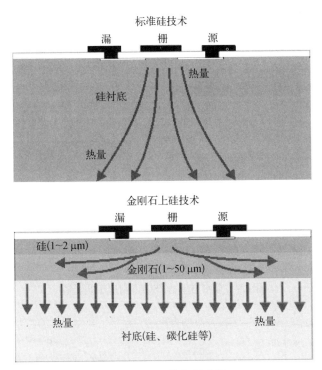

图 1.2 SOD 散热示意图

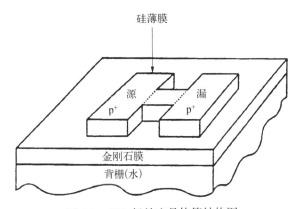

图 1.3 SOD 场效应晶体管结构图

通过 SOD 和 SOI 样品表面微型加热器加热,对 SOD 和 SOI 的温度性能进行了测试,结果如图 1.5 所示。图中 SOD 样品在功率稳定输入为 560 kW/cm² 时的最高温度为 57℃,而 SOI 样品温度为 57℃ 左右时功率是 48 kW/cm²,由此可知 SOD 技术散热能力比 SOI 高出一个数量级[10]。该热性能还可以用 ANSYS 有限元热模拟法进行测试。

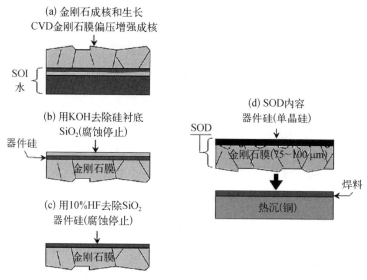

图 1.4　金刚石上硅(SOD)制造工艺流程

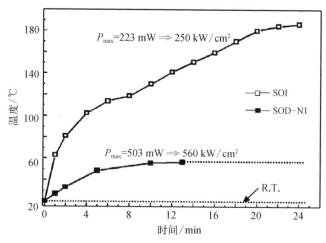

图 1.5　微型加热器自加热测试结果图

现今,SP3 公司向全球销售尺寸从 50 mm 到 300 mm 的 SOD 晶圆,如图 1.6 所示,用于不同的研究,比如散热器件、MEMS 结构以及传感器。Nitronex 公司致力于开发用于宽带无线市场的在硅上生长氮化镓技术,现正与 SP3 公司合作研究将氮化镓长在 SOD 衬底上。

国内,吉林大学超硬材料国家重点实验室采用微波 PCVD 方法,制备出高导热、高绝缘和高(100)取向的 100 mm 的金刚石薄膜,用它制作了 100 mm 的 SOD 抗辐射衬底材料,该技术已获得国家发明专利[11]。除了集成电路方面的应用外,上海大学金刚石课题组采用 HFCVD 法及 MPCVD 方法制备了自支撑金刚石薄膜，并将之应用为 ZnO 紫外光探测器的散热衬底材料[12]。

图 1.6 SP3 公司生产的 SOD 晶圆

1.4.2 金刚石膜声表面波器件

声表面波(SAW)器件是一种对信号频率具有选择作用的无源器件，因其具有体积小、质量轻、滤波性能优越、一致性好、价格便宜等优点，在广播、通信、电视等领域获得广泛应用已有 60 多年的历史[13]。

典型的声表面波器件的结构如图 1.7 所示[14]，它主要由一对叉指换能器(IDT)和压电基片构成，利用压电与逆压电效应可以直接激励和接收声表面波。在输入端输入电信号，电信号通过叉指电极和压电基片转换为 SAW 的形式传播，在输出端以电信号形式输出某些特性频率的信号。当输入信号加载到 IDT 上时，电信号从金属电极上流过，在晶体上产生压力和张力，从而产生声表面波在衬底中传播。在声表面波滤波器中，输入 IDT 的逆压电效应能将输入的电信号转化为机械声波，而输出 IDT 能将机械声波转化为电信号输出。声表面波只在特定的频率下在压电衬底上产生。因此，输出信号是一个带通信号。

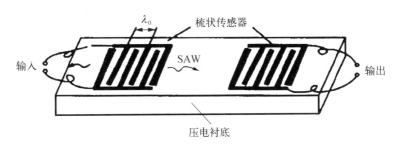

图 1.7 声表面波器件的基本构造

在非中心频率下，输入信号将通过金属 IDT 电耦合到接地端，输出信号为 0。换能器的中心频率 f_0 由等式 $f_0 = v_s/\lambda_0$ 确定，其中 v_s、λ_0 分别表示声表面波的相速度和波长(也称 IDT 的周期)，且波长 $\lambda_0 = 2(a+b)$ 是由 IDT 的指宽与间隔所决定的，a、b 分别是叉指换能器的指宽和指间距。由此可见，要制作高频的 SAW 器件需要提高材料的声速或者减小叉指的宽度至微米以下的数量级。然而减小叉指的宽度会产生其他的一些问题，如可靠性、激励耐久性，也对制作工艺提出了较高的要求。在工艺水平相同的条件下，高声速的材料可以制备出较高频率的器件，因此从选择高声速的材料入手来提高器件频率是一种更有效的手段。

近年来,随着信息量和通信传输的高速发展,声表面波器件的使用频率不断提高,从最初的几兆赫(MHz)发展到现在的千兆赫(GHz),如应用于 1.9 GHz 的个人通信服务系统、2.45 GHz 的无线局域网络系统等,而且很多具有更大信息传输容量的高频系统也正在研制中。这些高频系统的不断发展显著增大了制造高频声表面波器件的技术难度,例如对于传统的 SAW 器件[15]基体材料(LiNbO₃、SiO₂ 等),声速较低(低于 4 000 m/s),用其制作 2.45 GHz 的 SAW 器件,其 IDT 的电极宽度必须小于 0.4 μm,逼近目前半导体工业技术水平,严重制约了器件频率的进一步提高。在这种情况下,选择高声速的基体材料是一种更有效的提高器件频率的方法。

金刚石是所有物质中声波传播速度最快的材料之一,高于 10 000 m/s,用其制作 2.45 GHz 的高频 SAW 器件,其叉指电极可放宽至 1 μm,对电极制备技术的要求大大降低。因此,金刚石成为制作 SAW 器件理想的候选材料。此外,金刚石非常高的弹性模量,有利于声学波的高保真传输。其高的导热性和优良的耐热性,还适合于大功率发射端高频滤波器等应用。这些特性使得金刚石 SAW 器件成为目前世界上高频、超高频 SAW 器件的研究焦点之一[16]。

由于金刚石本身并不是压电材料,无法激发和接收表面波,因此需要在其上面沉积一层很薄的压电薄膜制成复合结构的薄膜 SAW 器件。相关研究主要围绕以下一些复合结构展开:ZnO/金刚石/Si、SiO₂/ZnO/金刚石/Si、AlN/金刚石/Si、AlN/ZnO/金刚石、LiNbO₃/金刚石/Si、LiTaO₃/金刚石/Si 等[17]。在这些多层结构中,SAW 传输特性主要由压电薄膜和金刚石薄膜衬底的特性共同决定。即使用同一种压电薄膜材料,当改变其厚度和衬底特性时,器件的各个性能都会随之改变,从而可以通过人为控制达到器件性能的最佳值[18]。在所有的声表面波器件中,研究最多的是"ZnO/金刚石"结构的 SAW 器件,因为 ZnO 是一种性能优异的压电材料,具有较高的机电耦合系数和低介电常数,适用于低损耗的高频滤波器的制备。目前 ZnO 已成为制作这种高频表面声波器件的首选材料[19]。

SAW 器件所用的金刚石薄膜必须具有高成核密度、低表面粗糙度、较高的电阻率和较好的薄膜质量,特别是对高频 SAW 器件,要求用非常平整的金刚石表面来刻蚀亚微米级的 IDT 电极,这样既可提高器件的频率、减小插入损耗以及减少电极断指现象,又提高了成品率。

有不少方法能解决 SAW 器件平整性问题:① 机械抛光金刚石表面,这种方法目前正被使用,但由于金刚石特殊的力学性能,抛光难度大,费用非常昂贵且耗时太长;② 生长纳米金刚石(NCD),这种方法具有一定的可行性,纳米金刚石表面较平整,但应用的关键在于要提高表面阻抗,减小损耗;③ 使用自支撑金刚石膜的光滑成核面,这是目前一个比较可行的方法,因为自支撑金刚石膜的成核面极其光滑,光滑程度与镜面抛光的 Si 衬底相当。

同时由于金刚石基 SAW 器件要使用压电薄膜/金刚石薄膜复合结构,因此压电薄膜的特性也会影响金刚石基 SAW 器件的性能。一般要求所用的压电薄膜有高度的 c 轴取向、高度的表面平整性、较高的电阻率、良好的压电性能和较高的机电耦合系数,这样可以提高器件频率和减小插入损耗。因此,控制压电薄膜表面及内部的微结构特性对制作高频低损的器件及优化器件性能也是十分关键的。

目前,基于"ZnO/金刚石"结构的声表面波器件制备仍处于研发阶段,已取得了一定的进展。

1992 年,Nakahata 等[20]采用 CVD 方法在硅片上沉积了多晶金刚石薄膜,第一次成功制备了 ZnO/IDT/金刚石/Si 结构的 SAW 器件,其中心频率为 1.07 GHz,插损 26 dB。

1993 年,Shikata 等[21]制备了 ZnO/IDT/金刚石/Si 结构的 1.5 GHz 的 SAWF,并着重对器件的插入损耗进行了分析,发现这些传播损耗可通过优化 ZnO 薄膜的制作工艺而降低。

1996 年,Nakahata 等[22]采用 SiO₂/ZnO/IDT/金刚石/Si 结构,首次制作出了 2.5 GHz 的高频低损 SAWF,并对器件的温度特性进行了考察。证实了 SiO₂ 对正温度系数的抵消作用,取得了与理论计算符合很好的结果。值得注意的是,用射频磁控溅射法生产的 ZnO 薄膜制成的声表面波滤波器,即便中心频率相同,频率-振幅特性也可能不同。

随着制备技术的不断完善,金刚石 SAW 器件也向更高频率发展。2000 年,日本学者[23]采用 SiO₂/IDT/ZnO/金刚石/Si 结构制备了中心频率为 5 GHz 的高频器件。人们预言,如果进一步改善制备工艺,金刚石膜 SAW 器件的频率完全可以达到 10 GHz 甚至更高。金刚石膜高频 SAW 器件的应用也将越来越广。

1.4.3 金刚石膜紫外光探测器

在宽禁带紫外探测器的研究上,金刚石薄膜紫外探测器的研究成为极具有吸引力的课题之一。金刚石还具有许多优异的电、光、热和机械性能及高的抗辐照强度和物理化学稳定性等。如低介电常数(5.7),高击穿电压(10^7 V/cm),高电子、空穴迁移率[分别为 $1\,800$ cm²/(V·S)和 $1\,200$ cm²/(V·S)],高热导率[20 W/(cm·K)]。这些独一无二的性能使器件即使身处高温、强辐射等恶劣的环境,在无任何保护的情况下也能安全稳定的工作。正是由于金刚石的诸多特点,使其在探测技术中应用广泛,能对高能粒子、X 射线及紫外光等进行探测[24]。

现在许多工业领域,如污水处理、烟雾监测、微光刻、监测准分子激光束等,迫切需要在深紫外、真空紫外(100~300 nm)范围内发展具有高性能的 UV 探测器。近几年来,CVD 金刚石紫外探测器在这些方面都得到了开发和应用,而最为显著的是在监测准分子激光束方面。2000 年,Lansley 等[25]第一次实现了 CVD 金刚石光导探测器能在 193 nm 激光束、1 kHz 频率下工作。2001 年,Whitfield 等[26] 研究了 CVD 金刚石光导探测器在 193 nm 准分子激光束辐射下,不同辐射流量及辐射时间对器件的影响。2002 年,Lansley 等[27] 第一次有目的地设计成一维金刚石成像阵列,以探测在下一代光刻系统中需要的准分子激光束纳秒脉冲。所制器件能在单个 193 nm 激光脉冲的辐射下,相邻两个阵列元素的探测信号差异小于 2%,在长时间工作下也能快速响应,没有任何因空间电荷效应引起的信号。2003 年,Lansley 等[28] 利用简单的测试电路及较低的偏压,在一般的工业激光剂量辐射下,观察到探测器上的瞬态响应。探测器的响应幅度随剂量呈线性变化,且响应峰的形状非常类似于激光束的瞬态形状,故他们认为其探测器能在脉冲计数或脉冲跟踪模式下对 193 nm、10～15 ns 的激光脉冲给出真实瞬态反映。

在生物医学方面,Mahon 等[29] 将金刚石紫外光探测器应用到生物分子成像系统中以识别电泳分离的生物分子。与其他传统技术相比,金刚石紫外光探测器能在凝胶分离过程中更早的进行成像识别。1999 年,Mahon 等[30] 又利用金刚石探测器对琼脂糖凝胶的 DNA 进行了探测与量化。金刚石紫外探测器对波长小于 224 nm 的紫外光子很灵敏,此区域正是生物分子的高吸收区。工作的基本原理是当紫外光通过被标示的 DNA 时,由于 DNA 对特定波长光的吸收,光的传输减弱,由探测器探测到的信号也相应减弱,由此对 DNA 进行探测。

在天文观测方面,Hochedez 等[31] 将金刚石紫外光探测器用于欧洲航天局人造太阳卫星上,可实现“光盲性”探测,并且克服了传统探测器抗辐射和抗高温能力差、价格昂贵的缺点,为空间人造太阳卫星的研究开辟了新纪元。

在光刻技术方面,新一代的步进光刻工艺需要在 157 nm 条件下操作,这就需要坚固的固态光探测器来监控用于光刻胶曝光的放射束剂量。Whitfield[32] 等首次将金刚石薄膜探测器应用于 157 nm F_2-He 激光光刻工艺中。研究发现金刚石薄膜紫外光探测器在 0～1.4 mJ/cm^2 通量范围内显示出良好的响应。在 ±30 V 偏压范围内,器件增益呈线性,灵敏度约为 10 V/(mJ·cm^2),非常适宜于新一代 IC 制造中的 157 nm F_2-He 步进光刻系统。

1.4.4　金刚石膜晶体管

21 世纪,光电子技术将在高度信息化社会起到越来越重要的作用,光子集成和光电子集成技术对半导体器件的功率、频率、工作温度等提出了更高的要求。目前半导体器件,如二极管、双极晶体管(bipolar junction transistor,BJT)、场效应晶体管(field effect transistor,FET)等,一般采用 Si 和 GaAs 材料。但传统的硅器件在高频、大功率领域越来越显示其局限性,且不适宜于高辐射及化学环境恶劣等条件。GaAs 器件虽然可以获得优异的高频特性,但由于材料的击穿场强和热导率低,无法实现大功率工作。目前适用于高功率、高温应用晶体管材料的研究主要集中于

$SiC^{[33]}$、$GaN^{[34]}$ 和金刚石等宽禁带半导体材料。

由于材料本身的限制,基于 SiC 或 GaN 材料的器件无法很好地解决散热问题。从表 1.1 可以看出,金刚石是一种集多种优良性能于一体的功能材料,具有高击穿电场、高饱和载流子漂移速率、高热导率等特性。另外,金刚石还具有良好的化学稳定性,优良的机械性能、摩擦性能、耐高温性能,并与生物体有良好的兼容性,使金刚石成为电子器件用新材料的研究热点之一。尤其是 20 世纪 80 年代化学气相沉积(chemical vapor deposition,CVD)法合成金刚石薄膜技术和 p 型掺杂技术取得突破性进展,使人们大规模利用金刚石的愿望得以实现。研究表明:基于金刚石薄膜的电子器件能够在硅器件无法应用的场合发挥不可替代的作用,可用于制备高温、高速、高功率和抗辐射器件,因此被公认为是最有发展前途的新型电子材料之一[35]。

由于金刚石 n 型掺杂技术还未完全突破,因此目前金刚石主要用于各种场效应管器件的制作。已报道的金刚石基 FET 主要分两类。

一类是基于硼(B)掺杂的 p 型沟道器件[36]。但由于硼受主激活能较大(370 meV),甚至在高温下也不能完全激活,导致 B 掺杂沟道 FET 具有较小的漏极电流和跨导,且在高温、大电压下工作时又导致大的反向泄漏电流,不利于器件工作。人们也考虑采用硅基 FET 中常用的掺杂技术,控制掺杂区的厚度在 1~2 nm 左右,但获得这样窄的厚度是一种挑战,必须严格控制薄膜的生长工艺和掺杂参数。

另一类 FET 是基于非掺杂氢(H)终端的 p 型金刚石表面沟道器件[37]。研究表明在没有掺杂的情况下,单晶金刚石、同质外延的金刚石薄膜或 CVD 多晶金刚石薄膜表面通过氢等离子体处理都可以获得氢(H)终端的 p 型表面导电沟道[38],该沟道相当于一个激活能低于 23 meV 的二维空穴气(2DHG),利用该 H 终端的 p 型表面导电沟道可以制备 FET 器件。这种 H 终端表面沟道器件的制作工艺非常简单,不需要掺杂、氧化和钝化层沉积过程,制作成本明显低于 p 型 B 掺杂金刚石 FET 和硅基 FET。日本和德国的研究组利用氢终端金刚石薄膜,开发了用于不同卤素阴离子及 pH 检测的场效应晶体管。日本的 Hokazono 等通过对同质外延的金刚石薄膜进行氢等离子体处理获得了 p 型金刚石薄膜,并在此基础上制备成功了金属-半导体场效晶体管(metal-semiconductor field effect transistor,MESFET)和金属-氧化物-半导体场效应晶体管(metal-oxide-semiconductor field effect transistor,MOSFET),器件可以稳定工作到 330℃[39]。

综观文献报道,FET 器件的性能很大程度上取决于金刚石薄膜的质量。国际上正在开发的上述两种(H 终端及 B 掺杂)金刚石基 FET 大多趋向于采用多晶金刚石薄膜,因为在目前的条件下单晶天然金刚石及同质外延金刚石薄膜成本均很高,不适合进行大规模的研究应用。然而由于多晶金刚石薄膜表面粗糙(典型值为几百纳米至几微米量级),器件性能(跨导、开路沟道电流、频率响应)严重受到限制。虽然可以通过抛光处理来改善薄膜的表面粗糙度,但由于金刚石硬度很大,通过机械、化学抛光等手段处理非常困难,成本相对太高,限制了金刚石基 FET 器件的研究,致使其在微电子学、光电子学和生物电子学方面的应用至今尚未完全打开局面。

1.4.5　金刚石膜粒子探测器

半导体探测器是 20 世纪 60 年代以来得到迅速发展的一种新型核辐射探测元件,其特点是:能量分辨率高,线性响应好,脉冲上升时间短,结构简单,探测效率高,偏压低,操作方便。自 1949 年美国贝尔电话实验室 Mckey 首次利用锗半导体探测粒子以后,这种探测器立刻引起世界各国的瞩目。60 年代以来,由于单晶硅拉制工艺的日趋完善,具有较完整晶格结构的低位错或无位错、少数载流子寿命长的硅单晶已能工业生产,为核辐射探测器的发展提供了良好的条件。自 70 年代起,随着硅材料制备工艺和半导体平面制造技术工艺的不断改进,使得硅核辐射探测器得到了迅速的发展。

半导体探测器是唯一适合于宽能谱同时分析的探测器,因此在粒子物理的探测技术中得到了广泛的应用。但是在高强度辐射的恶劣环境中,硅晶格易受到辐射损伤,使掺杂浓度改变,导致探测器的漏电流和电容增加、电荷收集效率下降等缺点[2]。另外,由热激发产生的本征导电性是随温度按指数增加的,由于硅的禁带宽度较小,因此由硅材料制造的器件不能工作在高于 150℃ 的环境中。

目前硅探测器已成功地应用于带电粒子高精度跟踪探测器,在高能物理研究、医学和工业等方面已被应用,然而硅探测器在高强度辐照下将产生漏电流明显增加和电荷收集效率明显降低等问题,辐照损伤严重限制了其进一步应用。随着高能粒子物理、航天科技、国防、核医学、核废物检测和处理、地震预报的研究和发展,迫切需要能有效工作于高温下、能高速响应、抗辐照能力强的核辐射探测器。因此寻找抗辐照性能好且能在高温下工作的新型粒子探测器是一个急需攻克的课题。金刚石具有许多独特的优异特性,使金刚石成为一种理想的能有效工作于高温下的、能高速响应、抗辐射能力强的探测器材料。

参 考 文 献

[1]　Xia Y B, Sekiguchi T, Yao T, et al. Surfaces of undoped and boron doped polycrystalline diamond films influenced by negative DC bias voltage[J]. Diamond and Related Materials, 2000, 9(9−10): 1636−1639.

[2]　Bavdaz M, Peacock A, Owens A, et al. Future space applications of compound semiconductor X-ray detectors[J]. Nucl. Instr. and Meth. A, 2001, 458: 123−131.

[3] Himpsel F J, Knapp J A, Vechten J A, et al. Quantum photoyield of diamond(111) — a stable negative-affinity emitter[J]. Phys. Rev., 1979, B20: 624 – 627.

[4] Sussmann R S, Brandon J R, Coe S E, et al. CVD diamond: a new engineering material for thermal, dielectric and optical applications[J]. Industr. Diamond Rev., 1998, 58 (578): 69 – 77.

[5] Kagan H. Recent advances in diamond detector development[J]. Nucl. Instr. Meth. A, 2005, 541(1 – 2): 221 – 227.

[6] Lee S T, Lin Z D, Jiang X, et al. CVD diamond films: nucleation and growth[J]. Materials Science and Engineering, 1999, 25: 123 – 154.

[7] Potocky S, Kromka A, Potmesil J, et al. Investigation of nanocrystalline diamond films grown on silicon and glass at substrate temperature below 400℃ [J]. Diamond & Related Materials, 2007, 16: 744 – 747.

[8] Annamalai N K, Fechner P, Sawyer J. Silicon on diamond technology for fabricating MISFET and MOSFET[C]. Ponte Vedra Beach: Proceedings 1992 IEEE International SOI Conference, 1992: 64 – 65.

[9] Aleksov A, Li X, Govindaraju N, et al. Silicon-on-diamond: an advanced silicon-on-insulator technology[J]. Diamond & Related Materials, 2005, 14: 308 – 313.

[10] Aleksov A, Wolter S D, Prater J T, et al. Fabrication and thermal evaluation of silicon on diamond wafers[J]. Journal of Electronic Materials, 2005, 34: 116 – 121.

[11] 金曾孙.低成本高质量金刚石膜生长技术及热学方面的应用[J]. 材料导报,2001, 15(2): 24 – 29.

[12] Liu J M, Xia Y B, Wang L J, et al. Electrical characteristics of UV photodetectors based on ZnO/diamond structure[J]. Applied Surface Science, 2007, 15(10): 1550 – 1554.

[13] Ahmed N. Surface acoustic wave flow sensor[C]. San Francisco: IEEE Ultra-Sonic Symp. Proc., 1985: 483 – 485.

[14] Lehmann G, Schreck M, Hou L. Dispersion of surface acoustic waves in polycrystalline diamond plates[J]. Diamond and Related Materials, 2001, 10(3 – 7): 686 – 692.

[15] Dmitriev V F. Theory of an SAW filter operating in weakly coupled resonance modes[J]. Thch. Phys., 2003, 48(2): 231 – 238.

[16] Liu J M, Xia Y B, Wang L J, et al. Preparation of free-standing diamond films for high frequency SAW devices[J]. Transaction of Nonferrous Metals Society of China, 2006, 16: 298 – 301.

[17] Shi W C, Wang M J, Lin I Nan, et al. Characteristics of ZnO thin film surface acoustic wave devices fabricated using nanocrystalline diamond film on silicon substrates[J]. Diamond and Related Materials, 2008, 17(3): 390 – 395.

[18] Assouar M B, Benedic F, Elmazria O, et al. MPACVD diamond films for surface acoustic wave filters[J]. Diamond and Related Materials, 2001, 10(3 – 7): 681 – 685.

[19] 吕建国,叶志镇.ZnO 薄膜的最新研究进展[J]. 功能材料,2002, 33(6): 581 – 583.

[20] Nakahata H, Hachigo A, Shikat S, et al. High frequency surface acoustic wave filter using ZnO/IDT/diamnond/Si structure[J]. IEEE. Ultrason. Symp. Proc, 1992(4): 377 – 379.

[21] Shikata S, Nakahata H, Hachigo A, et al. 1.5 GHz SAW bandpass filter using poly-crystal diamond[J]. IEEE. Ultrason. Symp. Proc, 1993(5): 277 – 284.

[22] Nakahata H, Kitabayashi H, Fujii S, et al. Fabrication of 2.5 GHz SAW retiming filter with SiO₂/ZnO/IDT/diamnond/Si structure[J]. IEEE. Ultrason. Symp. Proc., 1996(3): 285 – 286.

[23] Nakahata H, Hachigo A, Itakuta K, et al. Fabrication of high frequency SAW filters from 5 to 10 GHz using SiO₂/ZnO/diatnond structure [J]. IEEE. Ultrason. Symp. Proc, 2000 (6): 349 – 355.

[24] Wang L J, Xia Y B, Shen H J, et al. Infrared optical properties of diamond films and electrical properties of CVD diamond detectors[J]. J. Phys. D: Appl Phys, 2003, 36: 2548 – 2552.

[25] Lansley S P, Gaudin O, Whitfield M D, et al. Diamond deep UV photodetectors: reducing charge decay times for 1-kHz operation [J]. Diamond and Related Materials, 2000, 9: 195 – 200.

[26] Whitfield M D, Lansley S P, Gaudin O, et al. Diamond photoconductors: operational lifetime and radiation hardness under deep-UV excimer laser irradiation [J]. Diamond and Related Materials, 2001, 10: 715 – 721.

[27] Lansley S P, Gaudin O, Ye H, et al. Imaging deep UV light with diamond-based systems[J]. Diamond and Related Materials, 2002, 11: 433 – 436.

[28] Lansley S P, Gaudin O, Whitfield M D, et al. Diamond photodetector response to deep UV excimer laser excitation[J]. Diamond and Related Materials, 2003, 12: 677 – 681.

[29] Mahon R, Allers L, Ott R J, et al. Preliminary results from CVD diamond detectors for biomolecular imaging[J]. Nuclear Instruments and Methods in Physics Research A, 1997, 392: 274 – 280.

[30] Mahon R, Macdonald J H, Mainwood A, et al. Characterisation of CVD diamond as a detector of DNA[J]. Diamond and Related Materials, 1999, 8: 1748 – 1752.

[31] Hochedez J F, Alvarez J, Auret F D, et al, Recent progresses of the BOLD investigation towards UV detectors for the ESA Solar Orbiter [J]. Diamond and Related Materials, 2002, 11: 427 – 432.

[32] Whitfield M D, Lansley S P, Gaudin O, et al. Diamond photodetector for next generation 157-nm deep-UV photolithography tools[J]. Diamond and Related Materials, 2001, 10: 693 – 697.

[33] Ueda Y, Nomura Y, Akita S, et al. Characteristics of 4H – SiC Pt-gate metal-semiconductor field-effect transistor for use at high temperatures [J]. Thin Solid Films, 2008, 517: 1468 – 1470.

[34] Tschumak E, de Godoy M P F, As D J, et al. Insulating substrates for cubic GaN-based HFETs [J]. Microelectronics Journal, 2009, 40: 367 – 369.

[35] Looi H J, Pang L Y S, Whitfield M D, et al. Progress towards high power thin film diamond transistors[J]. Diamond & Related Materials, 1999, 8: 966 – 971.

[36] El-Hajj H, Denisenko A, Kaiser A, et al. Diamond MISFET based on boron delta-doped channel[J]. Diamond & Related Materials, 2008, 17: 1259 – 1263.

[37] Kasu M, Ueda K, Ye H, et al. High RF output power for H-terminated diamond FETs[J]. Diamond & Related Materials, 2006, 15: 783 – 786.

[38] Albin S, Watkins L. Electrical properties of hydrogenated diamond[J]. Appl. Phys. Lett., 1990, 56: 1454 – 1456.

[39] Hokazono A, Tsugawa K, Umezana H, et al Surface p-channel metal-oxide-semiconductor transistors fabricated on hydrogen terminated (001) surfaces of diamond [J]. Solid-State Electronics, 1999, 43: 1465 – 1471.

第二章 自支撑金刚石膜的制备

2.1 实验设备及原理介绍

2.1.1 热丝辅助化学气相沉积法的原理及设备介绍

金刚石薄膜的热丝辅助化学气相沉积(HFCVD)法,系统结构简单,运作成本较低,适合大面积薄膜沉积,而且金刚石薄膜质量较好,目前已发展成为沉积金刚石薄膜较为成熟的方法之一。这种方法的基本原理是靠在衬底上方放置金属丝,以便高温分解含碳的气体,形成各种活性粒子,在原子氢的作用下在衬底上形成金刚石。

所采用的 HFCVD 实验装置如图 2.1 所示,在该方法中采用钽丝作为加热源,共有 4 根,其输出功率连续可调,最大可达 8 kW。含碳气体为丙酮,氢气为载气,其流量由质量流量计分别控制。将装有丙酮的鼓泡瓶置于冰水混合液恒温槽中以保持温度恒定,防止丙酮挥发。一路进气为直接通入沉积室的氢气,可控流量为 $60 \sim 600\ \text{sccm}^*$,另一路由氢气通过鼓泡瓶携带丙酮形成,通过鼓泡瓶的氢气流量为

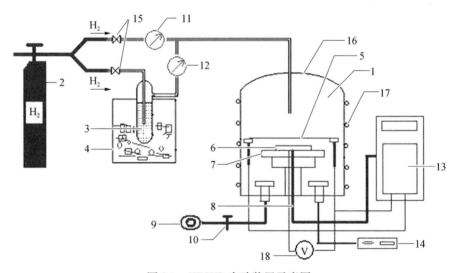

图 2.1 HFCVD 实验装置示意图

1. 反应室;2. 气体;3. 丙酮;4. 恒温槽;5. 钽丝;6. 衬底;7. 试样台;8. 热电偶;9. 真空泵;10. 减压阀;
11. 质量流量计;12. 质量流量计;13. 控温仪;14. 气压计;15. 阀门;16. 钟罩;17. 冷却水;18. 偏压装置

---

* sccm 表示每分钟标准毫升。

$25 \sim 250$ sccm。在反应室的后部连接一个减压阀门以维持反应室气压的稳定,并用气压计测得反应压强。热电偶埋于衬底下方,以了解反应腔体内衬底的温度并通过控温仪稳定衬底温度在±10℃之间。实验过程中可通过偏压装置对衬底施加偏压[1]。采用本设备制备金刚石薄膜的沉积速率可以达到$2 \sim 3$ μm/h,薄膜最大尺寸可以达到直径10 cm。

2.1.2　微波等离子体气相沉积法的原理及设备介绍

微波等离子体气相沉积(MPCVD)法的原理是采用频率为2.45 GHz的微波激发反应气体,它会使电子在微波这一高频电场作用下产生急剧振荡,从而利于气体原子、分子碰撞,使气体产生较高离化率,即充分活化,这有利于金刚石薄膜的生长。

MPCVD法的特点是:无内部电极,可以避免电极放电污染;运行气压范围宽;等离子体密度高;能量转化效率高;微波与等离子体参数方便控制。因此采用该方法可以制备出比较均匀、纯净和高质量的金刚石膜,是目前最适合用于制造电子器件用金刚石膜的制备方法之一,同时它也有可能在曲面或复杂表面上沉积金刚石薄膜。MPCVD法的缺点是:放电区域小,难以实现大面积薄膜的沉积;一般合成速率较低;另外设备价格昂贵,成本较高。

本课题中所采用的MPCVD沉积设备如图2.2所示,采用CH_4和H_2作为反应

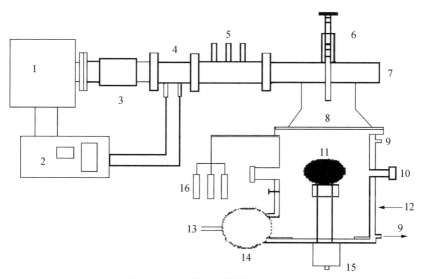

图 2.2　微波等离子体装置示意图

1. 微波管;2. 微波电源;3. 水冷却环行器及水负载;4. 定向微波计;5. 三螺钉阻抗调配器;
6. 耦合天线;7. 微波模式转换器;8. 石英真空窗;9. 冷却水;10. 观测窗口;11. 椭球状等离子体;12. 不锈钢反应腔;13. 接真空泵;14. 气压控制;15. 复合真空计;16. 质量流量控制器

气体,其流量由气体流量计分别控制。其输出功率连续可调,最大可达 5 kW。CH_4 流量为 1~5 sccm,氢气流量为 95~100 sccm。反应室连接一个减压阀门以维持反应室内气压的稳定。热电偶埋于石墨衬底台下方,用于测量反应腔体内衬底的温度,通过调节微波功率控制衬底温度。实验过程中可通过偏压装置对衬底施加偏压。采用本设备制备金刚石薄膜的沉积速率为 0.5~1 μm/h,最大可沉积薄膜尺寸为直径 2 cm。

2.2　金刚石膜的制备工艺研究

2.2.1　衬底研磨方式对成核的影响

金刚石薄膜的生长采用 p 型单晶硅片为衬底,并用其镜面作为金刚石生长面。实验开始前,首先将 Si 衬底在 10% 的氢氟酸溶液中超声清洗 15 min,除去表面的 SiO_2 层、灰尘和其他可溶性物质。

由于在 Si 衬底上沉积金刚石薄膜是异质成核,Si 衬底与金刚石的晶格常数差异较大,如果 Si 衬底未经表面处理,那么金刚石的成核密度很低,只能得到金刚石颗粒,而不能形成连续的薄膜。因此,为了增加成核的密度,应对衬底进行表面处理,使衬底表面产生许多有利于金刚石生长的缺陷及成核中心,衬底表面的这些缺陷将会降低成核的自由能,强化核的作用。对 Si 衬底表面进行处理后造成的缺陷和损伤会促成金刚石成核密度的提高,使金刚石核长大后形成连续致密的薄膜。

常用的衬底表面处理方法有两种:手工研磨和超声研磨。由于本实验要获得自支撑金刚石薄膜,并以其成核面为下一步实验的基础,因此金刚石成核面的质量和形貌都至关重要,本书对衬底预处理工艺进行了研究,探索适合自支撑金刚石薄膜制备的衬底预处理工艺。

在处理之前,将直径为 100 nm 的金刚石粉末溶于丙酮溶液中形成悬浊液。将 Si 衬底分为三组,分别用上述悬浊液对 Si 衬底的镜面进行手工研磨和超声研磨,详细处理条件如表 2.1 所示。

表 2.1　Si 衬底预处理工艺

样 品 号	超声研磨时间/min	手工研磨时间/min
A-1、B-1	15	—
A-2、B-2	—	15
A-3、B-3	10	5

研磨结束后,采用去离子水将多余的金刚石粉末冲洗干净,将 Si 衬底放入去

离子水中超声清洗 15 min;再将 Si 衬底放入丙酮溶液中进行超声清洗 2 次,时间均为 15 min,以去除 Si 表面黏附的有机物杂质;最后将 Si 衬底烘干,整个预处理过程结束。

　　为研究衬底预处理方式对成核密度的影响,样品 A-1、A-2、A-3 在 HFCVD 装置中成核 20 min,样品 B-1、B-2、B-3 在 MPCVD 装置中也成核 20 min,成核后衬底表面的形貌如图 2.3 所示。样品 A-1、B-1 采用纯超声研磨,从图中可以看出此衬底成核密度低,不能形成连续薄膜。样品 A-2、B-2 成核密度相对于样品 A-1、B-1 有显著提高,但是由于本实验最终要获得表面平整的自支撑金刚石薄膜成核面,晶粒之间的空隙会影响最终获得的自支撑金刚石薄膜的表面粗糙度,因此 A-2、B-2 的成核密度还不足以满足本实验的应用要求。样品 A-3、B-3 采用了手工研磨和超声研磨相结合的 Si 衬底预处理方式,成核密度大,成膜连续。手工研磨后 Si 表面留下一定的划痕、凹面等表面缺陷;超声过程中,金刚石粉颗粒在超声波的作用下,在丙酮中做小范围剧烈运动,与放入其中的衬底发生碰撞,产

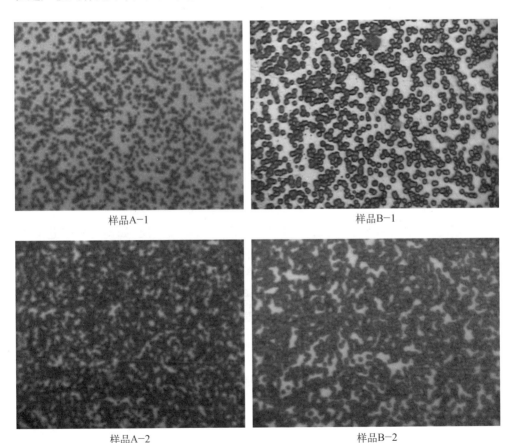

样品A-1　　　　　　　　　　　　　　　　样品B-1

样品A-2　　　　　　　　　　　　　　　　样品B-2

样品A-3   样品B-3

图 2.3　金刚石成核状况显微镜图

生两个后果：一是在 Si 片表面产生纳米级的损伤,这些纳米级损伤区的表面自由
能升高,成为吸附性位;其次,金刚石粉颗粒间及金刚石粉与 Si 片间碰撞过程中,
会产生广泛的化学、物理学转变过程,产生了纳米级金刚石微粒,这些金刚石微粒
被吸附中心吸附,随后的简单清洗不能把它们除去,它们充当了金刚石成核的“晶
种”[2],从而提高了衬底的成核密度。因此制备自支撑金刚石薄膜采用手工研磨和
超声研磨相结合的衬底预处理方式。

2.2.2　金刚石膜的制备

2.2.2.1　HFCVD 法金刚石膜的制备

1. 钽丝预处理

本实验中采用钽丝来加热,而钽丝的表面往往有氧化层,如不对钽丝进行处
理,钽丝上的钽、氧化钽或其他杂质会在高温下挥发出来,玷污衬底,进而影响金刚
石薄膜的质量。另外钽是强碳化元素,如果在沉积金刚石薄膜前不进行碳化处理,
那么在沉积初期,必然有相当数量的碳消耗在钨丝或钽丝上,与之形成碳化物,从
而减弱了合成金刚石薄膜的反应,衬底周围的供碳强度降低对于金刚石的初始成
核是不利的,并可能导致石墨化[3]。综合以上原因,在生长金刚石薄膜前对钽丝进
行预处理是十分必要的。

钽丝的预处理方法如下：用砂纸将钽丝表面磨光打亮,去除表面氧化层;在
HFCVD 装置中安装好钽丝;对反应室抽真空,本底真空达 5 Pa;打开 H_2 针形阀,
抽 H_2 管道,剩余压力小于等于 7 Pa 后,关针形阀,充入 H_2(加压阀处于关闭状
态);打开(H_2+C)针形阀,抽丙酮管道的空气,达到一定时间(约 5 min)后关闭

针形阀,充入 H_2(加压阀打开后又关闭);重复上述步骤数次;按比例通入反应气体,调整气压 4~5 kPa,打开水源和加热电源,对灯丝进行加热,直至温度为450~500℃。典型加热步骤为:5 V,10 min;10 V,10 min;15 V,10 min;去掉碳源(丙酮)和加热电源,冷却 15~20 min;关掉 H_2,抽真空 5 min,然后放气至大气压力,打开钟罩。观察钽丝颜色,如果钽丝表面呈金黄色(形成了碳化钽),那么表明预处理比较成功。

钽丝预处理,可去除钽丝表面的氧化层和杂质,并可以在钽丝表面形成致密的碳化层,碳化层可以在以后的金刚石薄膜沉积过程中阻挡内部的杂质继续扩散出来并抑制钽丝的挥发,从而减少薄膜内金属钽及其他杂质的污染。

2. 金刚石膜沉积

HFCVD 法生长金刚石薄膜可分为三个过程:气相过程,热丝产生的高温使碳氢气体与氢气热解成具有活性的原子和原子团;传质过程,活性离子向沉积用的衬底表面扩散;表面过程,活性离子吸附在衬底表面并发生一系列的表面反应。从而实现薄膜制备的两个主要阶段——成核与生长。

钽丝预处理及衬底预处理完成后,将硅片置于试样台上,硅片镜面一侧朝上,然后进行金刚石膜的沉积,其操作步骤如下。

抽真空:利用真空泵依次对反应室、氢气支路和丙酮支路抽真空,最终使反应室本底真空小于 5 Pa。

气体流量、气压调节:抽真空完毕后,依次打开质量流量计通入氢气和丙酮,调节氢气与丙酮的比例,再通过调节减压阀将反应室的气压稳定在设计值。

升温:气压稳定后,打开冷却水和加热电压,并以约 0.5 V/min 的速率升高加热电压,最终使反应温度处于设计值范围之内。按表 2.2 中的参数沉积金刚石薄膜。

表 2.2 HFCVD 基本沉积参数

	反应气压 /kPa	气体流量比 (丙酮∶氢气)	衬底温度 /℃	反应时间 /h
成核期	1	65∶200	630	0.5
生长期	5	40∶160	680	60

降温:维持工艺条件至预定的时间后,先停止通入丙酮,并以约 1/3 V/min 的速率降低电压,以降低反应温度直至室温,最后关闭氢气和冷却水,取出样品。

2.2.2.2 MPCVD 法金刚石膜的制备

MPCVD 金刚石膜制备技术是通过产生谐振的微波来激励等离子体、使得含碳和氢的反应气源被充分活化分解。形成等离子体时的微波放电是无电极放电,因而可避免 HFCVD 沉积方法中所引起的电极材料的污染,有利于高质量金刚石膜的生成。也可以省略热丝的预处理步骤,简化了制备工艺。

MPCVD 法生长金刚石薄膜的过程如下。

抽真空:利用真空泵、分子泵依次对反应室、氢气支路和甲烷支路抽真空,最终使反应室本底真空小于 10^{-2} Pa。

气体流量、气压调节:抽真空完毕后,依次打开氢气和甲烷质量流量计通入氢气和甲烷,根据实验需要调节氢气与甲烷的比例,再通过调节减压阀将反应室的气压稳定在设计值。

功率及温度调节:气压稳定后,打开冷却水和微波电源,调节微波功率,根据实验需要获得合适的衬底温度。

降温:维持工艺条件至预定的时间后,先停止通入甲烷,然后关闭微波电源,以降低反应温度直至室温,最后关闭氢气和冷却水,取出样品。

在本实验中金刚石薄膜的参数沉积如表 2.3 所示。

表 2.3　MPCVD 基本沉积参数

	反应气压 /kPa	气体流量比 (甲烷:氢气)	衬底温度 /℃	反应时间 /h
成核期	1	3:100	650	0.5
生长期	5	1:100	700	120

2.2.2.3　金刚石薄膜的制备

为了得到自支撑金刚石薄膜,需要将金刚石薄膜与 Si 衬底剥离。我们将 HFCVD 法和 MPCVD 法制备金刚石薄膜置于 HF+HNO₃(1:1)浓溶液中,在室温下腐蚀 12 h,待 Si 衬底溶解后即得到自支撑金刚石薄膜。自支撑金刚石薄膜的成核面和生长面如图 2.4 所示。

图 2.4　金刚石膜生长面和成核面示意图

然后采用 H_2SO_4 和 50% H_2O_2 的混合溶液对自支撑金刚石薄膜进行表面处理。金刚石薄膜表面的石墨相与混合溶液会发生如下的化学反应:

$$C + H_2SO_4 + H_2O_2 = CO_2 \uparrow + SO_2 \uparrow + 2H_2O$$

采用该混合溶液对自支撑金刚石薄膜进行表面处理可以消除薄膜表面的非金刚石相(主要是石墨),产物是气体和水,没有引入其他金属阳离子[4]。在反应初始阶段可以观察到气泡产生,并缓慢减少直到停止。

将处理好的自支撑金刚石薄膜置于丙酮中超声浴清洗 15 min,然后再用去离子水超声浴清洗 15 min,可重复上述清洗步骤直至表面洁净。

最后取出自支撑金刚石薄膜烘干,然后将样品在氩气保护气氛中 500℃退火 60 min。由于金刚石薄膜生长过程中引入 O—H 键、C—H 键、C═O 键和 C═C 键等,高温退火过程可以引起薄膜结构重建,O 和 H 原子会沿晶界逸出,使 C—H 键、C═O 键和 C═C 键有可能向 C—C 单键转化,薄膜自由能降低[5]。因此,退火处理可以明显改善金刚石薄膜的质量。

2.2.2.4　自支撑金刚石薄膜的电极制备

为了研究薄膜样品的电学性能,采用的设备为型号为 LDM150D 的溅射仪,在自支撑金刚石膜的成核面通过溅射的方法形成圆形金电极(半径 1 mm),在生长面制作连续的面电极作为背电极。然后将制作电极的样品在 500℃退火 60 min 以改善金属电极与金刚石薄膜接触的欧姆特性。

2.3　自支撑金刚石薄膜的性能

2.3.1　自支撑金刚石薄膜的表征方法

在本书中将分别对自支撑金刚石薄膜的表面形貌、结构、质量及电学特性进行表征,主要测试仪器如下。

1) 使用日本电子 JEOL JSM - 6700F 型和日立公司 S - 4800 型高分辨场发射扫描电镜(FE - SEM)观察金刚石膜样品表面和截面形貌。

2) 使用美国 AP - 0190 原子力显微镜(AFM)测定薄膜表面平均粗糙度。

3) 使用日本理学株式会社 D/MAX - 3C 型 X 射线衍射(XRD)仪进行样品结构分析,参数:Cu k_α 线,$\lambda = 1.540\ 56$ Å。

4) 使用法国 Jobin - Yvon 公司 HR800UV 型共焦显微拉曼光谱仪(脉冲激光波长 514 nm)测定金刚石膜的拉曼光谱,表征薄膜质量。

5) 使用 HP 4192A 阻抗分析器研究 1 kHz ~10 MHz 频率范围内的薄膜介电性质,信号幅度为 500 mV。

2.3.2　薄膜表面形貌及横截面的 SEM 表征

图 2.5 ~ 图 2.8 分别是 HFCVD 法自支撑金刚石薄膜生长面、成核面以及 MPCVD 法自支撑金刚石薄膜生长面、成核面的扫描电镜图,从中可以看出生长面的晶粒尺寸可达 30 μm,表面粗糙。相对于粗糙的生长面,成核面晶粒的尺寸较小,具有光滑的表面。

图 2.5　HFCVD 法自支撑金刚
石膜生长面的 SEM 图

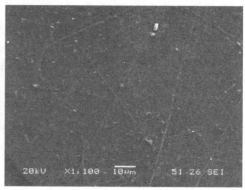

图 2.6　HFCVD 法自支撑金刚
石膜成核面的 SEM 图

图 2.7　MPCVD 法自支撑金刚
石膜生长面的 SEM 图

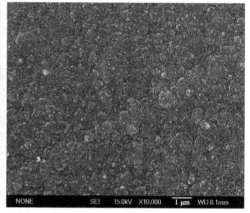

图 2.8　MPCVD 法自支撑金刚
石膜成核面的 SEM 图

　　图 2.9 与图 2.10 分别是 HFCVD 法和 MPCVD 法自支撑金刚石膜横截面的扫描电镜图,从图中可以估计出两种自支撑金刚石膜的厚度分别约为 140 μm 和 110 μm。利用已知的薄膜生长时间,可以大概算出 HFCVD 法和 MPCVD 法制备薄膜的速率分别为 2.33 μm/h 和 0.92 μm/h。因此采用 HFCVD 法制备金刚石薄膜的速度比 MPCVD 法快。

　　另外从图 2.9 与图 2.10 也可以看出,薄膜的生长面(图 2.9 与图 2.10 的左侧)凹凸不平,比较粗糙,而薄膜的成核面(图 2.9 与图 2.10 的右侧)起伏很小,非常平滑,这与前面表面形貌的 SEM 测试结果一致。

　　图 2.11 与图 2.12 分别是 HFCVD 法和 MPCVD 法自支撑金刚石薄膜成核面的原子力显微图,从图中可以看出两种金刚石薄膜成核面均较光滑。在 1.5×1.5 μm²

的扫描区域内薄膜平均表面粗糙度分别为 10.1 nm 和 9.8 nm,非常光滑。因此采用自支撑金刚石薄膜的成核面,无需抛光处理就可以直接用于器件的制备或衬底,简化了工艺,而且节约了时间和成本。

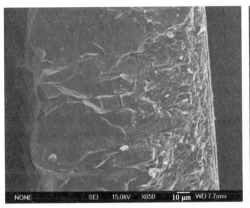

图 2.9 HFCVD 法自支撑金刚 石膜横截面的 SEM 图

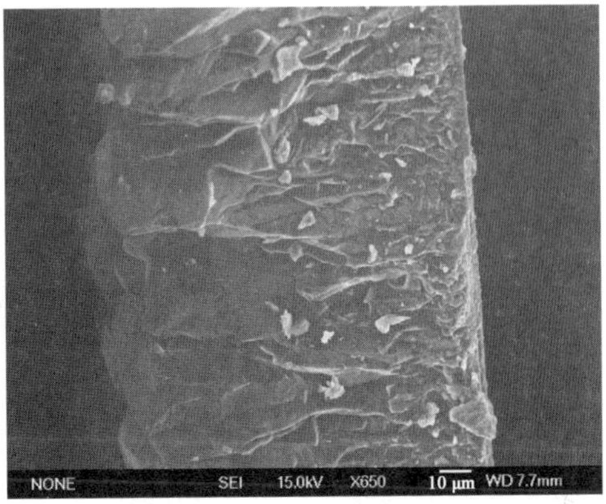

图 2.10 MPCVD 法自支撑金刚 石膜横截面的 SEM 图

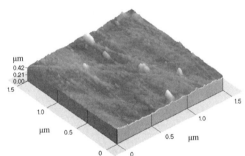

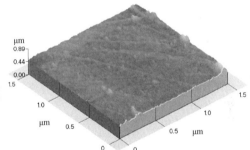

图 2.11 HFCVD 法自支撑金刚 石膜成核面的 AFM 图

图 2.12 MPCVD 法自支撑金刚 石膜成核面的 AFM 图

2.3.3 XRD 图谱表征

采用 X 射线衍射考察金刚石薄膜的取向,如图 2.13~图 2.16 所示。X 射线采用 Cu 靶,射线波长为 0.154 056 nm,进行步进扫描(扫描范围为 40~140°,步进为 0.02)。两种自支撑金刚石的生长面和成核面只具有四个衍射峰,分别对应标准体金刚石的 ASTM 索引值中(111)、(220)、(311)和(400)特征峰,没有探测到石墨特征峰,表明薄膜为高质量的金刚石。根据布拉格(Bragg)衍射公式:

$$2d\sin\theta = \lambda \tag{2.1}$$

可以计算出薄膜的晶面间距 d。表 2.4 给出了样品生长面和成核面的衍射角 2θ、晶面间距 d 及特征峰强度 I，同时列举了标准金刚石的相应值以供参考比较。

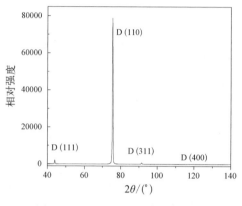

图 2.13　HFCVD 法自支撑金刚石
　　　　薄膜生长面的 XRD 图

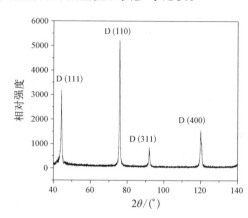

图 2.14　HFCVD 法自支撑金刚石
　　　　薄膜成核面的 XRD 图

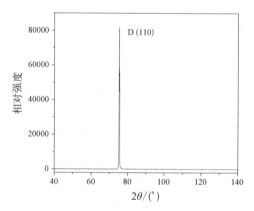

图 2.15　MPCVD 法自支撑金刚石
　　　　薄膜生长面的 XRD 图

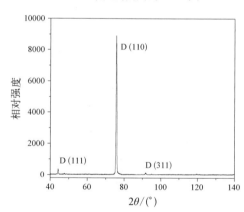

图 2.16　MPCVD 法自支撑金刚石
　　　　薄膜成核面的 XRD 图

表 2.4　金刚石薄膜样品的晶面间距以及各晶面的特征峰相对强度

	hkl	111	220	311	400
HFCVD 薄膜生长面	$2\theta/(°)$	44.00	75.38	91.52	119.50
	晶面间距 $d/\text{Å}$	2.055 4	1.259 4	1.074 8	0.891 3
	峰强度 $I/\%$	2.78	100	0.98	0.18
HFCVD 薄膜成核面	$2\theta/(°)$	44.22	75.82	91.90	120.02
	晶面间距 $d/\text{Å}$	2.045 8	1.253 2	1.071 3	0.889 0
	峰强度 $I/\%$	61.37	100	16.27	28.55

hkl		111	220	311	400
MPCVD 薄膜生长面	2θ/(°)	44.02	75.32	/	/
	晶面间距 d/Å	2.055 3	1.260 7	/	/
	峰强度 I/%	0.17	100	/	/
MPCVD 薄膜成核面	2θ/(°)	44.26	75.64	91.82	119.5
	晶面间距 d/Å	2.044 8	1.256 2	1.072 4	0.891 3
	峰强度 I/%	4.27	100	1.57	0.8
标准金刚石	晶面间距 d/Å	2.060	1.261	1.075 4	0.891 6
	峰强度 I/%	400	100	64	32

由 XRD 测试结果可以发现无论是样品的成核面还是生长面,晶格常数都与标准金刚石的值接近,这一现象表明薄膜为高质量的金刚石,相对来讲样品生长面的晶格常数更接近于标准金刚石。由于薄膜中有应力的存在,引起了晶格畸变,使得晶格常数均发生了一定量的偏离。

从 XRD 得到的数据可分析薄膜样品的取向性。HFCVD 薄膜样品生长面的 $I(111)/I(220)$ 为 2.78,$I(311)/I(220)$ 为 0.98,$I(400)/I(220)$ 为 0.18,均远小于标准金刚石的值,因此该薄膜生长面具有(110)取向。MPCVD 薄膜样品生长面 XRD 图中除(220)衍射峰外没有其它峰的存在,说明该薄膜具有高度的(110)取向。同样,HFCVD 薄膜样品的成核面 $I(111)/I(220)$ 为 61.37,$I(311)/I(220)$ 为 16.27,均远小于标准金刚石的值;$I(400)/I(220)$ 为 28.55,接近于标准金刚石的 32,说明该 HFCVD 薄膜样品的成核面以(220),(400)取向为主。而 MPCVD 薄膜样品成核面的 XRD 数据显示,该成核面具有(110)取向。

2.3.4 拉曼光谱表征

拉曼(Raman)光谱是一种优异的、灵敏的、应用广泛的无损表征技术,其产生的实质在于入射光子与材料分子作用时分子的振动能级或转动能级的跃迁,因而拉曼散射谱的谱线的多少、强度与波长等均与分子的能级结构、性质等密切相关[6-10]。因此,将它应用于 CVD 金刚石薄膜的质量表征时,不仅能确定该膜是晶态或非晶态,而且对确认碳结构的变化(sp^3、sp^2、sp^1)十分敏感,被用来确认膜内金刚石结构、石墨结构、非晶碳结构的存在。

CVD 金刚石的晶格是正四面体结构,组成晶格的碳原子以 sp^3 键结合,其特征频率位移位于 1 332 cm^{-1};石墨中的碳原子以 sp^2 键结合,其特征频率位移位于 1 580 cm^{-1};无定形碳的拉曼频谱则为一平缓的宽峰,频率位移为 1 450~1 650 cm$^{-1[11]}$。

研究表明,Raman 信号对非金刚石相的灵敏度是金刚石的 75 倍,因此可以利用 Raman 光谱来估计薄膜中非金刚石相的含量 C_{nd} [12]：

$$C_{nd} = 1/[1 + 75(I_d/I_{nd})] \tag{2.2}$$

其中，I_d 和 I_{nd} 分别是金刚石和非金刚石相的拉曼峰强度。

　　本节中 HFCVD 法和 MPCVD 法自支撑金刚石薄膜样品生长面的 Raman 光谱如图 2.17 和图 2.19 所示，从图中我们均只能看到样品在 1 332 cm⁻¹ 处有一尖锐的谱峰，它代表了金刚石相的特征峰，图中没有明显的石墨以及无定形碳的峰，结合公式(2.2)可以说明生长面的金刚石质量很好，非金刚石相含量极低。

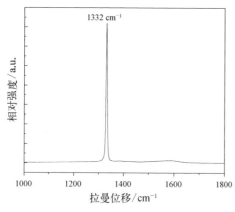

图 2.17　HFCVD 法自支撑金刚石膜
生长面 Raman 光谱

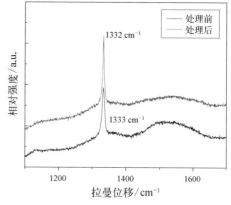

图 2.18　HFCVD 法自支撑金刚石膜
成核面 Raman 光谱

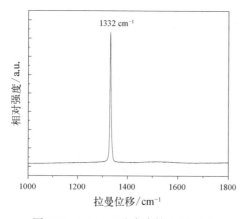

图 2.19　MPCVD 法自支撑金刚石膜
生长面 Raman 光谱

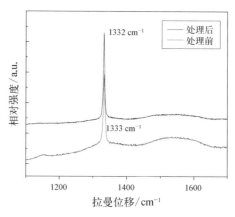

图 2.20　MPCVD 法自支撑金刚石膜
成核面 Raman 光谱

　　HFCVD 法自支撑金刚石薄膜成核面处理前和处理后的 Raman 光谱如图 2.18 所示。样品处理的方法如 2.2.2.3 小节中所述，采用 H_2SO_4 和 $50\% H_2O_2$ 的混合溶液对薄膜进行表面处理,然后在氩气保护气氛中 500℃退火。与生长面的测试结果比较,该样品成核面金刚石的特征峰强度明显减弱,且在 1 450~1 650 cm⁻¹ 波数范围内出现了明显的非金刚石相的宽峰,说明成核面的金刚石质量相对于生长面来说要差。

从图 2.18 中还可以看出相对于未经退火及表面处理的样品,经过处理的样品非金刚石相的特征峰明显减弱,表明通过退火及表面处理可以显著减少金刚石中的非金刚石相含量,提高薄膜的质量。另外处理前后金刚石特征峰的峰位均发生一定的偏移,这主要是由于在 Si 衬底上生长金刚石薄膜时,金刚石和 Si 衬底的热导率[金刚石,20 W/(cm·K);Si,1.5 W/(cm·K)]及热膨胀系数(金刚石,1×10⁻⁶/℃ 和 Si,2.6×10⁻⁶/℃)存在差异,在沉积金刚石阶段温度高,Si 衬底相对膨胀,而冷却阶段相对收缩,使得金刚石成核面受到一定的压应力,通过退火处理薄膜中的应力得到有效释放,从而使得退火前后的特征峰产生偏移[13]。

图 2.20 是 MPCVD 法自支撑金刚石膜成核面的 Raman 光谱,与图 2.19 中的生长面 Raman 光谱相比,成核面的金刚石薄膜质量较差,但是通过化学和退火处理可以明显改善成核面薄膜的质量,所得结论与上面 HFCVD 法薄膜类似。另外,将图 2.20 与图 2.18 比较后发现,采用 MPCVD 法制备的薄膜,其表面处理前后成核面金刚石相的 Raman 峰强于 HFCVD 法制备的薄膜,而非金刚石相的峰强要明显弱于 HFCVD 法制备的薄膜,尤其是通过化学和退火处理后,MPCVD 法薄膜成核面非金刚石相的 Raman 峰很弱,这些都说明采用 MPCVD 法制备出的金刚石薄膜质量比 HFCVD 法好。

2.3.5 电学性能表征

金刚石薄膜的介电常数-频率特性对其在高频电子器件方面的应用有较大的影响。为了测试材料的介电常数-频率特性,在自支撑金刚石膜的成核面通过溅射的方法形成圆形金电极(半径 1 mm),在生长面制作连续的面电极作为背电极。然后将制作好电极的样品在 500℃条件下退火 60 min,这有助于减少电极与薄膜间的接触势垒,使之形成欧姆接触。

室温下,薄膜电容及介电损耗随频率(1 kHz~10 MHz)的变化关系如图 2.21~图 2.24 所示。

由于薄膜上表面的 Au 点电极和下表面的面电极形成了一个良好的平行板电容器,金刚石薄膜介电常数可简化为

$$\varepsilon = cd/\varepsilon_0 s \qquad (2.3)$$

其中,d 是薄膜厚度;s 是电极面积(上表面电极的面积);ε_0 是自由空间介电常数(8.854×10⁻¹² F/m)。

　　由式(2.3)可知,介电常数的变化与电容变化规律相同。从图 2.21 和图 2.23 可以看出,在低频阶段,电容随频率的增大而迅速减小,这是由低频散射(LFD)引起的[14,15]。但是随着频率的增加,电容值下降趋势减缓并趋于饱和。根据式(2.3)可以计算得到金刚石薄膜的介电常数,退火前 5 MHz 频率下 HFCVD 法和 MPCVD 法制备的薄膜介电常数分别为 12.01 和 10.88,而退火后下降为 8.32 和 7.52。造成这一差异的主要原因是:一方面退火工艺可以在一定程度上降低薄膜中氢、非金刚石相等的含量,从而改善了金刚石质量和介电性能;另一方面,通过 MPCVD 法制备的薄膜质量比 HFCVD 法制备的薄膜质量要好,这有助于降低薄膜的介电常数。

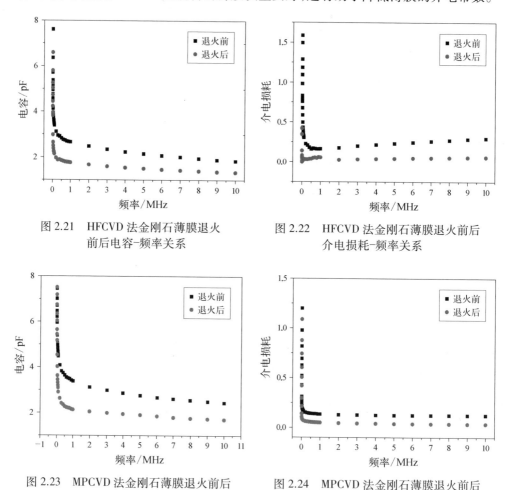

图 2.21　HFCVD 法金刚石薄膜退火
前后电容-频率关系

图 2.22　HFCVD 法金刚石薄膜退火前后
介电损耗-频率关系

图 2.23　MPCVD 法金刚石薄膜退火前后
电容-频率关系

图 2.24　MPCVD 法金刚石薄膜退火前后
介电损耗-频率关系

　　图 2.22 和图 2.24 所示金刚石薄膜介电损耗与频率的关系与前面介电常数和频率的关系相似,低频时,介电损耗随着频率的增加迅速降低,随着频率的增加,介

电损耗下降趋势减缓,最后达到饱和。退火前后 HFCVD 和 MPCVD 样品在 5 MHz 频率下的介电损耗分别为 0.232 1、0.042 2 和 0.124 3、0.039 6。介电损耗可能是由不同过程引起的,如晶界势垒、金刚石和非晶碳中高的缺陷密度等。但这些过程都不是单独作用的,因为它们是由薄膜多晶特性所决定,且在薄膜中同时存在。生长方法的不同以及退火处理,可以使薄膜内的晶界、缺陷等发生变化,从而改变薄膜质量,影响薄膜的介电损耗。

薄膜的 Raman 及电学性能测试表明通过对薄膜进行表面化学及退火处理,可以明显提高薄膜的质量,减小薄膜的介电常数和介电损耗;采用 MPCVD 法制备的薄膜质量要优于 HFCVD 法制备的薄膜。

参 考 文 献

[1] Su Q F, Xia Y B, Wang L J, et al. Influence of texture on optical and electrical properties of diamond films[J]. Vacuum, 2007, 5(5): 644 - 648.

[2] 张贵锋,耿东生,李兴无,等.金刚石薄膜形核与长大动力学的研究[J].材料科学与工艺, 1997, 5(3): 30 - 34.

[3] 高巧君,林栋增.在强碳化物形成元素衬底上生长金刚石薄膜的物理机制探索[J].物理学报,1992, 41(5): 798 - 803.

[4] Wang L J, Xia Y B, Shen H J, et al. Infrared optical properties of diamond films and electrical properties of CVD diamond detectors [J]. J. Phys. D: Appl. Phys., 2003, 36 (20): 2548 - 2552.

[5] 陈光华,张兴旺,季亚英,等.金属和金刚石表面接触的电学特性的研究[J].物理学报, 1997, 46(6): 1188 - 1192.

[6] Ferrari A C, Robertson J. Resonant Raman spectroscopy of disordered amorphous, and diamond-like carbon[J]. Phys. Rev. B, 2001, 64(7): 0754141.

[7] Solin S A, Ramdas A K. Raman spectrum of diamond [J]. Phys. Rev. B, 1970, 1: 1687 - 1698.

[8] Nemanich R J, Solin S A. First-and second-order Raman scattering from finite-size crystals of graphite[J]. Phys. Rev. B, 1979, 20: 392 - 401.

[9] Ferrari A C, Robertson J. Interpretation of Raman spectra of disordered and amorphous carbon [J]. Phys. Rev. B, 2000, 61(20): 14095 - 14107.

[10] Ferrari A C. Determination of bonding in diamond-like carbon by Raman spectroscopy[J]. Diamond and Related Materials, 2002, 11: 1053 - 1061.

[11] Prawer S, Nemanich R J. Raman spectroscopy of diamond and doped diamond[J]. Phil. Trans. R. Soc. Lond. A, 2004, 362(1824): 2537 - 2565.

[12] Silveira M, Becucci M, Castellucci E, et al. Non-diamond carbon phases in plasma-assisted deposition of crystalline diamond films: a Raman study[J]. Diamond Relat Mater, 1993, 2(9): 1257 - 1262.

[13] Huang B R, Ke W Z. Surface properties on both sides of the isolated diamond film[J]. Materials Science and Engineering, 1999, B64: 187 - 191.

[14] Kim I W, Lee D S, Kang S H, et al. Antiferroelectric characteristics and low frequency dielectric dispersion of $Pb_{1.075}La_{0.025}(Zr_{0.95}Ti_{0.05})O_3$ thin films[J]. Thin Solid Films, 2003, 441 (1 - 2): 115 - 120.

[15] Selvasekarapandian S, Vijayakumar M. Frequency-dependent conductivity and dielectric studies on $Li_xV_2O_5(x = 0.6 - 1.6)$[J]. Solid State Ionics, 2002, 148(3 - 4): 329 - 334.

第三章　金刚石膜表面
导电性能研究

为了将金刚石薄膜用于场效应晶体管等电子器件,需要实现金刚石薄膜表面的 p 型导电。本章主要研究氢等离子体表面处理工艺对自支撑金刚石薄膜表面电性能(电阻率、载流子浓度、导电类型等)的影响规律,并对该表面导电机制进行了初步分析。

3.1　引　　言

目前由于金刚石的 n 型掺杂技术还未完全成熟,因此目前金刚石只能用于各种场效应晶体管(FET)器件。已报道的金刚石基 FET 主要分为两类:一类是基于硼(B)掺杂 p 型金刚石[1-4]。但由于硼受主激活能较大(370 meV),甚至在高温下也不能完全激活,导致 B 掺杂沟道 FET 具有较小的漏极电流和跨导,且在高温、大电压下工作时又导致大的反向泄漏电流,不利于器件工作。另一类FET 是基于 p 型非掺杂氢(H)终端的金刚石[5-8]。1989 年 Ravi 和 Landstrass等[9]研究发现,CVD 法制备的单晶金刚石或金刚石薄膜,表面存在一层 p 型高导电层。这个发现在随后的几年里相继被其他研究小组所证实[10,11]。该类型 p 型金刚石激活能低于 23 meV,利用该表面导电特性(氢终端 p 型导电性)可以制备FET 器件[12]。近年来国外已有少量 FET 器件的相关文献报道,而目前国内尚未开展这方面的工作。

目前已报道的金刚石基 FET 大多趋向于采用多晶金刚石薄膜,这是因为在目前的条件下单晶天然金刚石及同质外延金刚石薄膜成本均很高,不适合进行大规模的研究应用。然而由于多晶金刚石薄膜表面粗糙(典型值为几百纳米至几微米量级),器件性能(跨导、开路沟道电流、频率响应)严重受到限制[13,14]。虽然可以通过抛光处理来改善薄膜的表面粗糙度,但由于金刚石硬度很大,通过机械、化学抛光等手段处理非常困难,成本相对太高,限制了金刚石基 FET 器件的研究。另外,关于氢终端金刚石薄膜 p 型导电的机制分析仍不十分详细。基于以上原因,本章采用自支撑金刚石薄膜作为 FET 器件制备的材料,这是因为自支撑金刚石薄膜的成核面非常光滑,可以避免费时费力的抛光过程,同时采用MPCVD 法制备的金刚石薄膜也具有较好的质量。同时本章还对 MPCVD 法自支撑金刚石薄膜的表面处理工艺、表面导电性能及表面 p 型导电的机理进行了初步研究。

3.2 实 验 过 程

3.2.1 自支撑金刚石膜的表面处理

金刚石基 FET 器件的性能很大程度上取决于金刚石薄膜的质量,因此需要制备出高质量的金刚石薄膜。本实验采用 MPCVD 法制备自支撑金刚石薄膜,具体过程及参数如第二章所述。

自支撑金刚石薄膜制备完毕后,采用 H_2SO_4 和 $50\%H_2O_2$ 的混合溶液对薄膜进行表面处理,烘干后再将样品在氩气保护气氛中 500℃退火 60 min,以降低薄膜表面的非金刚石相含量,改善薄膜质量。

采用 MPCVD 设备对自支撑金刚石薄膜的成核面进行氢等离子处理,研究不同的氢处理工艺(温度、时间)、退火工艺(退火温度、退火时间及退火气氛等)以及表面氧化工艺等对薄膜表面电性能(载流子浓度、导电类型及面电阻等)的影响规律。并通过紫外拉曼光谱、傅里叶变换红外光谱及二次离子质谱仪对薄膜表面导电机制进行分析。

3.2.2 测试仪器设备

1) 英国 Accent HL 5500PC Hall 效应测试系统测量薄膜的面电阻、载流子浓度等,测试温度为常温。仪器能够检测薄膜电阻最大值为 100 GΩ/sq,磁场强度为 0.32T。

2) Varian 660 - IR 傅里叶变换红外光谱仪分析薄膜表面 C—H 键成分。所用附件:单次全反射 ATR,ZnSe 晶体,45 度。分辨率: 4 cm^{-1}。

3) 法国 Jobin - Yvon 公司 HR800UV 型共焦显微拉曼光谱仪(脉冲激光波长 325 nm,Cd - He 激光器)测定金刚石膜的拉曼光谱,表征薄膜表面 C—H 键成分。

4) 法国 CAMECA MS - 6F O^{2+} 二次离子质谱仪(SIMS)研究氢元素在薄膜表面及深度方向的分布。

3.3 自支撑金刚石膜的导电性能

3.3.1 氢处理工艺对金刚石膜电性能的影响

在 MPCVD 装置中,利用氢等离子体对自支撑金刚石薄膜的成核面进行表面处理,具体工艺参数如表 3.1 所示。

利用 Hall 效应测试系统对经过氢等离子体处理后的金刚石薄膜进行电学性能测试,结果显示薄膜表面均具有 p 型导电性能。自支撑金刚石薄膜成核面(A 组样品)的载流子浓度及面电阻随氢等离子体处理温度的变化曲线如图 3.1 和图 3.2 所示。

表 3.1　氢等离子体表面处理工艺参数

样品	氢气流量/sccm	气压/kPa	温度/℃	时间/min
A 组	100	5	600~750	10
B 组	100	5	750	5~30

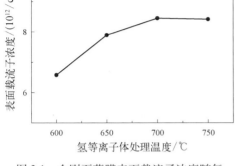

图 3.1　金刚石薄膜表面载流子浓度随氢
等离子体处理温度的变化曲线

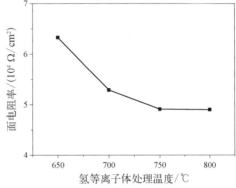

图 3.2　金刚石薄膜面电阻随氢等离
子体处理温度的变化曲线

从图中可以看出随氢等离子体处理温度从 600℃ 升高到 700℃,薄膜表面的载流子浓度逐渐增加,当处理温度大于 700℃ 后,载流子浓度基本处于饱和状态。同样,随氢等离子体处理温度从 600℃ 升高到 750℃,薄膜表面的面电阻逐渐降低并达到一稳定状态。

图 3.3 和图 3.4 显示了金刚石薄膜成核面(B 组样品)的载流子浓度和面电阻随氢等离子体处理时间的关系曲线。从图中可以看出,随氢等离子体处理时间从 5 min 增加到 30 min,薄膜成核面的载流子浓度从约 $6\times10^{12}/cm^2$ 增加到约 $1\times10^{13}/cm^2$ 量级。当氢处理时间大于 20 min 后,薄膜表面的载流子浓度趋于饱和。而随氢处理时间从 5 min 增加到 30 min,薄膜成核面的面电阻随时间增加而降低并逐渐趋于达到一个稳定值。

从图 3.1~图 3.4 可以看出,通过选择合适的氢等离子体处理温度(700~750℃)和处理时间(20~30 min),自支撑金刚石薄膜表面可以获得较高的空穴浓度和较低的电阻率。通过以上实验可以知道,采用氢等离子体处理可以获得具有表面 p 型导电性能的金刚石薄膜。但是在金刚石表面这种经过氢等离子体处理而引起的受主能级是如何产生的呢? 这可能与 CVD 金刚石表面的特殊状态有关。CVD 法生长的多晶金刚石表面是一个非"完美"的表面,在这样的薄膜表面及亚表面存在着大量的碳悬挂键及点缺陷(如空位)[15,16]。因此氢等离子体处理后,薄膜表面及亚表面的受主能级可能来自氢与碳悬挂键、缺陷的结合。比如,两个邻近的

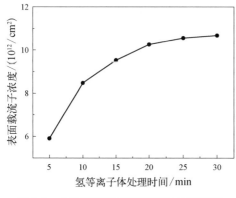

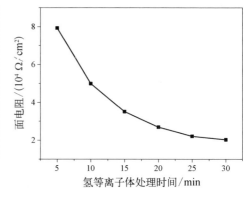

图 3.3   金刚石薄膜表面载流子浓度随氢   图 3.4   金刚石薄膜面电阻随氢等离子体
　　　　等离子体处理时间的变化曲线   　　　　处理时间的变化曲线

碳悬挂键同时与一个氢原子成键,由于氢只有一个电子,这样在禁带中就会产生受主能级[17]。从这一点出发就很容易理解图 3.1~图 3.4 所显示的实验结果。

随氢等子体处理温度的升高,等离子体的密度有所增加,另一方面等离子体的能量也随温度升高而增强,这些都有利于氢与金刚石表层悬挂碳键的相互作用,也会提高氢与悬挂键的键合速度,从而使载流子浓度和面电阻发生变化。氢等子体处理时间对载流子浓度和面电阻会产生影响是因为随着时间的增加,金刚石薄膜表层的碳悬挂键、缺陷等逐渐被氢等离子体饱和,当处理时间达到一定程度,所有的碳悬挂键、缺陷均被饱和时,载流子浓度和面电阻也就趋于稳定。

3.3.2   退火对金刚石膜电性能的影响

在 750℃的条件下对自支撑金刚石薄膜样品进行氢等离子体处理,处理时间为 30 min,然后对处理后的样品进行退火处理,退火采用空气中退火和真空退火两种方式。研究不同的退火工艺对薄膜表面电性能的影响规律,退火工艺参数如表 3.2 所示。

表 3.2   退火处理工艺参数

样　品	退火气氛	温度/℃	时间/min
C　组	空气	50~250	180
D　组	空气	100~250	0~300
E　组	真空	200~800	240

利用 Hall 效应测试系统对经过不同退火工艺处理的自支撑金刚石薄膜样品进行电学性能测试,获得薄膜的空穴载流子浓度以及面电阻等数据。薄膜成核

面(C 组样品)的载流子浓度以及面电阻随退火温度的变化曲线如图 3.5 和图 3.6 所示。

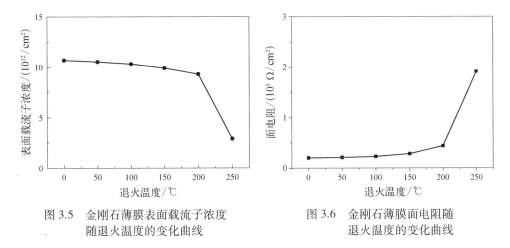

图 3.5   金刚石薄膜表面载流子浓度　　　　图 3.6   金刚石薄膜面电阻随
　　　　　随退火温度的变化曲线　　　　　　　　　　退火温度的变化曲线

从图中可以看出随退火温度从 50℃ 变化到 200℃,薄膜表面的载流子浓度基本处于一稳定值,当退火温度增加到 250℃ 时,载流子浓度出现较大幅度的降低,因此对于氢终端的 p 型金刚石薄膜来说,当在空气中退火温度高于 200℃ 后,薄膜表面 p 型导电性能将逐渐丧失。在 50℃ 到 200℃ 的退火温度范围内,薄膜表面的面电阻也基本处于一稳定值。当退火温度增加到 250℃ 时,由于载流子浓度降低造成薄膜的面电阻产生较大幅度的增加。

图 3.7 给出了空气气氛中不同退火温度下,金刚石薄膜(D 组样品)表面的载流子浓度随退火时间的变化曲线。100℃ 退火温度下,随退火时间的增加载流子浓度未见明显变化。200℃ 退火温度下,随退火时间的增加载流子浓度出现细微变化。250℃ 退火温度下,随退火时间的增加载流子浓度先大幅降低,当退火时间大于 4 h 时,载流子浓度则逐渐趋于稳定。

图 3.8 显示的是空气气氛不同退火温度下,金刚石薄膜表面的面电阻随退火时间的变化曲线。面电阻的变化规律与图 3.7 基本一致,在 100℃ 退火温度下,薄膜面电阻一直处于稳定状态。当退火温度升至 200℃,随退火时间增加,薄膜面电阻小幅变化并逐渐趋于稳定。当退火温度升至 250℃,薄膜面电阻在退火开始阶段变化较大,随退火时间的增加也趋于稳定。

图 3.9 和图 3.10 是真空环境不同退火温度下,金刚石薄膜表面(E 组样品)的载流子浓度和面电阻随退火时间的变化曲线。与空气条件下不同,在真空环境下退火,当温度高于 600℃ 时,薄膜的载流子浓度和面电阻才发生比较明显的变化。当退火温度小于 600℃,薄膜的载流子浓度和面电阻基本上保持稳定。这意味着在真空条件下,氢终端金刚石薄膜电学性能的稳定性要远高于空气条件下。造成

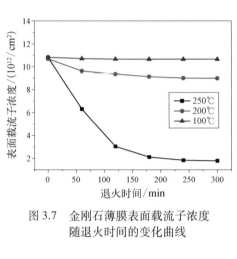

图 3.7   金刚石薄膜表面载流子浓度
随退火时间的变化曲线

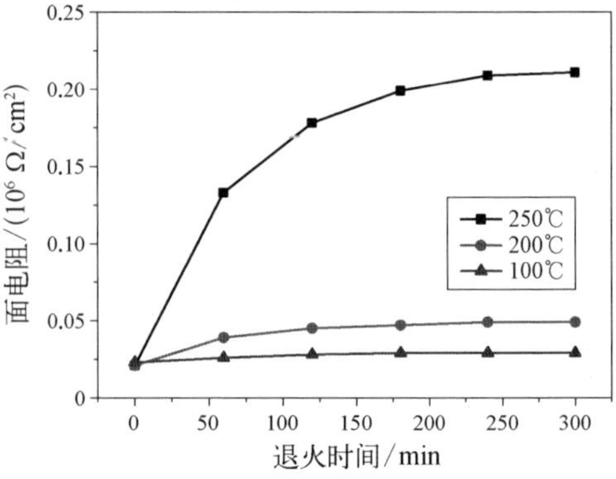

图 3.8   金刚石薄膜面电阻随
退火时间的变化曲线

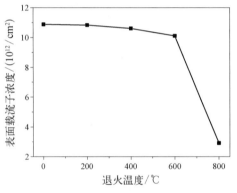

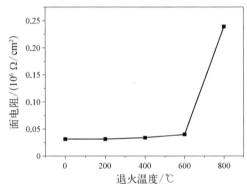

图 3.9   金刚石薄膜表面载流子浓度
随真空退火时间的变化曲线

图 3.10   金刚石薄膜面电阻随真空
退火时间的变化曲线

这种现象的原因可能与氢从金刚石薄膜表面脱出或消失的不同有关。在真空条件下化学吸附的氢要从金刚石薄膜表面脱出需要高于 700℃ 的温度[18,19]。而在空气条件下,由于有氧的存在,薄膜表面的氢则会在低得多的温度下解吸附(或氧化)[20]。无论是由于氧化还是化学解吸,氢的消失(这在下一小节会做进一步的分析验证)应该是使得薄膜表面的载流子浓度降低、表面导电性消失的原因。

3.3.3   氧等离子体处理对金刚石膜电性能的影响

上一节提到,由于有氧的存在,氢终端金刚石薄膜在空气中高温退火时,薄膜表面的氢会解吸附(或氧化),这使得薄膜表面的 p 型导电层逐渐消失。因此通过氧处理是使氢终端金刚石丧失 p 型导电性能的方法之一。在这里我们研究了氧等离子体处理对薄膜表面电性能的影响。

在750℃的条件下对自支撑金刚石薄膜样品进行氢等离子处理30 min,然后对处理后的样品进行氧等离子体处理(处理工艺参数如表3.3所示),结果显示(如图3.11所示)通过氧等离子体处理15 min可以使金刚石薄膜的面电阻上升10^5倍,也就是氢终端金刚石薄膜在氧等离子体处理后丧失了表面导电性能。这表明通过氧化处理可以消除氢终端金刚石薄膜的表面导电性。另据报道,也可以通过H_2SO_4和HNO_3的混合溶液来氧化氢终端金刚石薄膜的表面,从而消除其表面导电性[21]。

表3.3 退火处理工艺参数

样　品	处理方式	处理温度/℃	处理时间/min
F　组	氧等离子体	400	0~15

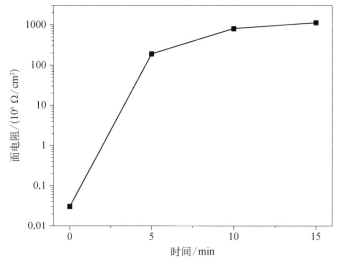

图3.11 金刚石薄膜面电阻随氧等离子体时间的变化曲线

3.3.4 金刚石膜氢元素分析

对固体表面或界面薄层进行组分、结构等分析的方法有数十种,如离子中和谱、离子散射谱、低能电子衍射、电子能量损失谱、衰减全反射红外光谱、离子探针、俄歇电子能谱分析和X射线光电子能谱分析等,其中最常用的是离子探针、俄歇电子能谱分析和X射线光电子能谱分析。这些表面分析方法的基本原理,大多是以一定能量的电子、离子、光子等与固体表面相互作用,然后分析固体表面所放射出的电子、离子、光子等,从而得到各种有关的信息。

由于氢元素的特殊性质(原子核外只有一个电子),俄歇电子能谱分析和X射线光电子能谱分析等方法不能用来对其进行分析,因此对氢元素的分析方法比较少,尤其是氢原子在样品中的含量非常少的情况下,分析方法就更少。目前最常用和有效的氢元素分析方法是二次离子质谱分析。另外也可以通过分析含氢化学键(如 C—H 键)来探测氢的存在。在这里我们主要采用了衰减全反射傅里叶红外光谱、紫外拉曼光谱和二次离子质谱来分析自支撑金刚石薄膜成核面的氢元素以及C—H 键的状况。

3.3.4.1   薄膜的衰减全反射傅里叶红外光谱分析

衰减全反射傅里叶红外光谱(FTIR/ATR)是 20 世纪 80 年代初将显微技术应用到红外光谱仪上后诞生的分析方法,它使微区成分的分析变得方便而快捷,检测灵敏度可达数纳克,测量显微区直径达数微米。近年来,随着计算机技术的发展,实现了非均匀、表面凹凸、弯曲样品的微区无损测定,可以获得官能团和化合物在微分空间分布的红外光谱。

衰减全反射红外光谱又称为内反射红外光谱。衰减全反射附件适合各类样品材料的表面分析,而且具有无须制样、样品用量少和不破坏样品的特点,近年来,FTIR/ATR 光谱技术在物质的物理或化学行为的研究方面得到广泛应用。

红外衰减全反射的原理是从光源发出的复合红外光,经过折射率大的晶体投射到折射率小的试样表面上,入射角大于临界角,入射光线完全被反射,所以产生全反射。事实上红外光并不是被直接全部反射回来,而是穿透到试样表面内一定深度后再返回表面(穿透深度与入射光波长 λ 同数量级,这说明 ATR 谱仅能提供距界面微米级或更薄层的光谱信息),在这个过程中,如果试样在入射光频率区域内有选择地吸收,反射光强度在试样有吸收的频率位置发生减弱,可产生和普通透射吸收相类似的谱图,因此衰减全反射红外光谱可用于样品表面化学组成的定性及定量分析。

本实验中采用 FTIR/ATR 对不同金刚石样品(未经氢等离子体处理和经过处理)进行分析,研究氢在金刚石表面的结合状况,以便进一步分析氢和金刚石表面导电特性之间的关系。

图 3.12 是金刚石薄膜表面的衰减全反射傅里叶红外光谱图,样品(a)在 750℃ 的条件下氢等离子体处理 30 min;样品(b)经过 750℃氢等离子体处理30 min后,500℃条件下再退火 4 h。从图中可以看出,对于样品(a),在2 826 cm^{-1}、2 851 cm^{-1} 和 2 923 cm^{-1}附近有三个吸收峰,分别是 CH 振动模、CH$_2$ 振动模和反对称 CH$_2$ 振动模。在 3 000~3 100 cm^{-1}存在一个较宽的吸收带,可能是由 C=H 振动模引起的[20,22]。这表明通过氢等离子体处理,金刚石薄膜表面的碳悬挂键与氢结合,形成了各种碳氢键。而当样品(b)经过 500℃条件的退火后,样品表面无明显碳氢键的红外吸收峰。这说明通过空气中高温退火可以使金刚石薄膜表面的氢解吸附。

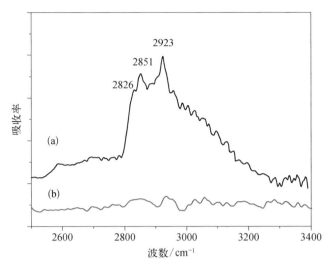

图 3.12 金刚石薄膜表面衰减全反射傅里叶红外光谱

通过该图并结合图 3.5~图 3.8 可以进一步了解金刚石薄膜表面氢终端的形成和消失与薄膜表面 p 型导电性能的关系。经过高温退火,由于薄膜表面氢逐渐脱出,薄膜也逐渐丧失了表面导电性能,从而使得表面电阻率急剧升高。这说明由于氢和碳的键合,引入了受主能级,从而产生了表面 p 型导电层。

3.3.4.2 薄膜的紫外拉曼光谱分析

图 3.13 是金刚石薄膜表面的紫外拉曼光谱图,样品(a)在 750℃的条件下氢等离子体处理 30 min;样品(b)经过 750℃氢等离子体处理 30 min 后,500℃空气条件下再退火 4 h。从图中可以看出:对于样品(a),在 2 400~2 600 cm^{-1}出现一个比较尖锐的拉曼峰,该峰代表的是金刚石的二阶峰。而 2 700~3 100 cm^{-1}范围内出现的宽峰是 CH_x($x=1$、2)键引起的[23]。这表明通过氢等离子体处理,氢与金刚石薄膜表面的碳悬挂键形成了 CH_x键。而通过退火处理金刚石薄膜样品(b)表面无明显的 CH_x键的拉曼振动峰,表明通过退火处理可以使氢从薄膜表面脱出。因此通过拉曼表征获得的结果与上一节 FTIR/ATR 的表征结果相一致。

3.3.4.3 薄膜的二次离子质谱分析

二次离子质谱(secondary ion mass spectrometry,SIMS)是一种用于分析固体材料表面组分和杂质的分析方法。通过一次离子溅射,SIMS 可以对样品进行质谱分析、深度剖析或成二次离子像。SIMS 具有很多优点[24,25]:① 在超高真空下(小于 10^{-7} Pa)进行测试,可以确保得到样品表层的真实信息;② 原则上可以完成元素周

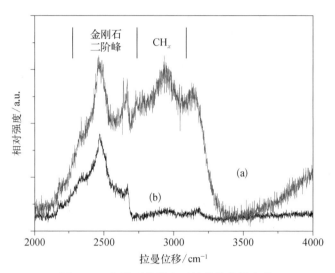

图 3.13　金刚石薄膜表面的紫外拉曼光谱

期表中几乎所有元素(包括氢和氦)的低浓度半定量分析,而传统仪器,如俄歇能谱(AES)适用于原子序数 33 以下的轻元素分析,X 射线电子能谱(X-ray photoelectron spectroscopy,XPS)适用于原子序数大的重元素分析;③ 具有高的空间分辨率和检测灵敏度,其灵敏度是目前所有表面分析法中最高的;等等。因此 SIMS 在很多领域有广泛应用。

　　SIMS 对样品的分析过程(图 3.14)大致如下[26]:聚焦的一次离子束轰击样品表面,从样品表面溅射出来的二次碎片包括中性原子、正负二次离子、原子团、分子离子、入射离子和二次电子等。这些带电粒子经过静电分析器、质谱计后,按运动方向、能量被分离开来。检测器收集所需的二次粒子,完成各种分析,如图 3.14 所示。

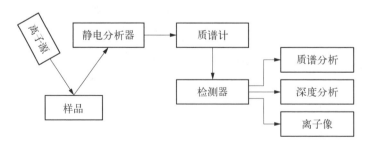

图 3.14　二次离子质谱工作原理图

　　衰减全反射傅里叶红外光谱和拉曼光谱只能对薄膜样品表面的氢元素进行定性的分析,这两种方法都无法得到氢在样品中深度方向的分布。而 SIMS 既能精确定量分析样品表面的元素含量,又能定量分析元素在深度方向的分布。

从前面红外光谱和拉曼光谱的分析中可以知道氢等离子体处理后金刚石薄膜的表面 p 型导电性能与氢和碳悬挂键的结合有关,但是还没有得到氢在样品中的深度分布状况,这一点比较重要,因为它关系到金刚石薄膜表面导电层的厚度。而这种分析只能通过 SIMS 才能办到。

图 3.15 是金刚石薄膜样品深度方向上氢元素含量的 SMIS 图。样品在 750℃的条件下氢等离子体处理 30 min。从图中可以看出从样品表面到大约 40~45 nm 深度范围内氢元素的信号强度(氢含量)较高,且比较稳定。当进一步进入样品内部时,氢的信号强度迅速降低。样品表层(40~45 nm 深度)氢的信号强度比体内深处高大约 2~3 个数量级,这也说明由氢等离子体处理产生的氢终端表面 p 型导电层的厚度在 40~45 nm 左右。

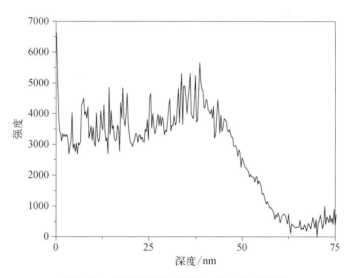

图 3.15   金刚石薄膜表面的二次离子质谱图

3.4 本 章 小 结

在本章节我们采用 MPCVD 设备对自支撑金刚石薄膜的成核面进行氢等离子体处理,研究了不同的氢等离子体处理工艺(衬底温度、处理时间等)、退火工艺(退火温度、退火时间及退火气氛等)对薄膜表面电性能(载流子浓度、导电类型及面电阻等)的影响规律。并通过紫外拉曼光谱、傅里叶变换红外光谱及二次离子质谱仪对薄膜表面进行了表征,分析研究了薄膜表面氢的分布和键合状况与薄膜表面导电性能的关系。最后研究讨论了消除表面导电性的方法。主要得到以下结论：

1）当氢等离子体处理温度从 600℃升高到 750℃，薄膜表面的载流子浓度逐渐增加，并最终达到一个稳定状态。与此同时，由于载流子浓度的变化，薄膜表面的面电阻也逐渐降低并达到一稳定状态。随处理时间从 5 min 增加到 30 min，薄膜成核面的载流子浓度从约 $6 \times 10^{12}/cm^2$ 增加到一个稳定值（约 $1 \times 10^{13}/cm^2$ 量级）。而薄膜成核面的面电阻则随处理时间的增加而逐渐降低并趋于达到一个稳定值。

2）在空气中退火温度小于 200℃时，薄膜表面的载流子浓度和面电阻基本处于一稳定状态，当退火温度增加到 250℃时，载流子浓度出现较大幅度的降低，由于载流子浓度降低造成薄膜的面电阻也产生较大的变化，薄膜将逐渐丧失 p 型导电性能。退火温度低于 200℃时，随退火时间的增加载流子浓度和面电阻没有明显变化。250℃退火温度下，随退火时间的增加载流子浓度出现较大幅度变化，当退火时间大于 4 h 时，载流子浓度也逐渐趋于稳定。而在真空中退火，则需要高于 600℃的温度才能使薄膜表面的载流子浓度和面电阻发生明显变化。这可能与氢从金刚石薄膜表面脱出的原因不同有关。

3）金刚石薄膜表面的衰减全反射傅里叶红外光谱图表明，经过氢等离子体处理，氢与样品表面的悬挂碳键结合，在 2 826 cm^{-1}、2 851 cm^{-1} 和 2 923 cm^{-1} 附近存在 CH 振动模、CH$_2$ 振动模和反对称 CH$_2$ 振动模相关的三个吸收峰。在 3 000 ~ 3 100 cm^{-1} 存在一个由 C≡H 振动模引起的较宽的吸收带。而通过退火处理，样品表面的氢又会解吸附或氧化。这表明金刚石薄膜的表面导电性能与氢和碳悬挂键的结合有关。同样通过紫外拉曼光谱测试也可以得到类似的结论。

4）样品的 SIMS 测试表明，样品表层约 40~45 nm 深度范围内氢的含量较高且较稳定，样品表层的氢含量比体内高 2~3 个数量级左右。这同时也说明金刚石薄膜表面，由氢和碳悬挂键结合产生的表面 p 型导电层的厚度就在 40~45 nm 左右。

5）由于薄膜表面的氢可以被氧化，通过氧等离子体处理的方法可以使金刚石薄膜的表面导电性能消失。

参 考 文 献

[1] El-Hajj H, Denisenko A, Kaiser A, et al. Diamond MISFET based on boron delta-doped channel[J]. Diamond & Related Materials, 2008, 17: 1259 - 1263.

[2] Watanabe T, Teraji T, Ito T. Fabrication of diamond p−i−p−i−p structures and their electrical and electroluminescence properties under high electric fields[J]. Diamond & Related Materials, 2007, 16: 112 - 117.

[3] Pang L Y S, Chan S S M, Johnston C, et al. A thin film diamond p-channel field-effect transistor[J]. Appl. Phys. Lett., 1997, 70: 339 - 341.

[4] Fox B A, Hartsell M L, Malta D M, et al. Diamond devices and electrical properties[J].

Diamond and Related Materials, 1995, 4: 622 - 627.

[5] Kasu M, Ueda K, Ye H, et al. High RF output power for H-terminated diamond FETs[J]. Diamond & Related Materials, 2006, 15: 783 - 786.

[6] Ueda K, Kasu M, Yamauchi Y, et al. Characterization of high-quality polycrystalline diamond and its high FET performance[J]. Diamond & Related Materials, 2006, 15: 1954 - 1957.

[7] Kubovic M, Janischowsky K, Kohn E, et al. Surface channel MESFETs on nanocrystalline diamond[J]. Diamond & Related Materials, 2005, 14: 514 - 517.

[8] Lansley S P, Looi H J, Wang Y Y, et al. A thin-film diamond phototransistor[J]. Appl. Phys. Lett., 1999, 74(4), 615 - 617.

[9] Landstrass M I, Ravi K V. Hydrogen passivation of electrically active defects in diamond[J]. Appl. Phys. Lett., 1989, 55: 1391 - 1393.

[10] Albin S, Watkins L. Electrical properties of hydrogenated diamond [J]. Appl. Phys. Lett., 1990, 56: 1454 - 1456.

[11] Yoshikawa M, Katagiri G, Ishida H, et al. Characterization of crystalline quality of diamond films[J]. Appl. Phys. Lett., 1989, 55(25): 2608 - 2610.

[12] Hitoshi U, Hirotada T, Takuya A, et al. Potential applications of surface channel diamond field-effect transistors[J]. Diamond & Related Materials, 2001, 10: 1743 - 1748.

[13] Pereira L, Pereira E, Gomes H, et al. Microelectrical characterisation of diamond films: an attempt to understand the structural influence on electrical transport phenomena[J]. Diamond and Related Materials, 2000, 9(3 - 6): 1061 - 1065.

[14] Fiegl B, Kuhnert R, Ben-Chorin M, et al. Evidence for grain boundary hopping transport in polycrystalline diamond films[J]. Appl. Phys. Lett., 1994, 65: 371 - 373.

[15] Nan J, Akimitsu H, Toshimich I, et al. Doping effects on electrical properties of diamond films [J]. Jpn. J. Appl. Phys., 1998, 37: L1175 - L1177.

[16] Bar-Yam Y, Moustakas T D. Defect-induced stabilization of diamond films[J]. Nature, 1989, 342: 786 - 787.

[17] Nan J, ToshimichI I. Electrical properties of surface conductive layers of homoepitaxial diamond films[J]. Journal of Applied Physic, 1999, 85(12): 8267 - 8273.

[18] Cui J B, Ristein J, Ley L. Dehydrogenation and the surface phase transition on diamond (111): kinetics and electronic structure[J]. Phys. Rev. B, 1999, 59: 5847 - 5856.

[19] Su C, Lin J C. Thermal desorption of hydrogen from the diamond C(100) surface[J]. Surface Science, 1998, 406: 149 - 166.

[20] Maier F, Riedel M, Mantel B, et al. Origin of surface conductivity in diamond[J]. Physical Review Letters, 2000, 85(16): 3472 - 3475.

[21] Kazushi H, Sadanori Y, Hideyo O, et al. Study of the effect of hydrogen on transport properties in chemical vapor deposited diamond films by Hall measurements[J]. Appl. Phys. Lett., 1996, 68(3): 376 - 378.

[22] Cheng C L, Chen C F, Shaio W C, et al. The CH stretching features on diamonds of different

origins[J]. Diamond & Related Materials, 2005, 14: 1455 - 1462.

[23] Ballutaud D, Kociniewski T, Vigneron J, et al. Hydrogen incorporation, bonding and stability in nanocrystalline diamond films[J]. Diamond & Related Materials, 2008, 17: 1127 - 1131.

[24] 查良镇,桂东,朱怡峥.二次离子质谱学的新进展[J]. 真空科学与技术,2001, 21(2): 129 - 136.

[25] Adams F, Gijbels R R, Grieken V, et al. Inorganic mass spectrometry[M]. 上海: 复旦大学出版社,1993: 126 - 258.

[26] 王铮,曹永明,李越生,等.二次离子质谱分析[J]. 上海计量测试,2003, 30(3): 42 - 46.

第四章　金刚石膜肖特基场
效应晶体管

4.1　引　言

在 21 世纪,光子集成和光电子集成技术的发展对半导体器件的功率、频率、工作温度等提出了越来越高的要求。目前半导体器件一般采用 Si 和 GaAs 材料。它们在高频、大功率领域越来越显示其局限性,且不适宜于高辐射及化学环境恶劣等条件。目前适用于高功率、高温应用晶体管材料的研究主要集中于 SiC[1,2]、GaN[3,4] 和金刚石等宽禁带半导体材料。

由于金刚石极其优异的力、热、光、电性能,比如高击穿电场、高饱和载流子漂移速率、高热导率、耐辐射、耐高温性能等,金刚石基器件可以应用于高温、高功率、强辐射等恶劣的环境中,这使金刚石成为电子器件用新材料的研究热点之一。尤其是 20 世纪 80 年代化学气相沉积法(CVD)合成金刚石薄膜技术和 p 型掺杂技术取得突破性进展,使人们大规模利用金刚石的愿望得以实现。

目前由于金刚石 n 型掺杂技术还未完全成熟,因此金刚石基电子器件的研究主要集中在各种场效应晶体管(FET)器件的制备上[5,8]。由于单晶金刚石稀少昂贵,不适合进行大规模的研究应用。金刚石基 FET 大多趋向于采用多晶薄膜,而多晶金刚石一般存在薄膜表面比较粗糙的问题,影响器件性能,且金刚石很硬,抛光比较困难。在金刚石电子器件的研究中,金刚石薄膜与金属的接触特性(欧姆接触或肖特基接触)则是另一重要课题,良好的欧姆接触、肖特基接触对器件的性能至关重要[9,10]。本章通过制备具有高质量、高度光滑成核面的自支撑金刚石薄膜,克服了薄膜表面比较粗糙的问题,并通过对成核面进行氢等离子体处理,获得了具有 p 型导电层的自支撑金刚石膜;对不同金属与金刚石薄膜的接触特性进行研究,选用不同的金属获得良好的欧姆接触和肖特基接触;并以此为基础对金刚石基肖特基场效应晶体管(MESFET)的制备工艺及性能进行初步研究。

4.2　金刚石与金属电极的接触特性

对于场效应晶体管等电子器件,电极材料的选择和制备极其重要。器件的源、漏电极需要与半导体器件材料形成很好的欧姆接触,而栅电极则要与半导体材料形成肖特基接触。欧姆接触不会产生明显的附加阻抗,而且不会使半导体内部的平衡载流子浓度发生显著改变。肖特基接触则会在电极与半导体材料间形成肖特基势垒,利用它可以作为控制栅极。良好的欧姆接触和肖特基接触在整个电子器件的性能方面起到了至关重要的作用[11,12]。在本实验 MESFET 器件的制备研究中,栅电极和金刚石间需要形成良好的肖特基接触,而源、漏电极和金刚石间需要形成欧姆接触。因此电极材料的选择及研究是重要一步,是器件制备的基础之一。

4.2.1   金属和半导体的功函数

按固体的能带结构可知,金属中电子的运动也遵从费米分布,在绝对零度时,金属费米能级$(E_F)_m$以下所有能级均被电子占据,费米能级以上各能级均为空态;在有限温度下,费米能级以上也有少数能级被电子占据,费米能级以下也有少部分能级是空态,因此费米能级也是金属中电子占据态水平的标志。

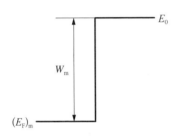

图 4.1   金属的功函数与
真空能级示意图

不同的金属具有不同的费米能级,用 E_0 表示真空中静止电子的能量,金属中一个起始能量等于费米能级的电子逸出到真空所需要的最小能量称为金属的功函数(图 4.1 为金属的功函数与真空能级示意图),金属的功函数用 W_m 表示,则有

$$W_m = E_0 - (E_F)_m \tag{4.1}$$

金属功函数的大小表示电子在金属中束缚的强弱,W_m 越大,电子越不容易离开金属。

同理,也把半导体的功函数定义为真空能级 E_0 与半导体费米能级$(E_F)_s$的能量差,以 W_s 表示,则有

$$W_s = E_0 - (E_F)_s \tag{4.2}$$

半导体的费米能级与半导体的掺杂浓度有关,因而 W_s 也与掺杂浓度有关。由于半导体的导带底能级 E_c 与掺杂浓度无关,因此可以引入另一个参数χ,称为电子亲和势,它表示真空能级与导带底之间的能量差,即:

$$\chi = E_0 - E_c \tag{4.3}$$

由此半导体的功函数和电子亲和势之间的关系(如图 4.2 所示)可以表示为

$$W_s = \chi + [E_c - (E_F)_s] = \chi + E_n \tag{4.4}$$

式中,$E_n = E_c - (E_F)_s$,为导带底与费米能级之差[12,13]。

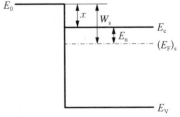

图 4.2   半导体的功函数
和电子亲和势

4.2.2 接触势垒

若使金属和半导体相互接触,它们就成为一个统一的电子系统,假如 $(E_F)_s >$ $(E_F)_m$,即 $W_m > W_s$,半导体中的电子将流向金属,使金属表面带负电荷,而半导体表面带正电荷,两者所带电荷在数值上相等,整个系统仍保持电中性。直到金属和半导体的费米能级处在同一高度为止,这时系统中不再有电子的净流动,系统达到平衡状态。正、负电荷在界面两侧积累的结果,使得金属一侧的电势降低,而半导体一侧的电势升高,形成接触电势差[13]。这是金属与半导体之间的距离远大于原子间距的情形。

随着金属和半导体间距离的减小,靠近半导体一侧的金属表面负电荷密度增加,同时靠近金属一侧的半导体表面的正电荷密度也随之增加。由于半导体中载流子浓度的限制,这些正电荷分布在半导体表面一定厚度的表面层内,即空间电荷区。这时在空间电荷区存在一个电场,电场强度方向是由空间电荷区指向金属表面。随着电荷密度的增大,电场强度也不断增强,空间电荷区的电势由体内向表面不断降低,而电子的电势能由体内向表面不断升高,造成了电荷区的能带相对于体内的能带上移,即能带向上弯曲。由于能带的弯曲,在空间电荷区形成了一个势垒,即表面势。这时接触电势差一部分降落在空间电荷区,一部分降落在金属和半导体表面之间。若金属和半导体之间的距离小到可与原子间距相比较,电子可以自由穿过间隙,则接触电势差绝大部分都降落在空间电荷区。

从上面的分析可以看出,当金属与 n 型半导体接触时,若 $W_m > W_s$,则在半导体表面形成一个正的空间电荷区,其电场方向由体内指向表面,它使半导体表面电子的能量高于体内,能带向上弯曲,即形成表面势垒。在势垒区,空间电荷主要由电离施主形成,电子浓度比体内小得多,因此它是一个高阻的区域,称为阻挡层。若 $W_m < W_s$,则金属与 n 型半导体接触时,电子将从金属流向半导体,在半导体表面形成负的空间电荷区,这里的电子浓度比体内大得多,是一个高电导的区域,称为反阻挡层。它对半导体和金属接触电阻的影响是很小的。

金属与 p 型半导体接触时,形成阻挡层的条件正好和 n 型半导体相反。当 $W_m > W_s$,能带向上弯曲,形成 p 型反阻挡层。当 $W_m < W_s$,形成 p 型阻挡层[13]。

4.2.3 欧姆接触和肖特基接触

从电学上讲,理想欧姆接触的接触电阻与半导体样品或器件本身的电阻相比应当很小,当有电流流过时,欧姆接触上的电压降应当远小于样品或器件本身的压降,这种接触不影响器件的电流-电压($I-V$)特性。或者说,电流-电压特性是由样品的电阻或器件的特性决定的[12]。

怎样才能实现欧姆接触呢?不考虑表面态的影响,若 $W_m < W_s$,金属和 n 型半导

体接触的能带向下弯曲,势垒区为反阻挡层;而 $W_m > W_s$,金属和 p 型半导体接触也能形成反阻挡层。反阻挡层没有整流作用。欧姆接触作为器件的引线或样品参数测试的引线是很理想的。为了获得良好的欧姆接触,总希望金属-半导体间的反向电流要大,和正向电流近似,这就要求势垒要低,反向击穿电压也要低。欧姆接触的电子输运理论是在形成载流子积累层的能带结构的基础上,以热电子发射理论为主,同时考虑到电子穿透势垒效应而建立起来的。隧道效应对电流运输的贡献取决于半导体表面的掺杂程度。在室温以上,掺杂程度在 $10^{14} \sim 10^{17}$ cm^{-3} 时,金属-半导体接触的电流以热电子发射为主。掺杂浓度在 10^{19} cm^{-3} 以上,金属-半导体接触电流运输以隧道效应为主。掺杂程度在 $10^{17} \sim 10^{18}$ cm^{-3} 时,输运电流既有热电子发射所贡献的电流,也有隧道效应引起的电流。可见,影响接触的因素有势垒高度、温度、掺杂浓度以及半导体表面的状态等,其中以掺杂浓度和势垒高度为主[12,13]。

4.2.4　电极材料的选择

本实验制备的金刚石薄膜为具有一定载流子浓度的 p 型半导体材料,在电极材料的选择上主要考虑功函数的因素。按金属与 p 型半导体材料的接触规律,金属的功函数越大,势垒越低,通过使金属功函数与半导体能带结构相匹配,降低势垒高度,就可以实现欧姆接触[14]。反之则容易与金刚石形成整流效应,即具有肖特基势垒[15]。因此我们选择具有高功函数的金属金(Au)(功函数 5.1 eV)和较低功函数的金属铝(Al)(功函数 4.28 eV)进行研究。

金具有优良的导电性和抗腐蚀能力,尤其是抗电迁移能力远高于其他金属,特别适用于高温大电流密度,是理想的欧姆接触材料[16]。图 4.3 是金与 p 型金刚石接触的 $I-V$ 特性曲线,曲线过坐标原点且具有较好的线性关系,表明金电极可与 p 型金刚石形成好的欧姆接触。图 4.4 是铝与 p 型金刚石接触的 $I-V$ 特性曲线,它

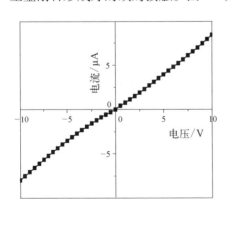

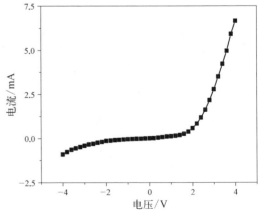

图 4.3　p 型金刚石薄膜表面 Au
电极接触的 $I-V$ 特性

图 4.4　p 型金刚石薄膜表面 Al
电极接触的 $I-V$ 特性

与图 4.3 的结果存在明显的区别,铝电极在−4~4 V 有明显的整流特性。结果表明,铝与金刚石间形成了肖特基势垒。

4.3 MESFET 器件制备及性能研究

4.3.1 氢终端 p 型金刚石薄膜的制备

本实验采用 MPCVD 法制备自支撑金刚石薄膜,具体过程及参数如第二章所述。自支撑金刚石薄膜制备完毕后,采用 H_2SO_4 和 50%H_2O_2 的混合溶液对薄膜进行表面处理,烘干后再将样品在氩气保护气氛中 500℃退火 60 min,以进一步降低薄膜表面的非金刚石相含量,改善薄膜质量。然后采用 MPCVD 设备对薄膜成核面进行氢等离子体处理,处理温度为 750℃,处理时间 30 min,具体工艺及材料性能如第三章所述。

4.3.2 MESFET 器件的制备工艺

MESFET 器件的制备工艺流程如图 4.5 所示:首先对制备得到的自支撑金刚石薄膜进行表面氢等离子体处理(A 过程),处理工艺如第三章中所述;从而得到具有表面 p 型导电层的自支撑金刚石薄膜(B 过程);然后在 p 型导电层上蒸镀金,并旋涂光刻胶(C

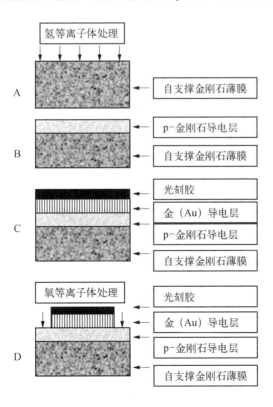

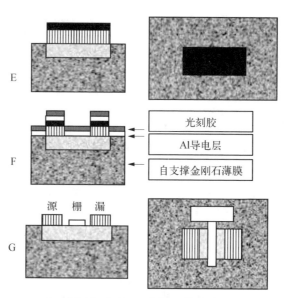

图 4.5　MESFET 制作工艺流程

过程);采用光刻法在金刚石表面形成具有一定图形的金电极,并对没有被金覆盖的金刚石表面进行氧等离子体处理(D 过程);通过氧等离子处理使得未被金覆盖的部分丧失表面导电性(E 过程),E 中右图是样品的俯视图;对 E 过程得到的样品进行光刻得到源、漏电极,在此基础上在样品表面蒸镀镀铝层并旋涂光刻胶(F 过程);对样品进行光刻,并清洗掉剩下的光刻胶层(G 过程),就得到如 G 中所示的样品的截面图和俯视图。

　　使用显微镜观察器件的局部结构,如图 4.6 所示。该 MESFET 器件的栅长约 10 μm,源、漏电极与栅电极间的距离也约为 10 μm。

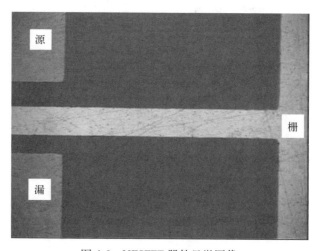

图 4.6　MESFET 器件显微图像

4.3.3 器件性能测试

图 4.7 是未加栅压下 MESFET 源漏电极的 $I-V$ 曲线,I_{DS} 和 V_{DS} 分别表示源漏间电流和电压。在 $-10\sim10\text{ V}$ 扫描电压范围内,该 $I-V$ 曲线接近线性分布,表明源漏电极与金刚石间形成了较好的欧姆接触。

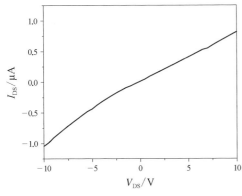
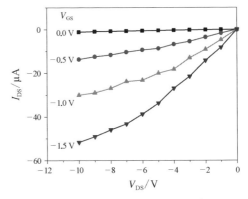

图 4.7　无栅压下源漏电极的 $I-V$ 曲线　　图 4.8　不同栅压下 MESFET 的 $I-V$ 曲线

图 4.8 是不同栅压下金刚石基 MESFET 的 $I-V$ 曲线,该曲线基本具有了场效应晶体管的基本特征。从图中可以看出该器件工作于负栅压,表明该器件是一个 p 型沟道器件,这与我们采用氢终端 p 型金刚石制备器件相吻合。当栅压为零时,源漏电流很小,表明该器件是一个增强型 MESFET。

4.4　本 章 小 结

在本章我们对 p 型金刚石的电极接触性能进行了研究,同时探讨了 p 型金刚石 MESFET 器件的制备工艺,并对制备的 MESFET 器件进行了电学性能的测试研究。主要得到以下结论:

1)根据半导体和金属接触的规律,金属的功函数越大,越易于实现欧姆接触。反之则容易形成肖特基接触,产生整流效应。对于 p 型金刚石半导体,通过选择具有高功函数的金属 Au,Au 与金刚石间形成了较好的欧姆接触。而低功函数的金属 Al 则与金刚石形成了较好的肖特基接触,在 $-4\sim4\text{ V}$ 扫描电压范围内有明显的整流特性。

2)通过光刻工艺实现了 MESFET 器件的制备,器件的栅长 10 μm,源、漏电极与栅电极间的距离也为 10 μm。对器件进行电学性能测试,结果表明该器件具有明显的增强型晶体管的特性,随着负栅压的增加,源漏电流增加并有逐渐趋于饱和的趋势。

参 考 文 献

[1] Lu H L, Zhang Y M. A comprehensive model of frequency dispersion in 4H－SiC MESFET[J]. Solid-State Electronics, 2009, 53: 285－291.

[2] Ueda Y, Nomura Y, Akita S, et al. Characteristics of 4H－SiC Pt-gate metal-semiconductor field-effect transistor for use at high temperature [J]. Thin Solid Films, 2008, 517: 1468－1470.

[3] Niiyama Y, Kambayashi H, Ootomo S, et al. 250℃ operation normally-off GaN MOSFETs[J]. Solid-State Electronics, 2007, 51: 784－787.

[4] Tschumak E, de Godoy M P F, As D J, et al. Insulating substrates for cubic GaN-based HFETs [J]. Microelectronics Journal, 2009, 40: 367－369.

[5] El-Hajj H, Denisenko A, Kaiser A, et al. Diamond MISFET based on boron delta-doped channel[J]. Diamond & Related Materials, 2008, 17: 1259－1263.

[6] Watanabe T, Teraji T, Ito T. Fabrication of diamond p－i－p－i－p structures and their electrical and electroluminescence properties under high electric fields[J]. Diamond & Related Materials, 2007, 16: 112－117.

[7] Pang L Y, Chan S M, Johnston C, et al. A thin film diamond p-channel field-effect transistor [J]. Appl. Phys. Lett., 1997, 70, 339－341.

[8] Fox B A, Hartsell M L, D Malta M, et al. Diamond devices and electrical properties[J]. Diamond and Related Materials, 1995, 4: 622－627.

[9] Chen Y G, Ogura M, Yamasaki S, et al. Investigation of specific contact resistance of ohmic contacts to B-doped homoepitaxial diamond using transmission line model[J]. Diamond and Related Materials, 2004, 13: 2121－2124.

[10] Viljoen P E, Lambers E S, Holloway P H. Reaction between diamond and titanium for ohmic contact and metallization adhesion layers[J]. J. Vac. Sci. Techn. B, 1994, 12: 2997－3005.

[11] Su Q F, Xia Y B, Wang L J, et al. Optical and electrical properties of different oriented CVD diamond films[J]. Appl. Surf. Sci., 2006, 252(23): 8239－8242.

[12] Sze S M. Semiconductor devices: physics and technology[M]. 2ed. New York: Wiley, 2001: 217－228.

[13] 刘恩科,朱秉升,罗晋生.半导体物理[M].4 版.北京:国防工业出版社,1994: 178－183.

[14] Moazed K L, Zeidler J R, Taylor M J. A thermally activated solid state reaction process for fabricating ohmic contacts to semiconducting diamond[J]. J. Appl. Phys., 1990, 68(5): 246－2254.

[15] Tachibana T, Willias B E, Glass J T. Correlation of the electrical properties of metal contacts on diamond films with the chemical nature of the metal-diamond interface[J]. Phys. Rev. B, 1992, 45(20): 11968－11974.

[16] 龙闰,戴瑛,刘东红,等.p 型金刚石欧姆接触的研究[J].半导体技术,2006, 31(1): 44－47.

第五章　金刚石膜紫外光探测器

5.1　引　言

在半导体产业的发展中,一般将 Si 和 Ge 称为第一代电子材料,将 GaAs、InP、GaP、InAs 及其合金称为第二代电子材料。而由于宽禁带(E_g>2.3 eV)半导体材料近年来发展十分迅速,被称为第三代电子材料,它主要包括 SiC、GaN、ZnO 以及金刚石等。同第一、第二代相比,第三代电子材料具有禁带宽度大、电子漂移饱和速度高、介电常数小等特点,可以制作蓝绿光和紫外光的发光器件和光探测器件等。其中 ZnO 是最有前途的新一代半导体材料之一。ZnO 具有优异的性能,属于直接带隙半导体,禁带宽度约为 3.37 eV。它具有高熔点和高激子束缚能、高激子增益、相对较低的外延生长温度、相对较低的制备成本、薄膜容易刻蚀而使后继的器件制备与加工等更方便等特点。1999 年在第 23 届国际半导体物理年会上首次报道了 ZnO 薄膜的光泵浦紫外激射[1],至此 ZnO 材料的制备与研究工作迅速得到重视,并成为半导体光电领域研究的新热点。

目前电子器件越来越向着高频高功率方向发展,在一个很小的空间范围会释放出大量的热,使得电子器件(比如 ZnO 紫外光探测器、ZnO 激光器及高频声表面波器件等)面临着严峻的散热问题。为了冷却这些器件,有必要在器件和冷却系统之间加入一个有很高热传导率的材料。而金刚石是一个理想的热交换材料(热接受和热传递),具有极高的热导率[20 W/(cm·K)],约为铜的五倍,再加上它具有宽的禁带、高的抗辐射能力、良好的化学及热稳定性,因此金刚石可以用作高温、高通量等恶劣的环境中的高效散热材料[2,3]。另外,金刚石是所有物质中声波传播速度最快的材料之一,高于 10 000 m/s,这样 ZnO 和金刚石薄膜构成的复合结构又可以用来制备超高频的声表面波器件。

因此 ZnO/金刚石薄膜结构既可以用来制备具有良好散热性能的高能探测器、激光器等,又可以用来制备高频声表面波器件。但是由于金刚石和 ZnO 之间较大的晶格失配(ZnO:c = 5.206 535 Å, a = 3.249 074 Å;金刚石:a = 3.567 Å)和热膨胀系数差异(ZnO:α_a = 2.9 × 10^{-6} K^{-1}, α_c = 4.75 × 10^{-6} K^{-1};金刚石:α = 1.2 × 10^{-6} K^{-1})[4],较难在金刚石上生长高质量的 ZnO 薄膜。为提高 ZnO 薄膜的质量,近来人们通过在衬底和薄膜间引入一缓冲层的方法获得了较好的效果。缓冲层能调和薄膜与衬底之间的晶格失配,缓冲内应力。根据文献报道,用作 ZnO 薄膜的缓冲层的材料有 MgO[5]、CaF[6]、GaN[7]、ZnS[8]、ZnO 和 Zn[9] 等。而异质缓冲层在高温热处理过程中异质原子会向 ZnO 薄膜内部扩散而导致薄膜性能恶化。ZnO 同质缓冲层可克服上述缺点,Kim 等[10] 发现在蓝宝石上引入 ZnO 同质缓冲层可控制 ZnO 薄膜生长方向,缓和晶格失配。Xiu 等[11] 在 Si 基片上也获得了同样的效果。

此外,ZnO/金刚石结构制备遇到的另一个问题是一般作为衬底的多晶金刚石薄膜表面较粗糙,影响了高度 c 轴取向 ZnO 薄膜的质量及其器件性能。虽然可以通过抛光处理来改善薄膜的表面粗糙度,但由于金刚石硬度很大,通过机械、化学抛光等手段处理非常困难,成本相对太高。因此本章试验主要讨论采用表面光滑的自支撑金刚石薄膜成核面为衬底,并通过增加同质缓冲层的方法在金刚石衬底上制备高质量 ZnO 薄膜,并对其在紫外光探测器件方面的应用进行了探索。

5.2 ZnO 材料概述

5.2.1 ZnO 材料的结构

ZnO 晶体为六方纤锌矿结构,晶格常数 $a = 0.325$ nm,$c = 0.520\,6$ nm。图 5.1 给出了 ZnO 理想晶体结构示意图。在六角 ZnO 的晶体结构中,每个阳离子(Zn^{2+})都被位于邻近四面体顶点位置的四个阴离子(O^{2-})所包围,同样每个阴离子(O^{2-})都被四个阳离子(Zn^{2+})包围,原子按四面体排布。在最近邻的四面体中,平行于 c 轴方向的氧和锌原子之间的距离为 0.199\,2 nm,其它三个方向则为 0.197\,3 nm。

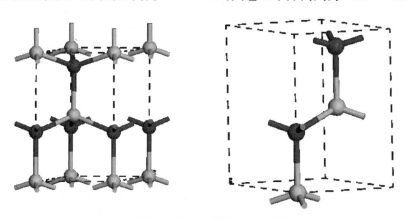

图 5.1 ZnO 晶体结构示意图

5.2.2 ZnO 材料的特性及应用

ZnO 本身的结构决定了它具有较高的电阻率,纯净的、理想化学配比的 ZnO 是绝缘体,而不是半导体。但是由于 ZnO 本身存在大量的本征施主缺陷,使得本征 ZnO 呈 n 型半导体。研究表明,掺杂可以大大提高 ZnO 薄膜的导电性能,目前掺杂研究较多的主要有 Al[12]、In[13]、Tb[14] 等。通过改变本征缺陷的浓度或是掺杂缺陷的浓度可以使 ZnO 薄膜的电阻率在 $10^{-4} \sim 10^{12}$ Ω·cm[15]之间变化。

用能量大于 ZnO 光学带隙的光子(波长约为 368 nm 的紫外光)照射 ZnO 薄膜材料时,薄膜中的电子会吸收光子从价带跃迁到导带,产生强烈的光吸收。而对波长大于 368 nm 的可见光则有很高的透过性,可见光范围内的平均透过率可高达 90%以上[16]。利用 ZnO 的高光电导特性和宽禁带,可制作紫外光探测器。

ZnO 薄膜的发光机制是被激发的电子从高能级向低能级跃迁而产生的。ZnO 材料具有高达 60 meV 的激子束缚能,如此高的束缚能使得它在室温下稳定、不易被热激发(室温下的分子热运动能为 26 meV),从而降低了室温下的激射阈值,提高了 ZnO 材料的激发发射效率,因此 ZnO 薄膜在发光器件方面有着广泛的应用。在 1996 年,P. Yu 首先报道了 ZnO 薄膜的光泵浦紫外激射,使人们看到了 ZnO 电泵浦激光器的光明前景。2001 年,报道了利用 ZnO 量子线制作的当时世界上尺寸最小的光泵浦激光器。同年日本报道了采用 PLD 方法生长出 p - ZnO,并成功制作了 ZnO 同质结 LED。以上的这些研究成果,使人们看到了 ZnO 发光管和电泵浦激光器的光明发展前景[17]。

ZnO 薄膜作为一种压电材料,以其较高的机电耦合系数和低介电常数,被广泛应用于声表面波器件的制作。目前较低频率通信已趋饱和,通信频率向高频发展,同时移动通信也要求具有更高频率。ZnO 薄膜能制备的具有低损耗的高频滤波器,适应于这一趋势,可用于高于 1.5 GHz 的频率范围。

ZnO 还是一种气体敏感材料,经某些元素掺杂之后对有害气体、可燃气体、有机蒸气等具有很好的敏感性。ZnO 气敏元件主要有烧结型、厚膜型、薄膜型三种。目前薄膜型的研究非常活跃。ZnO 薄膜气敏的标志参数是电阻(电阻率),即随着环境湿度或者气体组分的变化,其电阻率会发生显著的变化。简单地说,具有这种特性的物理机制是多晶 ZnO 薄膜晶粒间界处的吸附和脱附作用,这种作用会在材料禁带靠近导带底或者价带顶附近产生施主或者受主能级,从而影响材料的载流子浓度,进而使材料的电阻率发生变化。

5.2.3　磁控溅射法制备 ZnO 原理简介

目前,ZnO 薄膜的制备技术比较多,归纳起来主要有磁控溅射法、金属有机物化学气相沉积(MOCVD)、溶胶-凝胶法(Sol - Gel)、脉冲激光沉积法(PLD)、分子束外延法(MBE)等[18-24]。

其中磁控溅射法是目前最成熟和应用最广泛的方法之一,此法即使在非晶衬底上也可以得到高度 c 轴取向的 ZnO 薄膜[25]。采用磁控溅射法制备的 ZnO 薄膜因具有均匀致密、附着力大,并且基片因为在高能量粒子的轰击下温度不断升高而不用加热等优点而被广泛采用。本书也采用磁控溅射法在自支撑金刚石薄膜衬底上制备 ZnO 薄膜。

当带有几十电子伏以上动能的粒子或粒子束照射固体表面,靠近固体表面的原子获得入射粒子部分能量,进而从表面逃逸出来,这种现象称为溅射。

　　溅射过程需要在真空条件下进行,溅射时通入少量惰性气体(如氩气),利用低压惰性气体辉光放电产生正离子(如 Ar^+)和电子。而这些辉光放电产生的惰性气体离子经过偏压加速后轰击靶材(阴极),其中一部分在靶材表面发生背散射,继而再次返回到真空室中,而大部分离子进入样品内部。

　　进入靶材内部的正离子与靶材原子发生弹性碰撞,并将一部分动能传给靶材原子,当靶材原子的动能超过由其周围存在的其它原子所形成的势垒时,靶材原子会从晶格阵点中被碰出,产生离位原子,并进一步和附近的靶材原子依次反复碰撞,产生所谓的碰撞级联。当这种碰撞级联到达靶材表面时,如果靠近靶材表面的原子的动能远远超过表面结合能,这些样品原子就会从靶材表面释放出并进入真空室中。

　　进入真空的靶材原子一部分被散射回靶材;一部分被电子碰撞电离,或被亚稳原子碰撞电离,产生的离子加速返回靶材,或产生溅射作用或在阴极区损失掉;还有一部分溅射出的靶材原子以核能中性粒子的形式迁移到基片上。迁移到基片的粒子经过吸附、凝结、表面扩散以及碰撞等过程,形成稳定的晶核,然后再通过不断的吸附使晶核长大成小岛,到长大后互相聚结,最后形成连续状的薄膜。溅射过程中还可以同时通入少量活性气体,使它和靶材原子在衬底上形成化合物薄膜,称为反应溅射。

　　通常的溅射方法溅射效率不高。磁控溅射利用磁场来改变电子的运动方向,将电子的运动限制在靶表面附近的电离区域内,束缚和延长电子的运动轨迹,从而提高惰性气体原子的电离率,有效地利用电子能量,使粒子轰击靶材引起的溅射更加有效。

　　图 5.2 为 JC500 - 3/D 型磁控溅射设备,其主要结构为主机、控电柜和溅射电

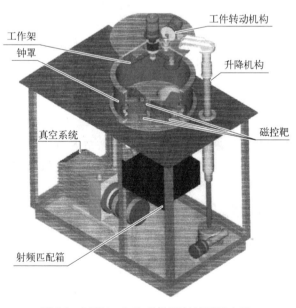

图 5.2　JC500 - 3/D 磁控溅射镀膜机主机

源。主机由真空室、真空系统、水冷系统、充气系统、工件转动系统、烘烤装置、升降机构、离子轰击和气动系统组成。

5.3 ZnO 制备及测试

在本实验中,采用射频反应磁控溅射法在自支撑金刚石薄膜的成核面上制备 ZnO 薄膜,靶材为纯度 99.99% 的 ZnO 陶瓷靶。在溅射 ZnO 主层薄膜之前,先用较小的功率溅射一层 ZnO 缓冲层,然后再溅射 ZnO 主层薄膜。通过改变溅射工艺参数(溅射功率、工作气压等),研究制备工艺参数对薄膜性能的影响,同时也研究了缓冲层对薄膜性能的影响。

5.3.1 ZnO 陶瓷靶的制作

实验中使用的溅射靶材为 ZnO 陶瓷靶,直径 116 mm,厚度约 8 mm,制作原料是纯度为 99.99% 的 ZnO 粉末。靶材的具体制作流程如图 5.3 所示。

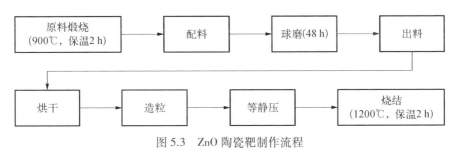

图 5.3　ZnO 陶瓷靶制作流程

5.3.2 ZnO 薄膜的制备过程

1. 自支撑金刚石薄膜制备及表面的清洗

由于 HFCVD 法制备金刚石薄膜速度较快,质量尚可,且作为衬底材料时对薄膜的质量没有制作电子器件时要求得那么高。因此本试验采用 HFCVD 法制备自支撑金刚石薄膜,具体制备过程如本书 2.2.2.1 小节中所述。

为消除表面污垢和微粒对薄膜沉积的影响,先把金刚石衬底置于丙酮中超声浴清洗 15 min,然后置于去离子水中超声浴清洗 15 min,可重复上述清洗步骤 3 遍,直至表面非常洁净,最后取出衬底烘干。

2. 在自支撑金刚石薄膜上制备 ZnO 薄膜

将自支撑金刚石衬底固定在磁控溅射腔体中,其成核面向下,然后进行 ZnO 薄膜的沉积。

　　具体实验方法如下：先采用 50 W 的功率，0.3 Pa 气压下在自支撑金刚石衬底上制备 ZnO 缓冲层，溅射时间 30 min，将缓冲层 550℃退火 60 min。随后在该缓冲层上继续射频磁控溅射沉积 ZnO 薄膜。

　　研究溅射功率和溅射气压对薄膜质量的影响。RF 功率分别为 100 W、150 W、200 W、300 W，气压分别为 0.2 Pa、0.3 Pa、0.4 Pa、0.5 Pa，溅射时间均为 120 min。最后将制备的薄膜在 550℃退火 60 min。ZnO 薄膜制备过程中的溅射气氛为氩气和氧气的（氧气：氩气＝1：5）混合气体，衬底未加热。

5.3.3　测试设备

　　1）日本理学株式会社 D/MAX－3C 型 X 射线衍射（XRD）仪进行样品结构分析，参数：Cu k_α 线，$\lambda = 1.540\,56$ Å。

　　2）美国 AP－0190 原子力显微镜（AFM）测定 ZnO 薄膜样品的表面形貌粗糙度。

　　3）法国 Jobin－Yvon 公司 HORIBA HR800 UV 型共焦显微拉曼光谱仪（脉冲激光波长 325 nm）测定 ZnO 薄膜的 PL 光谱，表征薄膜的缺陷和质量。

　　4）美国 Keithley 4200SCS 半导体表征系统测量室温无光照条件下 ZnO 薄膜的 $I-V$ 特性。

　　5）美国 PTI 紫外光源测量 ZnO 薄膜的光电性能。

5.3.4　ZnO 薄膜的结构特性分析

　　ZnO 薄膜的晶体结构将利用 XRD 技术进行测量。XRD 是测量物质结构的重要手段，它的基本原理如图 5.4 所示[26]。

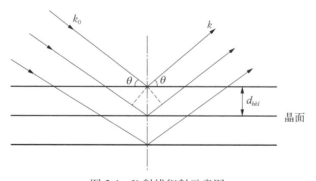

图 5.4　X 射线衍射示意图

　　X 射线以 θ 角掠入射到晶体，被一组晶面所反射，晶面间距为 d_{hkl}，从相邻晶面反射出来的 X 射线之间的相位差为 $2d_{hkl}\sin\theta$。当这个相位差满足 Bragg 条件时，也即相位差为 X 光波长整数倍时：

$$2d_{hkl} \cdot \sin \theta = m\lambda \qquad (5.1)$$

其中,m 为整数。这时,出现衍射极大,形成衍射光斑。测量与衍射光斑对应的掠入射角 θ 及根据已知的 X 射线波长 λ,就可以确定与衍射光斑对应的一组晶面的间距 d_{hkl}。

因为 ZnO 属于六方晶系 6 mm 点群,晶体在 c 轴垂直面上的电性和弹性都是对称的,所以,c 轴择优取向的多晶薄膜能够具有单晶那样的压电性质且薄膜的质量较好。基于以上原因,如何在金刚石薄膜上沉积高度 c 轴取向、缺陷少、质量好的 ZnO 薄膜是我们想要研究的问题。ZnO 薄膜的结晶取向受到很多因素影响,包括衬底类型[27-29]、沉积条件[30-33]、后期处理等[34-36],在这里我们主要研究分析溅射功率、溅射气压以及缓冲层等对 ZnO 薄膜取向性和结晶质量的影响。

5.4 实验结果与讨论

5.4.1 溅射功率对 ZnO 薄膜结构特性的影响

溅射功率对薄膜的择优取向影响较大,本小节中溅射功率的取值范围为 150~300 Pa,详细的沉积参数见表 5.1。图 5.5 给出了溅射气压 0.4 Pa、氩氧比为 5：1 时不同溅射功率条件下制备的 ZnO 薄膜的 XRD 图谱,在表 5.2 列出详细的测试数据。

表 5.1　不同溅射功率沉积 ZnO 薄膜的参数

样品组	溅射功率 w/W	工作气压 p/Pa	时间 t/h
W1	100	0.4	2
W2	150	0.4	2
W3	200	0.4	2
W4	300	0.4	2

ZnO 属于六方纤锌矿结构,当 X 射线的波长确定后,来自 ZnO 不同晶面的衍射峰将对应一个确定的衍射角 θ。如果在 ZnO 样品的 XRD 谱中,某一衍射峰对应的值与标准值相差过大,或出现了不属于 ZnO 的衍射峰,则有可能制备的材料中掺入了其它杂质。由图可知,所有的样品在 2θ 大约为 34.40° 附近出现一个强峰,该峰是 ZnO(002) 晶面的衍射峰,与此同时没有出现 ZnO 的其它特征衍射峰,这说明 ZnO 薄膜是垂直表面生长,具有高度的 c 轴择优取向,结晶性能好。图中另一衍射峰,即 2θ 为 44.00° 左右的峰是金刚石(111) 晶面的衍射峰。图中除此以外没有出现其它衍射峰,说明所制备的 ZnO 薄膜无明显杂质,质量较好。

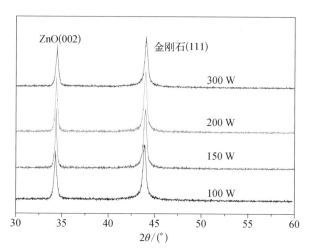

图 5.5 采用不同溅射功率的 ZnO 薄膜 X 射线衍射图谱

表 5.2 不同溅射功率下样品的 XRD 测试结果

样品编号	W1	W2	W3	W4
$(2\theta)/(002)$	34.32°	34.38°	34.40°	34.48°
FWHM/(002)	0.32°	0.30°	0.34°	0.44°
d/nm	0.261 1	0.260 6	0.260 5	0.259 9
c/nm	0.522 2	0.521 0	0.520 9	0.519 8
$\varepsilon/(\times 10^8\,\text{Pa})$	−7.61	−2.23	−1.79	3.13

　　排除膜厚的差异、薄膜的均匀性引起的误差等因素对实验结果的影响,衍射峰的相对强度也是比较样品结晶性能优劣的一个重要数据。薄膜的结晶质量越好,则衍射峰的相对强度就会越大。从图中可以看到随着溅射功率从 100 W 增加到 150 W,峰强度略有增大。随溅射功率进一步增加,ZnO 薄膜(002)面特征衍射峰的强度又略有减小,尤其是当功率增加到 300 W 时衍射峰强度减小较多。这主要是由于随溅射功率的增加,由辉光放电产生的 Ar^+ 增多,轰击靶材激发 Zn 原子的概率也大大增加,反应生成 ZnO 增多,ZnO(002)面特征衍射峰的强度逐渐增强;此后,当溅射功率进一步提高,ZnO(002)面的特征衍射峰强度反而呈下降趋势,这是由于溅射速率与溅射功率成正比,当溅射功率增加到一定值后,虽然 ZnO 原子具有较大能量,但是溅射速率加快,限制了 ZnO 原子的扩散距离,原子就近结晶,不能自由扩散到生长较快的晶面上参与结构,(002)面不能完全占有与衬底平行的平面,削弱了 ZnO 的结晶质量。另外,由于功率过高还会导致电子、二次粒子、中性粒子能量过大,损伤薄膜,降低薄膜取向性。

汪冬梅等[37]的研究也表明,随溅射功率加大,溅射出的粒子数目增多,粒子之间碰撞的概率增加,沉积到衬底表面的粒子团簇化的倾向加大,导致粒子的排列混乱。这也是高功率磁控溅射不易获得(002)取向好的 ZnO 薄膜的原因。

XRD 谱中最强衍射峰的半高宽值(FWHM)是判断薄膜结晶度高低的一个重要数据。由表 5.2 可知,在溅射功率为 150 W 时,ZnO 薄膜(002)特征衍射峰半高宽最小。说明 150 W 时样品的结晶质量较好。

由式(5.1)以及六方晶系的晶面间距公式:

$$\frac{1}{d^2} = \frac{4(h^2 + hk + k^2)}{3a^2} + \frac{1}{c^2} \tag{5.2}$$

对于 ZnO 的(002)方向,存在以下的关系:

$$c = 2d_{002} = \frac{\lambda}{\sin\theta} \tag{5.3}$$

通过以上公式可以计算 ZnO 的晶格常数 c,如表 5.2 中所示。对于 ZnO 块体,c 的标准值应为 0.520 5 nm[38]。制备出的 ZnO 薄膜的 c 值与标准 c 值之间的差异说明薄膜中存在应力,这是由于金刚石衬底与 ZnO 之间热膨胀系数、晶格常数不同所造成的。应力的计算通过双轴应力模型[39]得出:

$$\varepsilon = -233 \times 10^9 \frac{C_{film} - C_{bulk}}{C_{bulk}} \tag{5.4}$$

如表 5.2 所示,所有 ZnO 薄膜都呈现一定的残余应力,这是由于膜在沉积过程中未对衬底加热,衬底的温度较低,所以生长薄膜的主要残余应力是来自本征应力,是由于薄膜的密度和结构的变化而产生的[39]。在溅射功率为 150 W 时,应力最小。

5.4.2 溅射气压对 ZnO 薄膜结构特性的影响

本实验研究了溅射气压对 ZnO 薄膜结构特性的影响,试验条件如表 5.3 所示。

表 5.3 采用不同溅射气压沉积 ZnO 薄膜参数

样品组	溅射功率 w/W	工作气压 p/Pa	时间 t/h
P1	150	0.2	2
P2	150	0.3	2
P3	150	0.4	2
P4	150	0.5	2

　　磁控溅射镀膜时,溅射气压是重要的实验参数之一。溅射气压过低,气体分子浓度过低会影响辉光放电,导致灭辉。溅射气压过高,气体分子浓度过高,使溅射粒子在迁移的过程中与气体分子发生多次碰撞,这样既降低了靶材原子的动能,又增加了靶材的散射损失,同时溅射气压对薄膜的择优取向也有很大的影响。如图5.6 XRD 测试结果所示,所有样品均只出现两个特征峰,一个是位于 34.40° 左右的 ZnO(002)晶面的衍射峰,另一个是位于 44° 左右的金刚石的(111)晶面的衍射峰。图中没有出现 ZnO 的其它特征衍射峰,这说明 ZnO 薄膜在垂直表面的方向上具有高度的 c 轴择优取向。并且在溅射气压为 0.3 Pa 时,衍射峰强度最强。利用 XRD 数据,以及利用布拉格公式和双轴应力公式计算的薄膜结构参数和应力(ε)情况列于表 5.4。

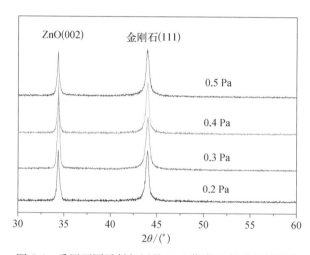

图 5.6　采用不同溅射气压的 ZnO 薄膜 X 射线衍射图谱

表 5.4　不同溅射气压下样品的 XRD 测试结果

样品编号	B-1(0.2 Pa)	B-2(0.3 Pa)	B-3(0.4 Pa)	B-4(0.5 Pa)
$(2\theta)/(002)$	34.36°	34.40°	34.38°	34.34°
FWHM/(002)	0.28°	0.28°	0.30°	0.32°
d/nm	0.260 6	0.260 5	0.260 5	0.260 6
c/nm	0.521 2	0.520 9	0.521 0	0.521 3
$\varepsilon/(\times10^8)$Pa	-3.13	-1.77	-2.23	-3.55

　　比较 ZnO(002)晶面衍射峰的强度和半高宽可知,随着溅射气压由 0.2 Pa 升高到 0.3 Pa,峰强度增加,半高宽变窄,说明 ZnO 薄膜 c 轴取向性更好,且结晶度提高。这主要是因为在这一阶段溅射率的降低是提高薄膜质量的主要因素。溅射率随工作气压的升高而降低,工作气压升高时,粒子之间的碰撞增多,即平均

自由程减少,粒子损耗增大,所以到达基底的概率变小且粒子能量低,导致溅射率降低。溅射气压升高到 0.3 Pa 的过程中,溅射率降低薄膜更接近于稳定态,有助于致密平整的薄膜形成,也易于形成单一的织构取向,且结晶度高。所以在这一阶段较高的溅射气压下,薄膜的取向性、结晶度都要更好。但是随着溅射气压继续增加,(002)峰衍射强度却出现下降的趋势,半高宽也变宽,薄膜的取向性和结晶性能下降。这是因为当工作气压继续增大时,真空室中溅射粒子与 Ar$^+$ 碰撞的概率更大,虽然轰击靶材的入射粒子密度增加,但其轰击靶材时入射能量减小,使得溅射率大大降低,被溅射出的靶材原子密度更小,溅射出的靶材原子到达衬底表面时的能量太少,使其到达衬底表面时没有足够的能量扩散迁移到生长较快的(002)面,因此(002)衍射峰的强度减小。另外,核生长速度减小,导致所沉积的 ZnO 薄膜晶粒细化,薄膜的衍射峰变宽[40]。四个样品(002)峰的衍射角度均与标准衍射峰角度存在偏差,这是由应力造成的,由表 5.4 看出在 0.3 Pa 时应力最小。

5.4.3 同质缓冲层对 ZnO 薄膜的影响

为了比较同质缓冲层对薄膜性能的影响,本实验制备了两组薄膜,一组薄膜采用了缓冲层,另一组薄膜未采用缓冲层,其它实验参数一样,通过对这两组样品进行表征来研究同质缓冲层对主层薄膜性能的影响。缓冲层的制备条件如 5.3.2 节中所述,未采用缓冲层的 ZnO 薄膜以及采用缓冲层的 ZnO 主层薄膜的制备条件均为:溅射压强 0.3 Pa、制备功率 150 W、氩氧比 5∶1、溅射 120 min。样品制备后 550℃退火 60 min。

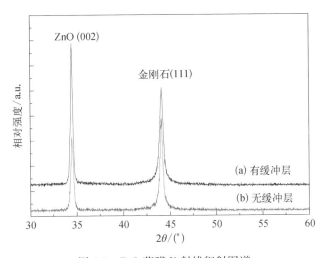

图 5.7 ZnO 薄膜 X 射线衍射图谱

从图 5.7 可以看到引入缓冲层之后 ZnO 薄膜(002)晶面特征峰强度明显高于无缓冲层的样品,说明通过添加缓冲层薄膜的 c 轴取向得到了改善。同时引入缓冲层后 ZnO(002)晶面的特征峰的半高宽由 0.32°减少到 0.28°,显然引入缓冲层后,薄膜的结晶质量有了明显的提高。这可能是由于引入缓冲层后,晶格失配的位错等缺陷被限制进缓冲层内,缓和了薄膜和衬底之间的应力,降低了三维生长模式的驱动力,ZnO 薄膜的生长模式由三维岛状生长变成二维的层状生长,而层状生长对提高 ZnO 薄膜质量有利[9]。

图 5.8 中给出了 ZnO 薄膜的 AFM 图谱,从图中可以看出引入缓冲层后 ZnO 薄膜的晶粒尺寸增大。引入缓冲层前后 ZnO 薄膜的晶粒尺寸分别为大约 50 nm 和 80 nm。

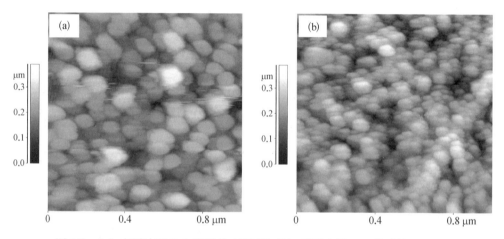

图 5.8   (a)有缓冲层 ZnO 薄膜的 AFM 图;(b)无缓冲层 ZnO 薄膜的 AFM 图

图 5.9 中给出的是 ZnO 薄膜的光致发光谱(PL 光谱)。谱线上只出现了两个发光峰,一个明显的强峰位于约 380 nm 处,另一个很宽的发光峰位于约 550 nm 处。

根据公式(5.5)所示的光子能量 $h\gamma$(eV)与波长 λ(nm)的关系,可以得出不同发光峰对应的光子能量。

$$h\gamma = \frac{1\,240}{\lambda} \tag{5.5}$$

其中,380 nm 的发光峰对应的光子能量为 3.33 eV,与 ZnO 的禁带宽度 3.37 eV 基本吻合,因此 380 nm 的发光峰是 ZnO 薄膜的带边发射(NBE)峰或称为本征发光峰。而 500 nm(2.5 eV)附近的发光峰宽属于深能级发光峰,一般认为是由 O 空位(V_O)缺陷,Zn 填隙缺陷等深能级向价带跃迁引起的[41]。根据 Vanheusden 等[42]的观点,氧空位的深施主能级在导带下 0.8 eV 左右,与价带顶的能级差正好在 2.57 eV 附近。

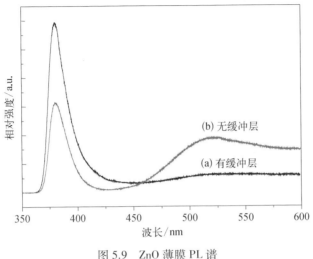

图 5.9　ZnO 薄膜 PL 谱

　　ZnO 薄膜 NBE 峰的相对强弱可表征薄膜结晶性能的好坏[43,44],通常用 NBE 发光峰和深能级缺陷发光峰强度的比值来表征材料的质量和发光性能[45]。如图 5.9 所示,未使用缓冲层的 ZnO 样品,缺陷发光峰强度比较强,本征发光峰与缺陷峰的强度比大约为 1.7。而使用了缓冲层的样品,其缺陷发光峰强度很弱,几乎不可见。这表明引入同质缓冲层后 ZnO 薄膜中缺陷浓度大大下降,薄膜的结晶质量得到明显改善。

5.5　ZnO/金刚石结构紫外光探测器的性能研究

　　由于 ZnO 和金刚石的特殊性质,ZnO/金刚石结构具有广泛的用途,比如高频声表面波器件、各种光电器件等。本节主要讨论它在光电器件应用方面的初步研究。

　　紫外光探测器是一种将紫外光信号转变成电信号的器件,已在众多领域得到广泛应用,如气体探测与分析、火焰传感、污染监测、水银消毒以及发动机与锅炉控制。目前由于 Si 材料技术成熟,Si 仍然是制作光探测器最主要的材料。但紫外探测器大都工作在极其恶劣的环境下,像火焰燃烧监视器、导弹羽烟探测器等,在工业上(像航空、汽车、石油等工业)都要求能够耐受高温和恶劣环境的光探测器。在其他一些应用领域,像空气质量监视、气体敏感元件及紫外光剂量测量,要利用宽禁带探测器来完成,这些都是 Si 探测器所不能胜任的。过去十年对宽禁带紫外探测器的研究主要集中于碳化硅(SiC)、氮化镓基(GaN)、金刚石膜、氧化锌(ZnO)等材料上。氧化锌是一个很重要的 Ⅱ-Ⅵ 族半导体材料,有许多卓越的性能。氧化锌具有大的结合能、优良的光学品质、好的压电特性,激子具有相当的稳定性。氧化锌相对其他材料的另一个优势就是价格低廉,无毒,沉积温度相对较低。因此,氧化锌在紫外光探测上有着重要的应用前景[46-48]。而且利用 ZnO/金刚石结构更可以利用金刚石高的抗辐射能力、良好的化学及热稳定性以及极好的散热性能,来增强器件的热稳定性。因此本章采用 ZnO/金刚石薄膜结构制备紫外光探测器,并对其光电性能进行了初步研究。

5.5.1　ZnO/金刚石薄膜结构紫外光探测器的制备

　　ZnO/金刚石结构的制备工艺如上一节所述,为了比较缓冲层对器件性能的影响,制备了两种不同的样品。样品 a 在主层 ZnO 薄膜和金刚石衬底间使用同质缓冲层,缓冲层的制备条件如 5.3.2 节中所述。主层薄膜的制备条件为:溅射压强 0.3 Pa、制备功率 150 W、氩氧比 5∶1、溅射 120 min。样品 b 是未引入缓冲层,制备条件同上。

　　样品制备后,采用溅射的方法在 ZnO 薄膜的表面制备 Al/Au 复合电极($r=$ 0.5 mm),电极间隔为 2 mm。电极制备完毕后,样品 550℃ 退火 60 min。采用 Keithley 4200SCS 半导体表征系统以及 PTI 紫外光源测量系统对该结构探测器的光电性能进行测试。其中紫外光源系统包括以下组件:① L-201 型可调的高强度氙灯光源;② 101 型单色仪;③ 计算机及软件控制。单色仪在控制器和计算机及软件控制下可以得到连续可调的输出(190~800 nm),根据需要也可以设定输出某一特定的波长。

5.5.2　探测器光电性能测试与分析

　　ZnO/自支撑金刚石结构紫外光探测器暗电流-电压和光电流-电压特性(266 nm 紫外光)如图 5.10 所示。从图中可以看出,探测器 a 和样品 b 在 -10~10 V 的扫描范围内 I-V 曲线均具有较好的线性关系,且正负方向几乎是对称分布,体现出很好的欧姆接触特性。样品 a 和样品 b 在 10 V 偏压下的暗电流分别为 11.6 nA 和 23.5 nA,说明添加了缓冲层的样品具有更小的暗电流。这是由于采用磁控溅射法制备的 ZnO 薄膜均为多晶薄膜,对于多晶薄膜材料,影响暗电流的主要因素是晶体的质量、杂质和缺陷的浓度以及晶界形成的分流路径与导电沟道。晶界是杂质和缺陷的聚集处,晶界越多,杂质、缺陷、导电沟道就越多,从而导致了较大的暗电流。未引入缓冲层的 ZnO 薄膜晶粒尺寸比采用缓冲层生长的 ZnO 薄膜要小(如图 5.8 所示),因此含有更多的晶界及导电沟道。而未采用缓冲层的样品具有较多的深能级缺陷,晶体质量稍差(如图 5.9 所示),以上这些原因都使得样品 b 比样品 a 具有更大的暗电流。

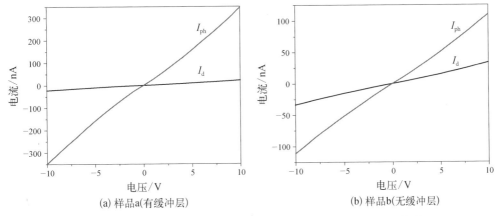

图 5.10　ZnO/金刚石结构探测器的暗电流-电压和光电流-电压特性

图 5.10 还给出了 ZnO/自支撑金刚石薄膜结构探测器在紫外光条件下光电流-电压特性曲线。由图可看出,随着电压的增加,样品 a 和样品 b 的光电流几乎都呈线性增长,这符合简单的光产生和收集模型[49],即收集的载流子与外电场间存在一定的线性关系,光电流可以写成:

$$I_{ph} = qF_0\eta_{abs}\mu\tau E/d \tag{5.6}$$

其中,q 是电子电量;F_0 是单位时间入射的光子数量;η_{abs} 是光吸收效率;$\mu\tau$ 是光生载流子迁移率与寿命的乘积;d 是电极间距;E 是应用的电场。

样品 a 和 b 在 10 V 偏压下的光电流分别为 346.7 nA 和 110.8 nA。很明显,采用缓冲层的探测器样品具有高得多的光电流。这正如前面所分析,采用缓冲层后 ZnO 薄膜晶粒较大,晶界相对减少,另外由于薄膜的质量提高,薄膜内的深能级缺陷也减少。使得光生载流子被各种陷阱捕获的概率减少,从而更多的光生载流子被探测器的电极收集,产生较大的光电流。

图 5.11 显示的是 ZnO/自支撑金刚石薄膜结构紫外光样品 a 和 b 在+10 V 偏压条件下光电流-时间响应曲线(266 nm 紫外光照射)。样品 a 和 b 的光电流在紫外光辐射条件下均随时间增加而逐渐增加,然后趋向饱和。这种现象和氧化锌薄膜的多晶特性引起的大量陷阱中心有关。光生载流子在外电场作用下向电极方向迁移,在被电极收集之前部分载流子会被薄膜内的陷阱中心捕获。随着这些陷阱中心逐渐被紫外光辐射产生的光生载流子填满,光电流也逐渐增加。有效陷阱中心全部被填满后,光照产生的载流子几乎都能被电极收集,此时光电流也就达到饱和。这种载流子的陷阱效应也称为极化效应[50]。

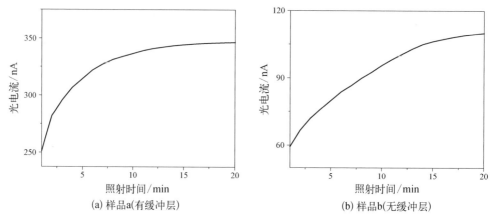

图 5.11　ZnO/金刚石结构探测器的时间响应特性

　　从图 5.11 中我们还可以看出样品 a 比 b 达到饱和光电流的时间要短,样品 a 和 b 的饱和时间分别为 9 min 和 14 min。这说明通过添加缓冲层,有效地降低了薄膜的缺陷密度,提高了 ZnO 薄膜的质量。从而使探测器在较短的时间内的达到饱和电流。

　　图 5.12 显示的是+10 V 偏压条件下 ZnO/自支撑金刚石结构紫外光探测器的光谱响应特性。由图可以看出,样品的截止波长均在 380 nm 左右。这对应于 ZnO 的带隙吸收波长。对于样品 b 在 450~550 nm 波长范围内还有一个发光峰,这是由

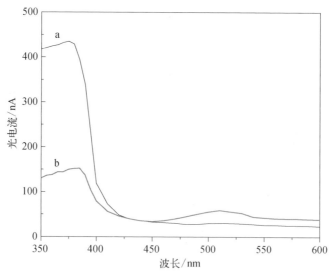

图 5.12　ZnO/金刚石结构紫外光探测器的光谱响应
曲线: 有缓冲层(a);无缓冲层(b)

禁带内的深能级缺陷引起的,这些缺陷可以通过提高晶体质量而有效降低[51]。通过添加缓冲层可以改善薄膜的结晶质量,减少晶体中的缺陷,这从样品 a 的光电流-光谱响应曲线中可以很容易得出。通过添加缓冲层,样品 a 在 450~550 nm 波长范围内无明显光谱响应,说明薄膜质量得到提高,从而使器件的光谱响应特性明显改善。

5.6 本 章 小 结

本章采用 RF 磁控溅射设备在自支撑金刚石衬底上制备了高度 c 轴取向高质量的 ZnO 薄膜。研究了沉积功率、沉积气压以及同质缓冲层对 ZnO 薄膜质量的影响,并对 ZnO/金刚石结构在光电探测器方面的应用进行了初步研究。主要得到以下结论。

1) 溅射功率小幅度增加有利于薄膜质量和取向的改善,过高的功率使得溅射出的粒子数目增多,粒子之间碰撞的概率增加,破坏了薄膜的取向和质量。同时,过高或过低的气压也会使得 ZnO 薄膜的取向和质量变差。在本实验中采用 150 W 的功率和 0.3 Pa 溅射气压获得了取向和质量较好的薄膜,此时薄膜的晶粒尺寸也较大,应力较小。

2) 通过添加缓冲层,可以明显地改善 ZnO 主层薄膜的质量。薄膜(002)峰的半高宽由 0.32°减少到 0.28°,峰强也明显增强。薄膜的 AFM 图显示,通过添加缓冲层,薄膜的晶粒尺寸从约 50 nm 增加到 80 nm。薄膜的 PL 谱显示,有无缓冲层薄膜在 380 nm 处均有很强的发光峰,但是无缓冲层的样品同时还存在较强的缺陷发光峰,添加了缓冲层的样品缺陷发光峰很弱,表明通过添加缓冲层可以明显改善薄膜质量。

3) ZnO/金刚石薄膜结构紫外光探测器暗电流和光电流的大小与 ZnO 薄膜的质量和晶粒尺寸有关。通过添加缓冲层,ZnO 主层薄膜的质量明显改善,缺陷减少,晶粒尺寸增加,而光电流增加,暗电流降低。有缓冲层和无缓冲层的 ZnO 探测器,暗电流分别为 21.6 nA 和 33.5 nA,光电流分别为 346.7 nA 和 110.8 nA。

4) ZnO 探测器的光电流在紫外光辐射条件下开始迅速增加,然后逐渐趋向饱和,对于有缓冲层和无缓冲层的 ZnO 探测器达到饱和所花的时间分别为 9 min 和 14 min 左右。这种现象和氧化锌薄膜的多晶特性导致的陷阱中心有关。通过添加缓冲层,提高了薄膜质量,减少了缺陷,从而探测器光电流能在较短时间内达到饱和。

5) ZnO/自支撑金刚石薄膜结构紫外光探测器的光电流随入射波长的响应特性均显示出探测器的截止波长为 380 nm。这和 ZnO 的禁带宽度相对应。在 450~550 nm 处无缓冲层的 ZnO 探测器与有缓冲层的 ZnO 探测器相比,有明显的光电流,这与 ZnO 薄膜的缺陷能级有关。通过添加缓冲层使得薄膜质量得到改善,从而也有利于改善探测器的光谱响应特性。

参 考 文 献

[1]　Muth J F, Kolbas R M, Sharma A, et al. Structure and absorption coefficient measurements of ZnO single crystal epitaxial films deposited by pulsed laser deposition[J]. Journal of Applied Physics, 1999, 85(2), 78 − 84.

[2]　Lee S T, Lin Z, Jiang X. CVD diamond films: nucleation and growth[J]. Mat. Sci. Eng., 1999, 25(4): 123 − 154.

[3]　Shu L H, Christou A, Barbe D F. High temperature device simulation and thermal characteristics of GaAs MESFETs on CVD diamond substrates[J]. Microelectron. Reliab., 1996, 36(9): 1177 − 1189.

[4]　Zhang B P, Wakatsuki K, Binh N T, et al. Effects of growth temperature on the characteristics of ZnO epitaxial films deposited by metalorganic chemical vapor deposition[J]. Thin Solid Films, 2004, 449: 12 − 19.

[5]　Setiawan A, Ko H J, Hong S K, et al. Study on MgO buffer in ZnO layers grown by plasma-assisted molecular beam epitaxy on Al_2O_3(0001)[J]. Thin Solid Films, 2003, 445(2): 213 − 218.

[6]　Koike K, Komuro T, Ogata K, et al. CaF_2 growth as a buffer layer of ZnO/Si heteroepitaxy[J]. Physica. E, 2004, 21(2 − 4): 679 − 683.

[7]　Nahhas A, Kim H K, Blachere J, et al. Epitaxial growth of ZnO films on Si substrates using an epitaxial GaN buffer[J]. Appl. Phys. Lett., 2001, 78(11): 1511 − 1513.

[8]　Ashrafi A A, Ueta A, Kumano H, et al. Role of ZnS buffer layers in growth of zincblende ZnO on GaAs substrates by metalorganic molecular-beam epitaxy[J]. J. Cryst. Growth, 2000, 221(3): 435 − 439.

[9]　Zhu X F, Lin B X, Liao G H, et al. The effect of Zn buffer layer on growth and luminescence of ZnO films deposited on Si substrates[J]. J. Cryst. Growth, 1998, 193(3): 316 − 321.

[10]　Kim I W, Kim H S, Kwon Y B. Effect of ultra-thin buffer on the structure of highly mismatched epitaxial ZnO during sputter growth[J]. Applied Surface Science, 2005, 241: 261 − 265.

[11]　Xiu F, Yang Z, Zhao D, et al. ZnO growth on Si with low-temperature ZnO buffer layers by ECR-assisted MBE[J]. J. Cryst. Growth, 2006, 286: 61 − 65.

[12]　Lee J, Lee D, Lim D, et al. Structural, electrical and optical properties of ZnO: Al films deposited on flexible organic substrates for solar cell applications[J]. Thin Solid Films, 2007, 515(15): 6094 − 6098.

[13]　Lucio-Lopez M A, Maldonado A, Castanedo-Perez, et al. Thickness dependence of ZnO: in thin films doped with different indium compounds and deposited by chemical spray[J]. Sol. Energy Mater. Sol. Cells, 2006, 90(15): 2362 − 2376.

[14]　Hakansson M, Jiang Q, Helin M, et al. Cathodic Tb (Ⅲ) chelate electrochemiluminescence at

oxide-covered magnesium and n-ZnO：Al/MgO composite electrodes[J]. Electrochim. Acta, 2005, 51(2)：289－296.

[15] 汪雷.ZnO薄膜生长技术的最新研究进展[J].材料导报,2002, 16(9)：3336－3339.

[16] Zhou H M, Yi D Q, Yu Z M, et al. Preparation of aluminum doped zinc oxide films and the study of their microstructure, electrical and optical properties[J]. Thin Solid Films, 2007, 515 (17)：6909－6914.

[17] 张云洞,刘洪祥.离子束溅射沉积干涉光学薄膜技术[J].光电工程,2001, 28(5)：70－72.

[18] Lee J, Li Z, Hodgson M, et al. Structural, electrical and transparent properties of ZnO thin films prepared by magnetron sputtering[J]. Current Applied Physics, 2004, 4：398－401.

[19] 马艳,杜国同,杨天朋,等.MOCVD法生长ZnO薄膜的结构及光学特性[J].发光学报, 2004, 25(3)：305－307.

[20] Chakrabarti S, Ganguli D, Chaudhuri S. Substrate dependencs of preferred orientation in sol-gel-derived zinc oxide filrns[J]. Materials Letters, 2004, 58：3952－3957.

[21] Lokhande B J, Patil P S, Uplane M D. Studies on structural, optical and electrical properties of boron doped zinc oxide films prepared by spray pyrolysis technique[J]. Physica. B, 2001, 302：59－63.

[22] 王丹,张喜田,刘益春,等.热氧化法制备纳米ZnO薄膜及其发光特性的研究[J].功能材料,2003, 34(5)：570－572.

[23] 梁红伟,吕有明,申德振,等.利用P－MBE方法在(400)Si衬底上生长ZnO薄膜[J].发光学报,2003, 24(3)：275－278.

[24] Kim H, Pique A, Horwitz J S, et al. Effect of aluminum doping on zinc oxide thin films grown by pulsed laser deposition for organic light-emitting devices[J]. Thin Solid Films, 2000, 377－378：798－802.

[25] Atneel R D, Kelly P J. Recent advances in magnetron sputtering[J]. Surface and Coatings Technology, 1999, 112：170－176.

[26] 丛秋滋.多晶二维X射线衍射[M].北京：科学出版社,1997：31－38.

[27] Yoshino Y, Inoue K, Takeuchi M, et al. Effect of substrate surface morphology and interface microstructure in ZnO thin films formed on various substrates[J]. Vacuum, 2000, 59：403－410.

[28] Lee J B, Kwak S H, Kim H J. Effects of surface roughness of substrates on the c-axis preferred orientation of ZnO films deposited by r. f. magnetron sputtering[J]. Thin Solid Films, 2003, 423：262－266.

[29] Ohshima T, Thareja R K, Ikegami T, et al. Preparation of ZnO thin films on various substrates by pulsed laser deposition[J]. Surface and Coatings Technology, 2003, 169－170：517－520.

[30] Li X H, Huang A P, Zhu M K, et al. Influence of substrate temperature on the orientation and optical properties of sputtered ZnO films[J]. Materials Letters, 2003, 57：4655－4659.

[31] Tanga I T, Wang Y C, Huang W C, et al. Investigation of piezoelectric ZnO film deposited on diamond like carbon coated onto Si substrate under different sputtering conditions[J]. Journal of

Crystal Growth, 2003, 252: 190 – 198.

[32] Lin S S, Huang J L, Li D F. The effects of r.f. power and substrate temperature on the properties of ZnO films[J]. Surface and Coatings Technology, 2004, 174: 173 – 181.

[33] Gao W, Li Z W. ZnO thin films produced by magnetron sputtering[J]. Ceramics International, 2004, 30: 1155 – 1159.

[34] Hong R J, Huang J B, He H B, et al. Influence of different post-treatments on the structure and optical properties of zinc oxide thin films[J]. Applied Surface Science, 2005, 242: 346 – 352.

[35] Fang Z B, Yana Z J, Tan Y S, et al. Influence of post-annealing treatment on the structure properties of ZnO films[J]. Applied Surface Science, 2005, 241: 303 – 308.

[36] Dutta S, Chakrabarti M, Chattopadhyay S, et al. Defect dynamics in annealed ZnO by positron annihilation spectroscopy[J]. J. Appl. Phys., 2005, 98(053513): 1 – 3.

[37] 汪冬梅, 吕瑁, 陈长奇, 等. RF 磁控溅射法制备 ZnO 薄膜的 XRD 分析[J]. 理化检验-物理分册, 2006, 42(1): 19 – 22.

[38] Puchert M K, Timbrell P, Lamb R N. Postdeposition annealing of radio frequency magnetron sputtered ZnO films[J]. J. Vac. Sci. Technol. A, 1996, 14(4): 2220 – 2225.

[39] Wang Y G, Lau S P, Lee H W, et al. Comprehensive study of ZnO films prepared by filtered cathodic vacuum arc at room temperature [J]. Journal of Applied Physics, 2003, 94: 1597 – 1601.

[40] Ki H Y, Choi J W, Lee D H. Characteristics of ZnO thin films deposited onto Al/Si substrates by r. f magnetron sputtering[J]. Thin Solid Films, 1997, 302: 116 – 121.

[41] Fang Z, Wang Y, Xu D, et al. Blue luminescent center in ZnO films deposited on silicon substrates[J]. Optical Materials, 2004, 26(3): 239 – 242.

[42] Vanheusden K, Cai W L, Zhang L D. Correlation between photoluminescence and oxygen vacancies in ZnO phosphors[J]. Appl. Phys. Lett., 1996, 68(3): 403 – 405.

[43] Kyu-Hyun B, Deuk-Kyu H, Myoung J. Effects of ZnO buffer layer thickness on properties of ZnO thin films deposited by radio-frequency magnetron sputtering[J]. Applied Surface Science, 2003, 207(1 – 4): 359 – 364.

[44] Zhang Y, Du G, Liu B, et al. Effects of ZnO buffer layer thickness on properties of ZnO thin films deposited by low-pressure MOCVD[J]. Journal of Crystal Growth, 2004, 262: 456 – 460.

[45] 张德恒, 王卿璞, 薛忠营. 不同衬底上 ZnO 薄膜的紫外光致发光[J]. 物理学报, 2003, 52(6): 1484 – 1487.

[46] Gao W, Li Z W. ZnO thin films produced by magnetron sputtering[J]. Ceram. Int., 2004, 30(7): 1155 – 1159.

[47] Xu Q A, Zhang J W, Juc K R, et al. ZnO thin film photoconductive ultraviolet detector with fast photoresponse[J]. Crys. Growth, 2006, 289(1): 44 – 47.

[48] Wang C X, Yang G W, Gao C X. Highly oriented growth of n-type ZnO films on p-type single crystalline diamond films and fabrication of high-quality transparent ZnO/diamond heterojunction [J]. Carbon, 2004, 42(2): 317 – 321.

[49] Salvatori S, Pace E, Rossi M C, et al. Photoelectrical characteristics of diamond UV detectors: Dependence on device design and film quality[J]. Diam. Relat. Mater., 1997, 6(2 - 4): 361 - 366.

[50] Souw E K, Meilunas R J. Response of CVD diamond detectors to alpha radiation[J]. Nucl. Instrum. Meth. A, 1997, 400(1): 69 - 86.

[51] Ryu Y R, Zhu S, Budai J D, et al. Optical and structural properties of ZnO films deposited on GaAs by pulsed laser deposition[J]. J. Appl. Phys., 2000, 88(1): 201 - 204.

第六章　金刚石厚膜生长及其在微电子器件中的热沉应用

6.1　引　言

近十余年来,以"短薄轻小"为主要特征的电子器件正向高集成、高速度、多功能、高功耗方向发展。一方面,器件与电路单位体积内热耗散量大幅度增加,另一方面器件与电路的工作速度不断提高。这在需要进一步提高芯片设计技术、改善芯片制造工艺和寻求新的器件设计理论的同时,对器件和电路的封装基板的结构及性质也提出了新的要求[1]。

6.1.1　半导体器件单位体积热耗散大幅增加

众所周知,多功能、高可靠、长寿命等指标,已是衡量现代电子设备和系统先进性的重要尺度,据此种需求,现代电子器件与电路正朝着大规模方向发展。芯片面积不断扩大,IC 集成度不断提高,单个元件尺寸不断缩小,从而导致了器件与电路单位体积内热耗散量的大幅度增加。例如,目前单个芯片所产生的热量已从原来的 10 W 增至 40 W;传统的发射极耦合逻辑(ECL)电路的热流量会高达 50 W/cm^2;而动态随机存储器也会有 20 W/cm^2 的热流量。美国半导体行业协会(SIA)将信息处理用半导体器件和电路的技术进展情况归纳如表 6.1 所示[2]。

表 6.1　半导体 IC 技术进展

	1992 年	1995 年	1998 年	2001 年	2004 年	2007 年
特征尺寸	0.5	0.35	0.25	0.18	0.12	0.10
门数/芯片	300 K	800 K	2 M	6 M	10 M	20 M
位数/芯片 · DRAM · SRAM	16 M 4 M	64 M 16 M	256 M 64 M	1 G 256 M	4 G 1 G	16 G 4 G
晶片加工成本/(美元/cm^2)	4.0	3.0	3.8	3.7	3.6	3.5
芯片尺寸/mm^2 逻辑电路/微处理器 DRAM	250 132	400 200	600 320	800 500	1 000 700	1 250 1 000
晶片直径/mm	200	200	200~400	200~400	200~400	200~400
缺陷密度/(缺陷数/mm^2)	0.1	0.05	0.08	0.01	0.004	0.001

	1992 年	1995 年	1998 年	2001 年	2004 年	2007 年
互连层数-逻辑电路	3	4~5	5	5~6	6	6~7
每个芯片最大功率/W ·高性能 ·便携	10 3	15 4	30 4	40 4	40~120 4	40~200 4
电源电压/V ·台式 ·便携	5 3.3	3.3 2.2	2.2 2.2	2.2 1.5	1.5 1.5	5 1.5
I/O 数	500	750	1 500	2 000	3 500	5 000
性能/MHz ·OFF 芯片 ·ON 芯片	60 120	100 200	175 350	250 500	350 700	500 1 000

注：SRAM 为静态随机存储器；DRAM 为动态随机存储器。

集成电路封装管壳是芯片的导热通道，因此微电子技术的发展要求制作封装管壳的基片材料具有极高的热导率，以便及时将芯片所产生的热量散发出去。

6.1.2　电子器件工作速度不断提高

集成电路、计算机、通信、网络技术和软件技术五位一体的发展，促进了信息技术的进步，同时传输线路上的信息量也飞速增加。为提高整个信息网络速率，提高逻辑电路的开关速度是关键。

超高速电信号的传输延迟是集成电路实现"高速化"的主要障碍之一，这是因为封装基板存在分布电容，会对超高频信号产生延迟，延迟时间 T_d 可写成：

$$T_d = L \cdot \sqrt{\varepsilon}/c$$

其中，L 为信号传送距离；ε 为基片或绝缘层的介电常数；c 为真空中的光速。显而易见，为了减小信号的延时，缩短信号传输的距离是必要的。除此以外，积极开发低介电常数的封装材料也是当务之急。图 6.1 给出了大型计算机中信号延时的比例[3]。

6.1.3　高频大功率电子器件对封装基板材料的要求

用于现代电子器件和电子线路所需的封装基板材料应具备：
1）高热导率，以便及时将热量散发出去；
2）低介电常数，以减少信号延迟时间，减少杂散电容并降低总介电损耗；
3）热膨胀系数接近于芯片材料，减少产生的热应力；
4）高电阻率，$\rho \geqslant 10^{14}$ $\Omega \cdot cm$；
5）优异的机械性能，能提供封装的真空气密性；

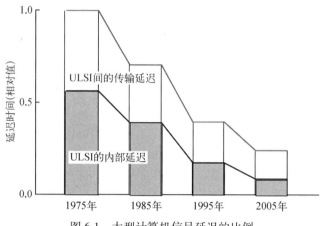

图 6.1　大型计算机信号延迟的比例

6) 稳定的化学性能,或易于进行表面预处理以提高化学稳定性;

7) 好的温度、湿度和频率稳定性;

8) 如果多层布线,需要采用多层基板,基板的烧结温度应低于 1 000℃。

此外随着集成电路芯片面积和 I/O 引脚数的增加[4],还要求基片具有大面积和高的表面平整度。

6.1.4　封装基板材料的现状

表 6.2 列出了几种典型陶瓷封装基板材料的主要特性[5]。氧化铝(Al_2O_3)陶瓷具有机械强度高、耐磨性好、抗氧化性好和电阻率高等优点,是目前集成电路中使用极广的一种封装基板材料。但由于其热导率较小[约 0.20 W/(cm・K)],介电常数较大(约9.5),又使得它无法适应当今集成电路发展的需求[6]。因此,对封装基板材料的研究也主要集中在对氧化铝陶瓷的改性上。

表 6.2　几种典型陶瓷封装基板材料的主要特性

	热导率/[W/(cm・K)]	热膨胀系数(×10⁻⁶)	体电阻/(Ω・cm)	耐压/(V/mm)	介电常数	抗折强度/MPa
	RT	RT~200℃	RT	RT	RT,1 MHz	RT
Al_2O_3	0.20	6.0~6.5	>10¹⁴	15	9.5	320
BeO	2.60	7.5	>10¹⁴	10~14	6.5	300
SiC	2.70	3.7	>10¹³	0.07	42	450
AlN	1.20~2.70	3.9	>10¹⁴	14~17	8.9	400~500
莫来石	0.04	4.0	>10¹⁴	13	6.5	200

从 20 世纪 80 年代开始,世界上许多国家不惜斥巨资对氧化铝进行改进[7]。例

如：在 Al_2O_3 材料中掺入玻璃相可以相对提高基片的热导率[约 $1.5\ W/(cm \cdot K)$]，但介电常数仍然较高(约 20)。$SiC+1\%Be$ 基片是常用的高热导基片之一，它的热导率可达 $2.7\ W/(cm \cdot K)$，但它的介电常数很高，在 1 MHz 频率下的介电常数高达 40，且烧成温度高、成本高。AlN 基片同样具有热导率大的优点，日本德山(Tokuyama)公司生产的 SH-15 型 AlN 的热导率可达 $W/(cm \cdot K)$，但它的介电常数还是有些偏高，如 SH-15 型 AlN 陶瓷的介电常数为 8.71。BeO 的热导及介电性能都比较优越，热导率为 $2.7\sim3.0\ W/(cm \cdot K)$，介电常数为 6.5，但是它有剧毒，会对操作人员的身体造成伤害。

日本有些厂商采用玻璃陶瓷来降低基片的介电常数，并制备出一系列低介电常数的基板材料，表 6.3 列出了日本各主要公司开发的玻璃陶瓷系列封装基板的性能情况，但这些玻璃陶瓷的热导率仍然很低[约 $0.014\ W/(cm \cdot K)$]。1992 年，M. Y. Chu 报道了将人造金刚石粉和氧化铝超细粉体用高温烧结方法制备金刚石/氧化铝复合材料，以提高计算机读/写磁头的耐用性，但由于烧结温度很高(>1 350℃)，金刚石会向石墨相转化[8]。1993 年，W.B.Johnson 等报道了用熔融 Al 溶液化学浸润人造金刚石微粉的方法制造金刚石/铝基复合材料，并用于集成电路基片的研究，但浸润过程温度过高(800℃)，由于 Al 活性强，因此易与金刚石反应而形成 Al_3C_4 化合物[9]。经过多次的文献检索，仍没发现同时具有高热导率、低介电常数，且对人身体无毒害的封装基板材料。

表 6.3　日本各公司的玻璃陶瓷电路板性能

	材料系	导体材料	热膨胀系数 /(10^{-6}℃)	介电常数 /(1 MHz)	导体电阻 /(MΩ/□)	烧结温度 /℃
旭硝子	玻璃陶瓷	Ag-Pd Au(Cu)	5.9 (6.3)	7.4 (7~9)	2~3(表面<25; 体内<5)	850~900 (900~950)
京 3	玻璃陶瓷	Ca	3.0~7.0	5.0~5.5	2.3(表面); 2.5(体内)	900~1 000
鸣海制陶	玻璃陶瓷	Ag Ag-Pd (Cu)	5.5	7.7	2.5(表面); 2.5(Ag 体内)	900
NEC	玻璃陶瓷	Ag-Pd	4.2 (7.9,1.9)	7.8 (5,3.9)	3.5	900
日立制作所	玻璃陶瓷	Ag-Pd	5.5	7.0	20	830
富士通	玻璃陶瓷	Cu	4.0	4.9	1.2	950~1 050
松下	玻璃陶瓷	Cu	—	7~10	<2(表面); <4(体内)	900

材料系	导体材料	热膨胀系数 /(10^{-6}/℃)	介电常数 /(1 MHz)	导体电阻 /(MΩ/□)	烧结温度 /℃
IBM	结晶玻璃	—	2.4~5.5 (2~8.3)	5.3~5.7 (5~6.5)	—	850~1 500
NGK	结晶玻璃	Au (Cu)	3.0	4.9~5.0	3~5	900~1 000

6.1.5　金刚石膜/氧化铝陶瓷复合作封装基板

6.1.5.1　金刚石的优异性能

金刚石具有许多优异特性[10],其中最为突出的是它具有无可比拟的热导率,达 20 W/(cm·K)。金刚石属于声子导热,在常温下金刚石的导热速率比金属银高 4 倍以上。由于材料的红外辐射能力随温度的升高而增强,金刚石透光性远优于其他材料,因此它的散热效能在高温时更为突出。同时金刚石比热很小,难以积累热能,且能承受骤冷骤热时的热冲击,因此是极好的热沉材料。另外,金刚石热膨胀系数与硅材料很接近,很适合与集成电路搭配,有研究表明金刚石上允许的功率使用容量为硅材料上的 2 500 倍[11]。

同时,由于金刚石结构中离子位移极化和离子电子极化对介电常数的影响可以忽略,晶体中也不存在固有电矩,介电常数只来源于晶体中原子的电子极化。因此金刚石具有比目前开发出的所有高热导基片(如 BeO、Al_2O_3、AlN 和 SiC)低得多的介电常数。

此外,金刚石禁带宽,常温下具有极高的电阻率(10^{14} Ω·cm),理想晶体中不存在耗散机构。这些特性与金刚石所具有的极高硬度、良好的机械特性、化学稳定性、频率稳定性及优异的温度稳定性等结合在一起,使金刚石成为理想的封装基片和构装基板。

采用天然或高温高压法制备的金刚石作为封装材料的研究工作很早就已经开始了。1967 年,Dyment 等首次利用天然 IIa 型金刚石制作了半导体激光器的热沉[12];Yazu 于 1988 年报道了使用高温高压法制备的金刚石制作半导体器件热沉[13],两者均在降低热阻和提高输出功率方面取得了明显的效果。但天然或高品质高温高压金刚石在尺寸和价格方面的限制阻碍了金刚石封装材料的广泛应用。

6.1.5.2　金刚石膜为封装材料创造了条件

1982 年,日本 Matsumoto[14]使用化学气相沉积(CVD)方法用甲烷和氢气混合气体首次成功合成了金刚石薄膜,为世界瞩目。几十年来,随着各种新型制备方法的不断涌现,制备大面积低成本的金刚石膜已成为可能[15-25]。而且,CVD 金刚石膜的性质优良,其机械性能、热学、光学等多项指标均已接近或超过天然金刚石。另外,金刚石薄膜加工工艺的进步也为金刚石在封装领域的推广应用起到了推动作用。

　　首先,关于金刚石与金属欧姆接触的研究取得了很大的进展。1989 年,F.Fang 等报道用"Si/SiC/金刚石"渐变能级结构实现了金刚石与金属的欧姆接触[26]。1992 年,V.Venkatesan 等用 Ti、Ta、W 等金属作夹层过渡,再在其上蒸镀 Au 以形成金刚石的欧姆接触[27]。他们还报道了用 B 离子注入,再蒸镀 Ti、Au 形成欧姆接触的方法。重剂量离子注入硼可得到重掺杂硼,再在 Ti 金属化并退火过程中形成 Ti、C 的化合物,呈现出低电阻。Johnston 等比较了 Al/Si、TiWN/Au 和 Ti/Au 形成欧姆接触的实验数据,结果表明 Al/Si 接触显示出最低的接触电阻,在 10^{-7} Ω·cm² 数量级,TiWN/Au 接触是最稳定的接触系统,而 Ti/Au 接触在内扩散中显示出不稳定性[28]。

　　金刚石膜用于封装材料时要求薄膜表面尽量平整,这样在表面贴装时才能降低器件散热热阻,同时提高封装的可靠性。但是,一般方法制备出来的金刚石多晶膜表面很粗糙。因此,必须采用特殊工艺提高金刚石膜的平整度。膜表面光滑度可从制备技术和研磨技术上加以考虑。制备技术上主要是提高薄膜的取向一致性,即实现金刚石薄膜的高度定向生长。Stoner 等[29]和 Jiang 等[30]成功利用微波等离子体 CVD 加直流偏压获得了高度单取向的金刚石薄膜,使96%的金刚石晶粒保持在[100]取向,晶粒间取向差在2°~3°。研磨抛光技术目前广为采用的有许多种,如热化学抛光[31]、激光切割方法(图 6.2)[32]、化学辅助机械抛光方法[33]、离子束抛光[34]和还原气氛热铁板研磨方法(图 6.3)[35]等。其中还原气氛热铁板研磨法具有抛光平整度高、表面无污染等优点。

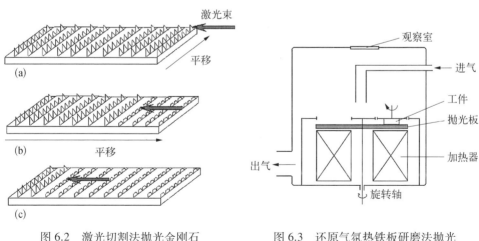

图 6.2　激光切割法抛光金刚石　　　　图 6.3　还原气氛热铁板研磨法抛光
　　　　薄膜的示意图　　　　　　　　　　　　金刚石薄膜的装置示意图

　　另外,与金刚石薄膜相关的其他工艺也得到了不同程度的发展。金刚石与部分金属的钎焊工艺已得到解决,如表面钎焊有金刚石膜的硬质合金工具已经面世,且使用寿命比金刚石复合片高数十至上百倍。金刚石膜的精细加工技术也得到了很大的发展,我们可以将金刚石膜按预定的图案进行刻蚀加工,比较成熟的方法有溅射和化学腐蚀两种。这些金刚石膜相关工艺的发展,大大促进了金刚石膜在封装基片中的应用。例如,1999 年 Bornhaus 采用厚度为 0.5 mm 的金刚石薄片作为激光二极管阵列的封装衬底[36]。

6.1.5.3　金刚石膜单独作为封装材料的制约因素

虽然金刚石膜具有优良的特性,是一种很好的封装基板材料,但是单独使用金刚石膜作为封装基板材料还存在一定的困难。金刚石薄膜的硬度虽然很高,但薄膜本身的脆性强,机械强度不高,因此很难保证封装时的强度要求。如果采用非常厚的金刚石片作为封装基板,则成本太高,不利于该材料的推广使用。

6.1.5.4　金刚石膜/氧化铝复合封装基板

氧化铝陶瓷虽然具有热导率低、介电常数大的缺点,但在机械强度、耐磨性、抗氧化性等方面的性能并不逊色,而且它是目前集成电路中应用最多的基板材料,相关的封装工艺十分成熟。如果将氧化铝陶瓷与金刚石薄膜复合制成具有双层结构的材料,除了可以提高基片的介电常数、热导率等综合性能外,还有利于提高封装工艺的延续性和降低设备改造成本[37]。

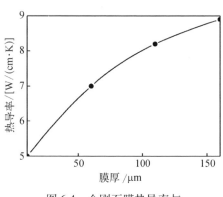

图 6.4　金刚石膜热导率与
膜厚之间的关系

但是,金刚石的晶体结构与氧化铝陶瓷相差甚远,金刚石薄膜在氧化铝陶瓷上的成核和生长是十分困难的。另外,金刚石与氧化铝陶瓷的热膨胀系数也存在较大差异,在降温过程中界面处会产生很大的热应力,这就限制了所得金刚石膜的厚度。而 CVD 金刚石膜的热导率不仅取决于金刚石膜的内在质量,还受到金刚石膜厚度的影响,如图 6.4 所示[38]。因此,如果不经过适当的表面处理,即使能生长金刚石薄膜,也会因为薄膜与衬底的附着力太差而影响复合材料的导热及介电性能,最终还是限制了该材料的推广应用。例如,我们1997 年就制备出了具有金刚石膜/氧化铝双层结构的基板材料,但当时介电常数始终降低不到预期值,1 MHz 频率下介电常数仅下降到 9.0,研究后发现膜与衬底之间附着力不强是一个主要原因[39]。

目前解决金刚石膜附着力问题主要采用两种方法,即低温生长技术和梯度结合层技术。由于降低工作温度和保证金刚石薄膜纯度的矛盾没有得到根本解决,低温生长技术并没有出现令人满意的结果。梯度结合层则是在直流电弧等离子体喷射法沉积金刚石薄膜的初始阶段同时沉积基底材料，并逐渐减少基底材料的含量，从而在沉积薄膜中形成一个梯度结合层。日本富士通公司[40]采用这个方法制备了钨-金刚石、铝-金刚石梯度结合层，附着强度比直接在钨基底、铝基底上沉积提高了十倍（图 6.5）。但是此种方法运用于氧化铝陶瓷衬底时则存在一定的困难，因为氧化铝与金刚石的沉积条件存在较大的差别，在技术上很难同时保证两者的质量。同时，该方法工艺复杂、成本高，不利于该基片材料的大规模应用。

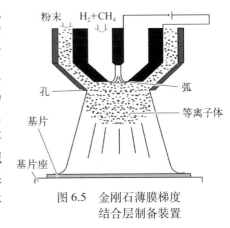

图 6.5 金刚石薄膜梯度
结合层制备装置

其实早在 1995 年，W. D. Fan 等[41]在研究氧化铝陶瓷的金刚石耐磨涂层时，就关注到了金刚石与氧化铝的附着力问题，他采用预先沉积 TiC、TiN、TiC - TiN 多层过渡层的方法增加薄膜的附着力。但由于此方法在界面处引入了 TiC 和 TiN 等杂质，会对介电及热导性能产生不利影响，故不能借鉴用于集成电路基片中。另外，该方法需要沉积多层不同组分的过渡层，工艺比较复杂，不利于生产成本的降低。

因此，为了有效解决金刚石薄膜与氧化铝陶瓷的附着力问题，我们在生长金刚石薄膜之前，先对氧化铝陶瓷进行碳离子注入处理，再将其放入惰性气氛中高温退火 30~60 min，退火温度在 600~1 200℃。该方法能大大缓解金刚石膜与氧化铝界面处的热应力，且不引入其它杂质，不会对材料的介电及热导性能产生不利影响。另外，它的处理过程与半导体注入技术相近，有利于生产工艺的集成与整合。

6.2 氧化铝衬底的碳离子预注入

实验中采用的氧化铝基片的主晶相是 $a - Al_2O_3$，属于三方晶系，晶胞参数为 $a = 0.475$ nm，$c = 1.297$ nm。它的晶体结构与金刚石结构相差甚远。另外，金刚石与氧化铝陶瓷的热膨胀系数也存在较大差异，在降温过程中界面处会产生很大的热应力。如果不经过适当的表面处理，生长金刚石薄膜会因为界面处的应力集中而发生开裂甚至脱落，严重影响该材料的推广和应用。

本章采用碳离子注入对氧化铝陶瓷表面进行处理，以缓解金刚石膜与氧化铝之间的应力集中。同时采用 X 射线衍射（XRD）、显微压痕和扫描电镜（SEM）等手段对注入层的性质进行研究，并对退火处理的影响作了探讨。

6.2.1　离子注入的实验过程

离子注入是指将气体或金属蒸汽电离,并通过高压电场加速使离子高速打入靶材的物理过程[42]。图 6.6 为离了注入设备原理图。将气体或金属蒸汽通入电离室,室内气压维持在 1 Pa 左右。电离室是由不锈钢做成的,电离室外套上一个电磁线圈,以增强电离放电。放电室顶端加上一个正电位,另一端有一个孔径 1~2 mm 的引出电极加负电位。电离气体中的正离子在这个电场中运动,通过引出孔进入离子会聚透镜中聚焦和加速。被加速的离子束经过分析磁铁纯化后,进入扫描装置均匀地注入衬底表面。注入离子的数量是用一台电荷积分仪来测量的。注入深度的控制是用改变电压来实现的,而注入离子的选择靠改变分析磁铁的电流来实现。

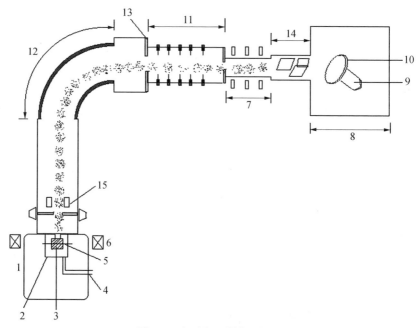

图 6.6　离子注入设备原理图

1. 离子源;2. 放电室(阳极);3. 等离子体;4. 工作物质;5. 灯丝(阴极);6. 磁铁;7. 磁聚焦透镜;8. 靶室;9. 密封转动马达;10. 夹具;11. 离子加速器;12. 离子质量分析磁铁;13. 质量分析缝;14. 静电扫描;15. 离子引出/预加速

本章采用 C_{12}^+ 作为离子注入源,使用的 Al_2O_3 陶瓷基片是由上海科达电子陶瓷有限公司提供的,其主晶相为 $a-Al_2O_3$,纯度为 95%,平均晶粒尺寸约 2 μm。从基片上切割大小为 $2.0×1.0\ cm^2$ 的长方形作为衬底,并对其进行分组编号。为了便于研究离子注入对衬底的作用机制,采用了没有经过任何注入处理的氧化铝陶瓷基片作为参照。具体的离子注入参数如表 6.4 所示。

表 6.4 碳离子注入的具体实验参数

样品组别	加速电压/keV	注入剂量/($10^{17}/cm^2$)
1#	0	0
2#	70	1.0
3#	70	2.5
4#	70	4.0
5#	70	5.5
6#	70	6.0
7#	70	12
8#	100	4.0

6.2.2 碳离子注入层的测试与表征

6.2.2.1 离子注入层的微观结构

采用 Rigaku D/Max-3C 型 X 射线衍射仪,分别对注入条件为表 6.3 中 1#、4#、8#的样品进行相结构分析,其结果如图 6.7 所示。从图中可以看出,虽然注入剂量和加速电压不同,但氧化铝陶瓷的各个衍射峰都出现,只是衍射峰的强度和半高宽发生一些变化,除了氧化铝陶瓷的衍射峰之外,没有其它物质的衍射峰出现,由此可说明碳离子注入过程并未在氧化铝陶瓷的表面产生新相。碳离子注入能量不高,没有使氧化铝陶瓷发生明显的非晶化,因此注入样品仍是以 $a-Al_2O_3$ 为主晶相的多晶结构。

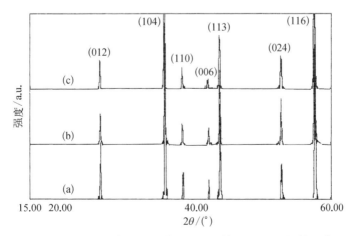

图 6.7 经过不同条件进行碳离子注入样品的 XRD 衍射图谱

(a) 未注入;(b) 70 keV,4×10^{17} cm^{-2};(c) 100 keV,4×10^{17} cm^{-2}

6.2.2.2　注入层元素分布的研究

采用 PE 公司生产的 PHI550ESCA/SAM 型俄歇电子能谱(AES)分析仪对样品进行了分析,该设备的一次电子束束压 $E_p = 3\,keV$, 一次电子束束流 $I_p = 1\,\mu A$, Ar^+ 轰击面积为 $1\,mm^2$, Ar^+ 刻蚀电流密度为 $100\,\mu A/cm^2$, 电子束直径为 $10\sim15\,\mu m$, 探测的信号深度为 $1\sim2\,nm$。

1. 全元素能谱分析

图 6.8(a)是注入条件为 70 keV、$5.5\times10^{17}\,cm^{-2}$ 样品的全元素能谱图,图 6.8(b)、(c)、(d)则是所含元素特征峰的精细结构。从图中可以看出,除了图 6.8(b)中 1 396 eV 和图 6.8(c)中 503 eV 处分别对应于 Al 元素的 KLL 谱线和 O 元素的 KLL 谱线外,还在图 6.8(d)中 272 eV 处出现了 C 元素的 KLL 谱线[43],说明

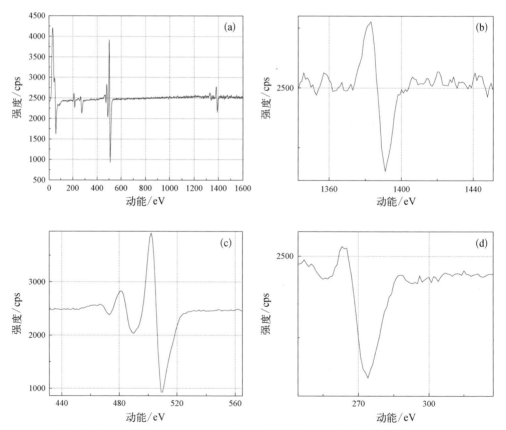

图 6.8　注入条件为 70 keV, $5.5\times10^{17}\,cm^{-2}$ 样品的: (a) 全元素能谱图; (b) Al 元素的 KLL 谱线; (c) O 元素的 KLL 谱线; (d) C 元素的 KLL 谱线

碳离子已经成功地注入氧化铝陶瓷基体中。

2. 元素深度分析

在进行注入样品的元素深度分析时,我们采用边用 Ar^+ 离子束轰击边进行测量的办法。即在刻蚀的同时用特征谱线跟踪所含的各种元素,并通过式(6.1)得出它们在不同深度下的原子百分含量:

$$C_j = \frac{I_j/S_j}{\sum_{j=1}^{n} I_j/S_j} \tag{6.1}$$

式中,j 表示其中的任意一种元素;n 表示所含元素的总数;C_j 表示 j 元素在整个材料中的原子百分比;S_j 表示 j 元素的相对灵敏度因子;I_j 表示 j 元素在俄歇能谱图中的峰强。对于氧化铝陶瓷上的碳离子注入而言,涉及的三种元素为 Al、O 和 C,它们的相对灵敏度因子分别为 0.047、0.5 和 0.18。

图 6.9 为氧化铝陶瓷经过 70 keV、$4×10^{17}$ cm^{-2} 碳离子注入后各元素的深度分布图。在俄歇能谱仪(AES)中,Ar^+ 离子刻蚀 Al_2O_3 的速率约为 10 nm/min,因此图中碳元素主要集中在深度约为 110 nm 的地方,而该深度下 Al 元素的原子百分比发生下降,O 元素的含量则在整个深度范围内基本保持恒定。这主要是因为所用氧化铝陶瓷的主要成分为 $a - Al_2O_3$,它的结构是 O 原子同 Al 原子密排在八面体的 2/3 处,于是八面体另外 1/3 的阳离子位置空缺。由于局部电荷中性的需要,阻止

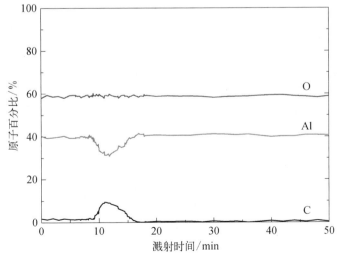

图 6.9　氧化铝陶瓷在经过 70 keV、$4×10^{17}$ cm^{-2} 碳
离子注入后各元素的深度分布图

了原子占位。由于 Al 和 O 在晶格中移位能差别很大,Al 的移位能(18 eV)比 O 的 (72 eV)小得多,在碳离子与晶格碰撞时,使 Al 原子发生位移的可能性要比 O 原子 大得多,因此 Al 元素的原子百分比会发生较大变化[44]。

6.2.2.3　表面形貌研究

碳离子注入过程和条件会对氧化铝陶瓷的表面形貌产生影响,尤其在衬底未 经过退火处理之前,注入过程中引入的缺陷还未得到恢复,因此氧化铝陶瓷的表面 形貌会发生较大的变化。

图 6.10 是氧化铝陶瓷经过不同条件碳离子注入后的扫描电镜(SEM)照片。 为了便于对比,图中还给出了未经碳离子注入处理的氧化铝陶瓷的表面形貌。从 图中可以看出,随着碳离子注入能量和注入剂量的增加,氧化铝陶瓷基片的表面粗 糙度不断增加,且表面晶粒的无序程度也将递增。这主要是因为当注入能量增加

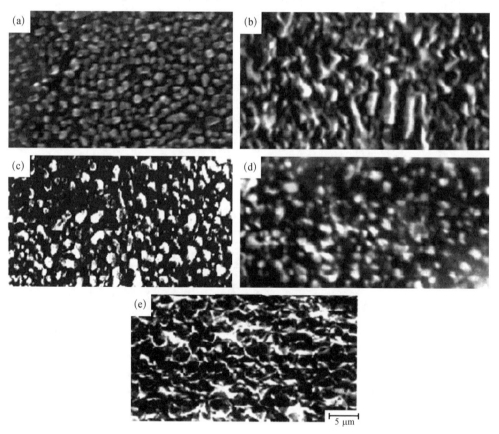

图 6.10　氧化铝基片经(a) 未注入、(b) 70 keV、$4×10^{17}$ cm^{-2}、(c) 70 keV、$6×10^{17}$ cm^{-2}、(d) 70 keV、 $1.2×10^{18}$ cm^{-2}、(e) 100 keV、$4×10^{17}$ cm^{-2}碳离子注入后的扫描电镜(SEM)照片

时,碳离子轰击氧化铝基片的能量也就增加,对衬底的损伤也会加剧;而当注入剂量增加时,相当于衬底缺陷累积的时间越长,因而无序程度也会增加。

6.2.2.4 X 射线的应力测试

在较小的体积范围内,注入层中的弹性应变可被认为是均匀的,即注入层处于平面应力状态。另外,氧化铝陶瓷是多晶结构,不存在择优取向和织构生长。根据 $\sin^2\varphi$ 法[45],2θ 和 $\sin^2\varphi$ 符合以下关系:

$$\sigma_\phi = \frac{-E}{2(1+\mu)} \operatorname{ctg}\theta_0 \frac{\pi}{180} \frac{\partial(2\theta_\varphi)}{\partial(\sin^2\varphi)} \tag{6.2}$$

其中,E 为弹性模量;μ 为泊松比;φ 表示入射线与样品法线的夹角;θ_0 为无应力时的衍射角。该式右边乘以 $\pi/180$ 是考虑到实际测量时 2θ 的单位为度。

在测试过程中,取氧化铝 $E = 3.05 \times 10^5$ MPa,$\mu = 0.23$,以 CuKα 作为 X 射线源。为了比较明显地观察到衍射角的位移,我们选取强度较高、衍射角度较大的 (116) 晶面作为参考晶面。图 6.11 是不同注入条件下样品的 (116) 衍射峰相对于未注入前的位移情况。从图中可以看出,氧化铝 (116) 衍射峰相对于 CuKα_1($\lambda = 1.540\ 51$ Å) 和 CuKα_2($\lambda = 1.544\ 33$ Å) 谱线发生了分离,且随着注入剂量的提高,(116) 面所对应的 2θ 角逐渐向高角度移动。

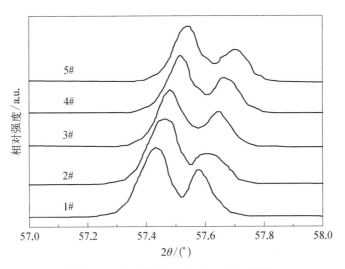

图 6.11 注入样品 1#、2#、3#、4#和 5#的
氧化铝 (116) 峰的位移情况

为了研究 2θ 和 $\sin^2\varphi$ 之间的关系,我们测量了入射线倾斜角 φ 变化时(0° ~ 30°,以 5° 间隔改变)对应 2θ 角的改变。图 6.12 是注入条件如 2#、3#、4#、5#样品的

2θ 与 $\sin^2\varphi$ 的线性关系图。从图中直线可求出它们的斜率如表 6.5 所示,代入公式 (6.2)即可得到样品的应力值如图 6.13 所示。

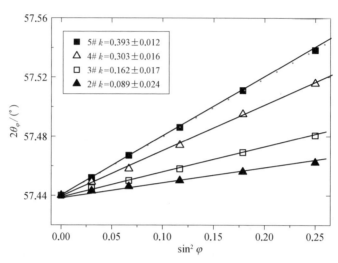

图 6.12　注入样品 2#、3#、4#和 5#的氧化铝
(116)峰的 $2\theta_\varphi$-$\sin^2\varphi$ 斜率

表 6.5　注入样品 1#、2#、3#、4#和 5#的氧化铝(116)峰的 $2\theta_\varphi$-$\sin^2\varphi$ 斜率

	1	2	3	4	5
$2\theta_\varphi$-$\sin^2\varphi$ 斜率	—	0.089±0.024	0.162±0.017	0.303±0.016	0.393±0.012

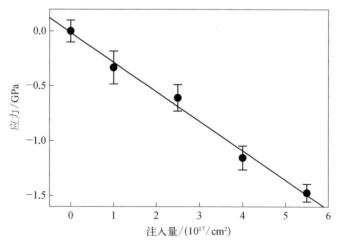

图 6.13　注入样品 1#、2#、3#、4#和 5#的
残余应力随注入剂量的变化

从图 6.13 中可以看出,经过离子注入后氧化铝基片都存在残余压应力。当金刚石薄膜在氧化铝衬底上生长时,薄膜中存在的也是压应力,因此氧化铝基片中预先存在的压应力能部分抵消金刚石薄膜中的压应力,从而提高金刚石与衬底附着力。同时,在氧化铝衬底内注入碳离子后在薄膜与衬底的界面处能起到钉扎作用,也能使薄膜与衬底的结合更加牢固。氧化铝陶瓷碳离子预注入对金刚石薄膜内应力的影响机制,我们将在金刚石薄膜的表征中加以详细讨论。

6.2.2.5　碳离子注入层的显微压痕分析

采用显微压痕方法研究氧化铝注入层的基本原理是,在其他条件相同的情况下压痕尺寸会因基体应力的不同而发生改变。Lawn 等[46] 曾用显微压痕方法研究了脆性材料表面一个薄层的应力情况,该方法假设应力是均匀分布的,但认为该应力局限于很小的厚度范围内,且该厚度远小于压痕裂纹尺寸。其适用模型如图6.14所示,其中黑色部分表示维氏(Vickers)压头加压后的塑性形变区,c 表示产生的径向裂纹尺寸,d 表示应力层的厚度,该模型的适用范围为 $d \ll c$。

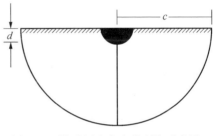

图 6.14　维氏压头产生的裂纹示意图

当氧化铝基体中不存在应力时,显微压头施加载荷 P 后的残余应力强度因子 K_r 可表示为

$$K_r = \chi P/c^{3/2} \tag{6.3}$$

其中,c 为径向裂纹尺寸;χ 为表示压力场强的无量纲因子。如果基体中本身存在应力 σ_s,此时总的残余应力强度因子 K 可通过叠加原理求得:

$$K = \chi P/c^{3/2} + 2\psi\sigma_s d^{1/2} \tag{6.4}$$

当压痕裂纹达到平衡时 $K = K_c$(韧度),上式可改写为

$$\chi P/c^{3/2} = K_c - 2\psi\sigma_s d^{1/2} \tag{6.5}$$

从式(6.5)可以看出,压痕尺寸会随着应力状态的不同而改变。为了简便起见,可将式(6.5)改写为

$$2\psi\sigma_s d^{1/2}/K_c = 1 - (C_0/C)^{3/2} \tag{6.6}$$

其中,C_0 表示无应力状态下的压痕尺寸;ψ 是反映压痕几何参数的常量。

本章采用维氏压头进行显微压痕分析,并且在测试过程中选择载荷 P 始终为 4.9 N。从上面注入碳元素的深度分析可知,碳离子注入层的注入深度很浅,仅局限在 200 nm 的深度范围之内,而载荷为 4.9 N 时典型的显微压痕尺寸都在几微米。因此,注入层深度远远小于显微压痕的尺寸,与 Lawn 等的假设十分吻合。

图 6.15 是负载为 4.9 N 时未经过任何注入处理的样品和经过 70 keV、5.5×10^{17} cm^{-2} 碳离子注入样品的显微压痕对比。从图中可以看出,氧化铝陶瓷表面经过碳离子注入处理后,显微压痕尺寸相对于未经任何注入处理的参比样品的压痕尺寸 C_0 而言有所下降,表明氧化铝陶瓷在碳离子注入后表面的残余应力为压应力,这一结果与 X 射线衍射所得结果是一致的。

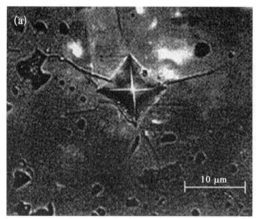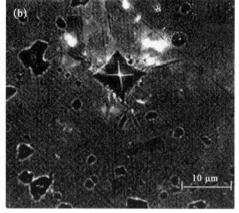

图 6.15　(a) 未注入碳离子样品、(b) 经过 70 keV、5.5×10^{17} cm^{-2}
注入碳离子样品的显微压痕对比图

由于公式(6.6)中部分参数无法直接得到,定量计算注入层残余应力是十分困难的。我们取注入条件为 70 keV、1.0×10^{17} cm^{-2} 的 2#样品作为参比样品,通过压痕尺寸的比值可求得各样品相对于参比样品的归一化应力。图 6.16 是以注入 2#样品为参考样品时得到的归一化应力随注入剂量的变化情况。从图中可以看出,氧化铝基片表面的残余压应力随着碳离子注入剂量的增加呈线性上升,这一结果与通过 X 射线衍射法所得结果(图 6.8)是一致的。

6.2.2.6　退火处理对碳离子注入的影响

当离子轰击氧化铝基体时,由于离子具有的初始能量较大,会在晶格中运动一段距离后才被俘获。如果注入样品不经过退火处理,离子注入产生的应力层主要集中在衬底表面下一定深度的区域内,衬底表面的压应力较小,不足以缓解金刚石膜和氧化铝衬底界面处巨大的热应力,因而对应力问题的解决贡献不大。我们采用适当的退火工艺,可使注入产生的应力层向近表面聚集。另外,碳元素在氧化铝表面附近的相对集中,也有利于金刚石膜与衬底附着力的改善。因此,在实际应用

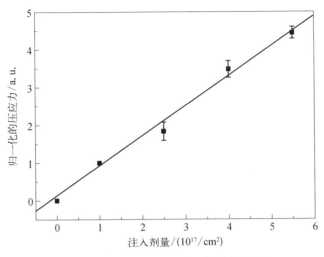

图 6.16 以注入 2#样品为参比样品得到的归
一化应力随注入剂量的变化情况

中必须对注入样品进行退火处理。有许多因素影响氧化铝陶瓷的退火特性。这包括注入杂质种类、注入后晶态结构(无序或晶态)、退火气氛、退火时间和退火温度[47]。由于本章只涉及碳的注入,且注入能量小于氧化铝陶瓷非晶化的能量阈值,故本章只讨论退火气氛、退火时间和退火温度的影响。

6.2.2.7 退火气氛的影响

氧化铝陶瓷的碳离子注入对退火气氛十分敏感,为了研究退火气氛对碳离子注入的影响,我们将相同注入条件的样品在不同退火气氛下进行对比研究。图 6.17 和图 6.18 分别是 70 keV、6.0×10^{17} cm^{-2} 碳离子注入样品 6#在经过 1 050℃氮气和氩气气氛下 30 min 退火前后碳元素的深度分布变化图。虽然退火气氛不同,但退火后碳元素的分布却具有共同的特点。从图中可以看出,经过这两种退火气氛处理的样品,碳元素的分布都更靠近样品的表面,且分布更为集中。这是因为氮气和氩气虽是惰性气体,但由于气密性等原因气氛中仍残存少量的氧气。当经过碳离子注入的氧化铝陶瓷样品在这样的气氛下进行高温退火时,碳元素会在高温的作用下发生扩散运动。由于退火气氛中残存了少量的氧,氧元素可以向陶瓷内部扩散与碳发生化学反应,从而能诱导注入的碳元素向样品表面加速扩散,碳元素深度分布的峰值也更靠近样品表面。碳元素分布更集中可能是因为在碳元素平均投影射程附近(100 nm 左右),位错、空位等缺陷相对集中,因此碳元素向表面的扩散相对容易些;但当碳元素继续向表面扩散时,由于远离缺陷区,使扩散变得困难得多,所以会出现碳元素的相对积聚。N. Scapellato 等在研究钠离子注入的退火过程时,也曾得到类似的结果[48]。

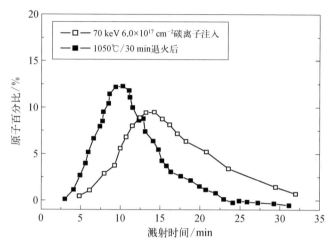

图 6.17　注入碳离子样品 6#在经过 1 050℃氮气气氛下
30 min 退火前后碳元素的深度分布变化

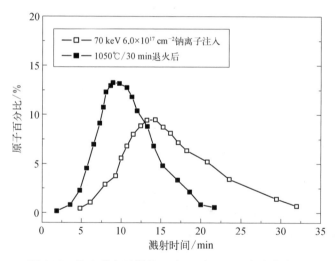

图 6.18　注入碳离子样品 6#在经过 1 050℃氩气气氛下
30 min 退火前后碳元素的深度分布变化

　　图 6.19 是相同注入条件的样品 6#经过 1 050℃大气气氛下 30 min 退火前后碳元素的深度分布变化图。从图中可以看出,注入碳离子的氧化铝陶瓷中的碳在退火处理后基本消失,这主要是由于大气中存在大量的氧,氧会诱导碳向样品表面扩散的作用会因此急剧增强,从而使碳元素加速向样品表面扩散。扩散到样品表面的碳元素在高温条件下与气氛中的氧发生反应,产物以气态的形式回到气相中,故此时陶瓷中几乎没有碳元素残存下来。

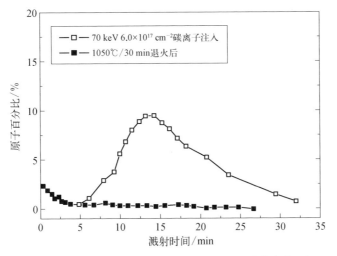

图 6.19 注入碳离子样品 6#在经过 1 050℃大气气氛下
30 min 退火前后碳元素的深度分布变化

6.2.2.8 退火温度的影响

退火温度对离子注入的影响也主要集中在对碳元素扩散的影响上,退火温度越高,碳元素在退火时向样品表面扩散的速度就越快,碳元素的分布也越靠近样品表面。图 6.20 是 70 keV、$6.0×10^{17}$ cm^{-2}碳离子注入样品 6#在氮气气氛下经过不同退火温度 30 min 退火后碳元素深度分布的变化情况。

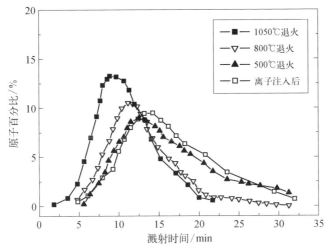

图 6.20 70 keV、$6.0×10^{17}$ cm^{-2}碳离子注入样品 6#在氮气气氛下经过不同退火温度 30 min 退火后碳元素深度分布的变化情况

从图中可以看出,500℃的退火处理几乎对碳元素的分布不产生影响;当退火温度升高到800℃时,已经能观察到碳元素向样品表面的扩散,因为碳元素原子浓度最大值已经向样品表面发生了移动;当退火温度升高到1 050℃时,碳元素这种向样品表面扩散的现象已经变得愈发明显了。

6.2.2.9　退火时间的影响

退火时间对碳离子注入的影响会随退火气氛的不同而呈现不同的特性。在氮气或氩气惰性气氛下,退火时间对碳离子注入的影响不很明显;但当退火气氛为含氧较多的情况时,如大气或氧气气氛,则退火时间会对碳元素的最终分布产生重要影响。

图 6.21 是在温度为 1 050℃、氮气气氛下分别经过 30 min、60 min 退火处理后碳元素分布的变化情况。从图中可以看出,经过不同退火时间处理,对碳元素分布没有明显影响。这主要是因为在惰性气氛下退火时,碳元素在缺陷密集区的扩散速度是很快的,但由于残存的氧很少,远离该区域时碳元素的进一步扩散由于没有缺陷的贡献而变得十分缓慢,因此延长退火时间对碳元素分布的影响甚微。但是当退火气氛中存在大量氧时,即使远离缺陷区碳元素的扩散仍因为氧元素的诱导作用得到加强,因此退火时间越长,则碳元素越向样品表面扩散(图 6.22)。

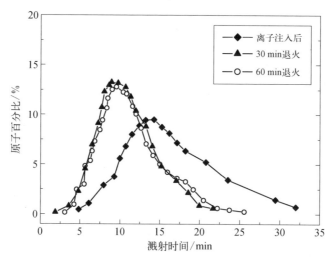

图 6.21　70 keV、6.0×10^{17} cm^{-2}碳离子注入样品 6#在 1 050℃氮气气氛下经过 30 min、60 min 退火处理后碳元素分布的变化情况

6.2.3　小结

本节相关工作[49,50]对氧化铝陶瓷进行碳离子注入预处理使注入层中产生残

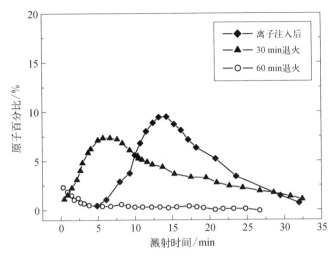

图 6.22 70 keV、6.0×10^{17} cm^{-2}碳离子注入样品 6#在 1 050℃大气气氛下经过 30 min、60 min 退火处理后碳元素分布的变化情况

余压应力,但并没有产生新的相,且氧化铝表面没有明显的非晶化倾向。X 射线衍射和显微压痕分析表明,在$(1.0 \sim 5.5) \times 10^{17}$ cm^{-2}的注入范围内注入层中的压应力随注入剂量的增加而线性递增。另外碳离子注入过程对退火气氛、退火温度和退火时间十分敏感,氮气等惰性气氛中 1 050℃高温退火 30 分钟有利于碳元素向表面的扩散聚集,使氧化铝中产生的压应力集中于衬底表面,从而改善薄膜与衬底的附着特性。

6.3 氧化铝上金刚石膜的成核分析

金刚石与氧化铝结构差异较大,故在氧化铝基片上的成核相对困难。迄今为止,关于氧化铝陶瓷等与金刚石亲和力较小的基片上金刚石膜的成核过程,报道很少。因此,研究金刚石在氧化铝基片上的成核过程对该材料的实际应用有着深远的理论意义和重要的实用价值。

6.3.1 MPCVD 法在氧化铝基片上的成核分析

6.3.1.1 基片预处理的作用

在用 MPCVD 沉积金刚石膜前,用金刚石粉的丙酮悬浊液对氧化铝陶瓷基片表面进行超声处理可显著提高成核密度。样品表面超声处理对成核密度的影响如图 6.23 所示。

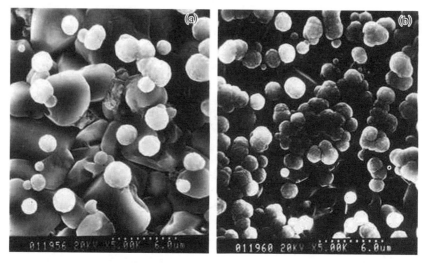

图 6.23　(a) 未经过表面处理与(b) 经过 30 min
金刚石粉末超声处理后的成核密度对比

由图 6.23(a) 可见,表面未经超声处理时,成核密度较低,只有 10^6 cm^{-2} 数量级;而由 6.23(b) 可以看出,沉积前对样品进行金刚石粉末丙酮悬浊液超声处理,晶粒密度大大提高,达到 10^7 cm^{-2} 数量级。这主要是因为超声处理过程会对氧化铝表面进行研磨,提高了有效成核中心的数量;同时,该过程还起到表面植晶的作用,残留的金刚石微晶也提高了金刚石的成核密度。

6.3.1.2　基片性质对成核的影响

氧化铝基片的晶体结构和金刚石的晶体结构是不同的。氧化铝的主晶相属于三方晶系,晶胞参数为 $a = 0.476$ nm、$c = 1.297$ nm;而金刚石则为立方晶体结构,空间群为 $O_k^7 - Fd3m$,晶格常数为 0.356 7 nm。从结晶学角度出发,Al 离子的配位数等于 6,它的价数为 3,因此它的相应静电键力为 1/2,其表面的静电键力是不饱和的,外来原子易与基片表面形成物理吸附。因此吸附原子的脱附激活能 E_d 较小。

硅基片和金刚石具有相同的结构。对沉积金刚石膜的横截面的大量研究表明,在硅基片上沉积金刚石膜时,基片和沉积层之间还形成一定厚度的过渡层,其成分既可以是无定形碳,又可能是 β - SiC 层,特别是当过渡层为 β - SiC 时,沉积的金刚石膜的取向还将与硅基片取向基本一致[51]。这说明金刚石相碳与硅片表面的亲和力强,易形成化学吸附,吸附原子的脱附激活能 E_d 比物理吸附情况下大得多。

粒子在基片表面上从一个吸附位置移动到另一个吸附位置不需要折断吸附

键,表面扩散激活能 E_{dif} 远比吸附原子的脱附能 E_d 小。同时,因为金刚石相与氧化铝陶瓷基片的亲和力较小,因此晶核与基片的接触角 θ 也较大,相应的晶核势垒 ΔG^* 也较大。因此在氧化铝陶瓷表面上金刚石的成核密度比在硅片上低得多。

6.3.1.3　成核时气体压强的影响

在影响金刚石成核的诸多因素中,目前对衬底温度和碳源浓度的作用研究得最多,而气体压强的影响则容易被忽视。我们在一定的气压范围内,通过改变气体压强研究了气体压强对成核的影响,并对所得实验结果进行了理论分析。

1. 实验过程及结果

为了研究气体压强对成核的影响,我们对不同压强下的成核情况进行了对比研究。图 6.24 为不同系统压强下金刚石薄膜在氧化铝陶瓷基片上成核的扫描电子显微镜(SEM)照片。由图 6.24(a)可见,在系统压强较高时(5 kPa),金刚石薄膜成核密度较低(4×10^7 cm^{-2}),颗粒大小及分布都不均匀。而当系统压强较低时(2 kPa),如图 6.24(b)所示,金刚石薄膜成核密度高(约 10^8 cm^{-2}),金刚石颗粒密集,尺寸及分布都较均匀。由实验结果可得金刚石薄膜成核密度与系统压强关系如图 6.25 所示。

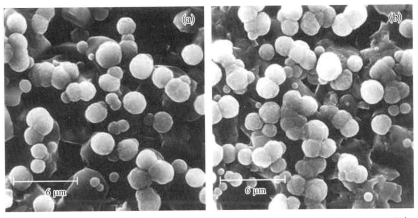

图 6.24　不同系统压强下[(a) 5 kPa;(b) 2 kPa]金刚石薄膜成核的 SEM 照片

2. 分析与讨论

(1) 经典成核理论

在经典成核理论中,由准热力学平衡理论中的微滴理论可求得成核速率 I[52,53]:

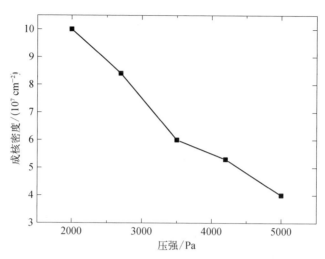

图 6.25　金刚石薄膜成核密度与系统压强的关系

$$I = (2\pi r^* \sin\theta) Z n_0 a_0 \alpha J \frac{v_1}{v_0} \exp\left(\frac{E_p - E_{px} - \Delta G^*}{kT_s}\right) \tag{6.7}$$

其中,r^* 为临界成核半径;θ 为球帽形粒子团与基片的接触角;Z 为 Zeldovich 非平衡系数,其数值为 $10^{-1} \sim 10^{-2}$ 左右;n_0 为基片表面吸附中心密度;a_0 为吸附粒子在基片表面扩散时每次跳跃的距离;α 为沉积粒子的凝结系数;J 为沉积粒子的入射速率;v_1、v_0 分别为吸附粒子在基片表面水平及垂直向振动频率;k 为玻尔兹曼常数;T_s 为基片温度;E_p 为给定基片原子的吸附能;E_{px} 为基片表面吸附粒子徙动激活能;ΔG^* 为成核势垒。

（2）MPCVD 系统中对经典成核理论的修正

考虑到 MPCVD 法制备金刚石薄膜的特性,必须对上述公式进行如下修正。

1）沉积粒子入射速率的修正

在金刚石薄膜的生长过程中,起主要作用的是 CH_3^+ 等高能活性粒子,故 $J = x_i \dfrac{p_C}{\sqrt{2\pi mkT}}$（$x_i$ 为气体电离度;p_C 及 m 分别为系统内碳氢化合物的分压和分子质量;T 为等离子体温度）。

2）H 原子刻蚀作用的修正

在金刚石薄膜的沉积过程,H 原子始终起着非常重要的作用。总的说来,可以归结为以下两点:① 稳定金刚石薄膜表面;② 刻蚀非金刚石碳。虽然相对于刻蚀非金刚石碳来说,H 原子刻蚀金刚石相的速率要慢得多（考虑到此时系统中氢原子的电离率一般只有 $10^{-6} \sim 10^{-7}$,故这里主要考虑 H 原子的刻蚀作用）,但在金刚石薄膜成核阶段,H 原子对 CH_3^+ 等高能活性粒子团还是依然有非常重要的影响。由于这些高能活性粒子团与真空的接触面积为 $2\pi r^2(1 - \cos\theta)$（如图 6.26 所示），则总的刻蚀作用为 $2\pi r^2(1 - \cos\theta)E_H$（设 E_H 为 H 原子单位时间内从高能活性粒子团单位面积上刻蚀掉的平均成核粒子数）。

综合考虑以上两种因素的影响,可得到 MPCVD 系统中金刚石薄膜成核速率的修正公式为

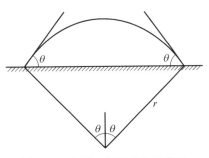

图 6.26 金刚石薄膜成核示意图

$$I = Z\left[2\pi r^* \sin\theta\alpha x_i \frac{p_C}{\sqrt{2\pi mkT}}a_0 \frac{\upsilon_1}{\upsilon_0}\exp\left(\frac{E_p - E_{px}}{kT_s}\right)\right. \tag{6.8}$$
$$\left. - 2\pi r^{*2}(1 - \cos\theta)E_H\right]n_0\exp\left(-\frac{\Delta G^*}{kT_s}\right)$$

令 $N_A = 2\pi r^* \sin\theta\alpha x_i \dfrac{p_C}{\sqrt{2\pi mkT}}a_0 \dfrac{\upsilon_1}{\upsilon_0}\exp\left(\dfrac{E_p - E_{px}}{kT_s}\right)$, $N_H = 2\pi r^{*2}(1 - \cos\theta)E_H$,

则式(6.8)可改写为

$$I = Z(N_A - N_H)n_0\exp\left(-\frac{\Delta G^*}{kT_s}\right) \tag{6.9}$$

式中,N_A 为单位时间内碰撞球帽形粒子团的成核粒子数;N_H 为氢原子在单位时间内从球帽形粒子团刻蚀掉的成核粒子数。

（3）系统压强对金刚石薄膜成核的影响

公式(6.8)中,Z、α、n_0 及 T_s 与系统压强 p 无关。υ_1、υ_0 数值基本接近,可近似认为两者相等。当只改变 p 时,E_p、E_{px} 及 θ 值也基本不变。其余各项与 p 关系则分别讨论如下:

1）降低成核时 p,等离子体中电子温度 T_e 升高

在微波放电中电子平均动能 kT_e[54] 为

$$\varepsilon_m = kT_e = kT_a + \frac{e^2 E_0^2}{3\kappa m_e(\omega^2 + \bar{\upsilon}_e^2)} \tag{6.10}$$

式中,E_0 为交变电场的振幅;T_e 是等离子体的电子温度;kT_a 是放电空间气体粒子的平均动能;e 和 m_e 分别是电子电荷和质量;κ 是电子与气体粒子之间发生碰撞时的能量转换比;$\bar{\upsilon}_e$ 是电子与气体粒子的碰撞频率。一般地

$$\kappa \approx 2m_e/m \tag{6.11}$$

m 为气体粒子的质量,电子的碰撞频率一般与电子的平均速率 $\bar{v}_e$ 有关,可写作:

$$\bar{v}_e = \bar{v}_e / \lambda_e = \left[8kT_e / (\pi m) \right]^{\frac{1}{2}} / \lambda_e \tag{6.12}$$

其中,λ_e 是电子的平均自由程。根据气体分子运动理论,分子运动的平均自由程为

$$\lambda = \frac{1}{\sqrt{2}\pi d^2 N} = \frac{\lambda_0}{p} \tag{6.13}$$

式中,d 为分子的有效直径;N 为单位体积中的分子数,与气体压强 p 成正比;λ_0 是在标准压强下的分子平均自由程,即归一化的平均自由程,与气体压强无关。当电子在气体分子中运动时,由于电子运动速度比分子大得多,而电子半径却比分子半径小得多,所以电子的平均自由程大于分子和原子的平均自由程。计算表明,电子的平均自由程为

$$\lambda_e = 4\sqrt{2}\lambda \tag{6.14}$$

由于我们采用的是矩形波导,其中传输的是 TE_{10} 模式波,由此可求得等离子体电子温度与微波功率之间的关系[55]:

$$\varepsilon_m = kT_e \approx kT_a + \frac{100 \times e^2 \ (P_i)_{TE_{10}}}{\kappa m_e(\omega^2 + \bar{v}_e^2)} \tag{6.15}$$

综上可推得,微波放电等离子体中电子温度与气体压强 p 关系为

$$\varepsilon_m = kT_e = \frac{2\pi\lambda_0^2 \left\{ \left[m_e^2\omega^4 + \dfrac{100p^2e^2\ (p_i)_{TE_{10}}}{\pi\bar{\lambda}_0^2\kappa} \right]^{1/2} - m_e\omega^2 \right\}}{p^2} \tag{6.16}$$

式中,λ_0 是标准压强下气体分子平均自由程;e 和 m_e 分别是电子电荷和质量;ω 为交变电场角频率;$(p_i)_{TE_{10}}$ 为微波传输功率;κ 是电子与气体粒子间发生碰撞时的能量转换比。由式(6.16)知,降低 p,T_e 升高。这在文献[56]中已有定量描述,如图 6.27 所示。

2) 降低成核时 p,等离子体与基片间的电位差 $v_p - v_f$ 加大

等离子体中电子和离子存在双极扩散。当在等离子体中放置一个与外界没有任何电荷联系的悬浮插入物时,由于等离子体中电子和正离子扩散系数的差异,将在该插入物上产生一个相对于等离子体电位 v_p 为负的稳定电位 v_f。根据 Bohm 改进的等离子体鞘层模型[57]可得

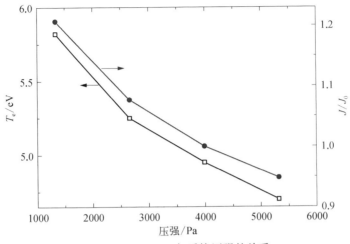

图 6.27 T_e、J/J_0 与系统压强的关系

注：图例中□为 T_e，·为 J/J_0。J_0 是压强为 4 kPa 时的值；J 是不同压强时的值。

$$v_p - v_f = \frac{kT_e}{e}\ln\left(\frac{\bar{v}_e}{\bar{v}_i}\right) \approx \frac{kT_e}{2e}\ln\left(\frac{m_i}{2.26m_e}\right) \tag{6.17}$$

式中，$\bar{v}_e$、$\bar{v}_i$ 分别为电子和正离子的平均迁移速率；m_i 是正离子质量。$v_p - v_f$ 将产生正离子对基片表面的轰击。减小成核时的 p，T_e 升高，$v_p - v_f$ 加大，使得正离子轰击基片表面的加速电压增大，再加上此时与其它粒子碰撞次数减少，导致正离子轰击基片时的能量显著加大。从而在导致基片表面活化的同时，其自身也更容易在基片表面进行迁移和扩散，即 a_0 值增大。

3）降低成核时 p，沉积粒子入射速率 J 增加

由沙哈(Saha)热电离理论可得气体电离度 x_i 为

$$\frac{x_i^2}{1-x_i^2} = \frac{3.19 \times 10^{-2} T_g^{5/2} \exp[-eU_i/kT_g]}{p} \tag{6.18}$$

式中，$x_i = n_e/n_n$ 是气体电离度（这里假设气体是一价电离），即等离子体中电子浓度与放电前中性气体粒子浓度之比；T_g 是气体粒子实际电离温度，约等于正离子温度；U_i 是气体粒子电离电位。减小成核时 p，T_e 升高，引起 T_g 上升，导致 x_i 增加。因为 p_C 与 p 成正比，p 降低导致 T 稍微减小的同时，由 $\dfrac{p_C}{\sqrt{2\pi mkT}}$ 可知，此时流向基片的粒子流减少。但由于 x_i 增加及 $v_p - v_f$ 加大，使得实际 J 值增加。利用文献[8]中所得实验结果，并考虑等离子体中电荷准中性条件，可推得等离子体中基片表面 J 值与 P 关系如图 6.27 所示。

4) 降低成核时 p、ΔG^* 及 r^* 均减小

成核势垒 ΔG^* 为

$$\Delta G^* = \frac{16\pi f(\theta)\sigma_0^3}{3g_v^2} \qquad (6.19)$$

式中，$f(\theta) = \dfrac{2 - 3\cos\theta + \cos^3\theta}{4}$；$\sigma_0$ 是沉积粒子团与真空之间的表面自由能；g_v 为单位体积沉积粒子自由能，表达式为

$$g_v = -\frac{kT^*}{\Omega}\ln\frac{p^*}{p_e} \qquad (6.20)$$

式中，T^* 为到达基片表面附近粒子的等效温度，$kT^* \approx e(v_p - v_f)$；$\Omega$ 为沉积粒子体积；p^*、p_e 分别为基片表面附近沉积粒子实际和平衡时的蒸汽压。降低 p，$v_p - v_f$ 加大，引起 T^* 上升。对基片表面附近成核粒子来说，p_e 不变（因为 T_s 值保持不变），p^* 值随 T^* 上升而增加，只是幅度不大，可近似认为 $\ln(p^*/p_e)$ 值不变，则 g_v 近似于 T^* 成正比。至于 $f(\theta)$ 及 σ_0，由其定义可知，受压强变化影响可忽略。利用上节数据可求得 ΔG^* 与 p 的关系如图 6.28 所示。临界成核半径 r^* 为

$$r^* = -\frac{2\sigma_0}{g_v} \qquad (6.21)$$

讨论可知，p 减小，σ_0 不变，g_v 近似与 T^* 成正比，可得 r^* 与 p 关系如图 6.28 所示。

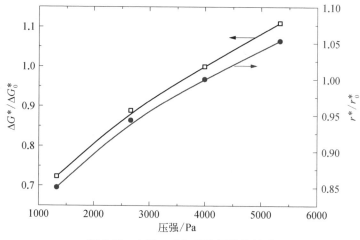

图 6.28　ΔG^*、r^* 与系统压强的关系

注：□ 为 $\Delta G^*/\Delta G_0^*$；• 为 r^*/r_0^*。ΔG_0^*、r_0^* 为系统压强为 4 kPa 时的值；ΔG^*、r^* 为不同系统压强时的值。

5）降低成核时 p, N_H 减小

p 减小,系统中氢原子数减少(如图 6.29 所示)[58],使得氢原子对球帽形粒子团的刻蚀作用 N_E 减小。

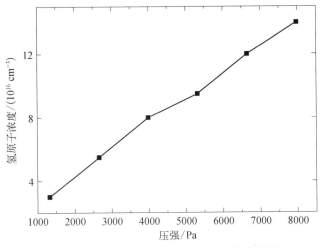

图 6.29 氢原子浓度随系统压强 p 的变化情况

6）小结

考虑到 N_A 中与 p 有关的各项均近似为线性关系,由上面分析可求得 N_A/N_{A0} 随 p 变化如图 6.30 所示。其中, N_{A0} 为系统压强为 4 kPa 时值; N_A 为不同系统压强时值。N_A 随 p 减小适度增加,再考虑到 N_H 及 ΔG^* 都减小,由式(6.9)可见,成核速率 I 增加,表现为成核密度增加。

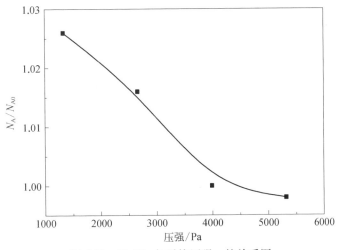

图 6.30 N_A/N_{A0} 与系统压强 p 的关系图

综上所述,在通常用以制备 CVD 金刚石薄膜的压强范围内(约 1~6 kPa),降低成核时系统压强,金刚石薄膜成核速率相对增加,成核密度相对提高。根据粒子量子理论可知,电子对气体粒子的电离能力随 T_e 的增加并不是单调递增的,而是存在一个极值。超过这个极值范围时降低 p,虽然 T_e 仍增加,但 x_i 发生下降,再加上此时系统中总粒子数减少,使得金刚石薄膜成核速率降低。因此,对应最高成核密度有一反转系统压强 P_r 存在,即低于此值时,金刚石薄膜的成核密度随系统压强 P 的增大而增加。P_r 的具体数值为多少,则取决于具体的系统条件,如系统微波功率、气体组成及流量等。

3. 结论

采用 MPCVD 系统沉积金刚石薄膜时,对衬底表面进行金刚石粉末丙酮悬浮液超声处理,可以提高金刚石的成核密度。同时,在一定的压强范围内适当降低系统压强,也能促进金刚石在氧化铝陶瓷基片上的成核。在此基础上,我们提出了一种 MPCVD 系统中金刚石薄膜成核的动力学模型。该模型表明,在 1~6 kPa 的系统压强范围内,降低成核时的系统压强,以下几个因素促进了金刚石薄膜在氧化铝陶瓷基片上成核:

系统内甲烷电离率增大;

等离子体与基片间的正电位差 $v_p - v_f$ 加大;

降低金刚石成核势垒及减小临界成核半径;

减少氢原子对金刚石晶核的刻蚀作用。

实验结果与上述推论相一致,说明低压成核是一种可以有效提高金刚石薄膜成核密度的方法。

6.3.2　HFCVD 法在氧化铝基片上的成核分析

HFCVD 沉积过程也是一种低压化学气相沉积过程,理论上以上实验结果对 HFCVD 也是成立的。但是 MPCVD 过程中因为等离子体的正离子和电子的双极扩散,会在基片表面形成一个负的悬浮电位,形成正离子对基片表面的轰击;而 HFCVD 中等离子体性很弱,超饱和原子氢和活性粒子主要是钨丝热解产生的,因此不存在正离子对基片表面的轰击。故有些结论是不能通用的。

6.3.2.1　对直流负偏压的讨论

在 HFCVD 法中,人们往往采用对衬底施加负偏压的办法提高金刚石的成核密度[59]。但对衬底施加负偏压时,会对金刚石成核的均匀性产生影响。其原因在于氧化铝陶瓷是绝缘的,不像硅片那样可以导电,因而电场强度在氧化铝衬底中心和边缘上的分布是不同的。衬底边缘由于金属支架的作用电场强度较强,因而正离子轰击束流较大,成核密度也较高;而衬底中心因为较少活性粒子轰击而成核密度较低。即:偏压电场的分布不均使 CH_3^+ 等正离子活性基团轰击衬底的束流发生偏转,从而影响了金刚石成核的均匀性(参见图 6.31)。

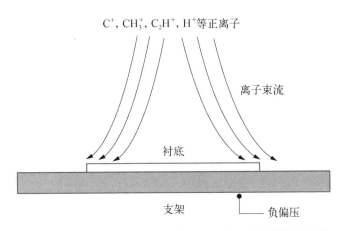

图 6.31　对氧化铝衬底施加负偏压后正离子束流偏转示意图

6.3.2.2　偏压装置的改进

改进方法之一是,在氧化铝衬底顶部很近的距离增加一层钼质金属网,在金属网和钨丝之间施加直流负偏压。由于所用金属网导电,有利于保证氧化铝基片表面电场分布的均匀性,使活性正离子加速轰击衬底时不会由于电场的不均而发生偏向。另外,所用的金属网表面存在许多网孔,不会阻碍正离子的入射。因此,使用这样一个改进装置可以使偏压电场分布均匀,有利于活性正离子轰击基片表面,从而可以提高金刚石在氧化铝衬底上的成核密度。

6.3.2.3　小结

在本节中分别采用 MPCVD、HFCVD 方法在氧化铝陶瓷基片上沉积金刚石膜,制备了金刚石膜/氧化铝复合材料。在沉积金刚石薄膜之前对衬底进行金刚石粉末丙酮悬浮液超声处理,以提高金刚石薄膜的成核密度。通过理论计算,提出了提高生长条件的均匀性和一致性的方法。在 HFCVD 方法中,在增加钨丝数量的同时,将钨丝与衬底距离固定在 8 mm,有利于衬底表面温度和能量密度的均匀化,从而适应于金刚石膜的大面积生长。结合 MPCVD 沉积系统的特点,对金刚石成核的理论模型进行了必要的修正,并对反应气压对成核的影响进行了理论分析。研究表明:在 2~6 kPa 的沉积压强范围内,适当降低反应压强有利于金刚石在氧化铝上的成核。

6.4　金刚石的厚膜生长及应力分析

本节以 Raman 光谱表征了氧化铝陶瓷衬底上沉积金刚石薄膜的质量,通过谱线拟合,得出了薄膜应力与 Raman 位移之间的定量关系,并分析了表面处理工艺和沉积条件对金刚石膜应力的影响,最终在氧化铝衬底上生长出了金刚石厚膜。采用有限元方法对所得结果进行模拟,很好地解释了金刚石薄膜中应力的演变过程。

6.4.1　金刚石膜的质量表征

Raman 光谱是研究碳材料结构和成键方式的一种有效手段,被广泛用来表征金刚石薄膜[60]。本部分的 Raman 光谱是由 SPEX - 1403 型 Raman 光谱仪采用背散射方式在室温下测得的。激光由 Ar+ 离子激光器产生,波长为 514.5 nm,探测器扫描范围为 1 100 ~ 1 800 cm^{-1},步长为 1 cm^{-1},积分时间为 1 s。

图 6.32(a)和(b)分别表示人造金刚石和氧化铝陶瓷衬底上金刚石薄膜的 Raman 光谱。从图中可以看出,氧化铝上金刚石膜的 Raman 散射峰向高波数方向漂移,说明该薄膜中存在压应力,这一点可以从具有更高分辨率的局部谱线(图6.33)中清楚地看到。在无应力状态下,金刚石的 Raman 特征峰的峰位在1 332.5 cm^{-1}附近,且分布大致符合 Gauss 分布(图 6.34)。图 6.35 为氧化铝上金刚石的 Raman 谱线的精细结构,图中金刚石的 Raman 特征峰已明显展宽,且严重偏离了对称分布。对该谱线进行 Gauss 多峰拟合得出,该特征峰由两个不同的 Gauss 分布叠加而成,且这两个 Gauss 峰的中心相对于无应力情况均有不同程度的蓝移现象,从而也进一步证实了金刚石薄膜中压应力的存在。

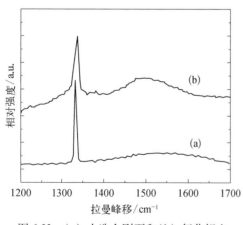

图 6.32　(a) 人造金刚石和(b) 氧化铝上金刚石膜的 Raman 光谱

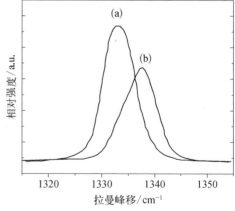

图 6.33　(a) 人造金刚石和(b) 氧化铝上金刚石薄膜的 Raman 散射峰的精细结构

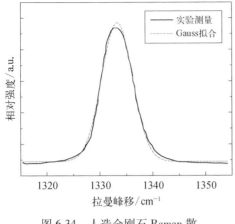

图 6.34 人造金刚石 Raman 散射峰的 Gauss 拟合

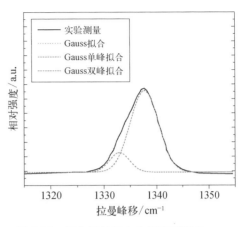

图 6.35 氧化铝衬底上金刚石薄膜 Raman 散射峰的多峰 Gauss 拟合

6.4.2 金刚石膜的应力研究

目前,研究金刚石薄膜中应力的方法有很多,如 Raman 光谱法[61-64]、X 射线衍射法[65-67]、弯曲法[68-70] 和薄膜震动法[71] 等。其中 Raman 光谱法空间分辨率高,且对样品无损伤,是运用最为广泛的方法之一。其基本原理是,金刚石薄膜中存在的压应力或张应力会使金刚石的 Raman 特征峰向高或低波数方向移动,根据 Raman 位移的大小求出应力值。通常这种方法的计算过程十分复杂,只有在薄膜定向生长的特殊情况下,才可以得出薄膜应力与 Raman 位移之间的定量关系[72]。而氧化铝陶瓷衬底上所得的金刚石薄膜基本为任意取向的多晶薄膜,故不能直接应用现成理论得出薄膜应力与 Raman 位移之间的对应关系。即无法用通常的 Raman 理论实现金刚石薄膜残余应力的定量表征。因此,我们必须根据薄膜的具体情况做出一些合理的假设,建立薄膜残余应力的定量表征方法,才可能详细研究金刚石薄膜中的应力问题,从而彻底解决薄膜与衬底界面处的应力集中,为该材料的推广应用打下坚实的基础。

6.4.2.1 理论基础

金刚石结构是由两个互相穿插的面心立方点阵组成,在体对角线四分之一处是它的反对称中心,但该反对称中心不是在原子具体的位置上。由于金刚石的晶体结构具有高度的对称性,因此在无应力存在时,光学声子在布里渊区中心发生三重简并,且该声子具有单一频率 1 332.5 cm^{-1}。

众所周知,应力会对金刚石 Raman 散射光子的频率产生影响。当有应力存在

时,该三重简并光子会在应力场作用下发生分裂。在有线性形变时,$k = 0$ 处三个光学声子的频率可写为[73]

$$\sum_\beta K_{\alpha\beta}\eta_\beta = \omega^2\eta_\alpha, \qquad \alpha, \beta = 1 \sim 3 \tag{6.22}$$

式中,η_α 是直角坐标系下的本征矢量;ω 为有应变时的 Raman 散射角频率;$K_{\alpha\beta}$ 表示应力张量中的各个组元。其中 $K_{\alpha\beta}$ 还可以写成应变的幂指数形式:

$$K_{\alpha\beta} = K_{\alpha\beta}^{(0)} + \sum_{\nu\nu} \varepsilon_{\nu\nu} K_{\nu\nu\alpha\beta}^{(\varepsilon)}, \qquad K_{\alpha\beta}^{(0)} = \omega_0^2\delta_{\alpha\beta} \tag{6.23}$$

式中,ω_0 表示无应力时的 Raman 频率;$\varepsilon_{\nu\nu}$ 表示应变张量 ε 的组元;$\delta_{\alpha\beta}$ 为 Delta 函数。对于金刚石结构而言,张量 $K^{(\varepsilon)}$ 具有对称性,且只具有如下三个独立的组元:

$$\begin{aligned} K_{1\,111}^{(\varepsilon)} = K_{2\,222}^{(\varepsilon)} = K_{3\,333}^{(\varepsilon)} = p \\ K_{1\,122}^{(\varepsilon)} = K_{1\,133}^{(\varepsilon)} = K_{2\,233}^{(\varepsilon)} = q \\ K_{1\,212}^{(\varepsilon)} = K_{1\,313}^{(\varepsilon)} = K_{2\,323}^{(\varepsilon)} = r \end{aligned} \tag{6.24}$$

其它组元均等于 0。联立以上三个方程可得如下久期方程[74,75]:

$$\begin{vmatrix} p\varepsilon_{xx} + q(\varepsilon_{yy} + \varepsilon_{zz}) - \lambda & 2r\varepsilon_{xy} & 2r\varepsilon_{xz} \\ 2r\varepsilon_{xy} & p\varepsilon_{xx} + q(\varepsilon_{xx} + \varepsilon_{zz}) - \lambda & 2r\varepsilon_{yz} \\ 2r\varepsilon_{xz} & 2r\varepsilon_{yz} & p\varepsilon_{zz} + q(\varepsilon_{xx} + \varepsilon_{yy}) - \lambda \end{vmatrix} = 0 \tag{6.25}$$

其中,$\lambda = \omega_i^2 - \omega_0^2$, $i = 1$、2、3;$\Delta\omega_i = \omega_i - \omega_0 \approx \lambda_i/2\omega_0$;$\varepsilon_{ij}$ 表示应变张量;p、q 和 r 为形变势能常数。金刚石的形变势能常数和柔顺系数如表 6.6 所示。

表 6.6　金刚石的形变势能常数和柔顺系数

形变势能常数($10^{28}\ \mathrm{s}^{-2}$)		
p	-17.8	
q	-11.2	文献[76]
r	-12.0	
柔顺系数($10^{-13}\ \mathrm{Pa}^{-1}$)		
S_{11}	9.524	
S_{12}	$-0.991\,3$	文献[77]
S_{44}	17.33	

通常情况下求解久期方程(6.25)是十分困难的,因为其中六个非零的独立组元均含有应变张量。因此,只有在一些特殊场合才能通过求解久期方程得到 Raman 位移和应力之间的定量关系。下面我们通过计算得出各种取向条件下

Raman 位移和应力之间的对应关系。

6.4.2.2 定向薄膜中双轴应力与 Raman 位移的关系

我们以〈111〉定向金刚石薄膜中的双轴应力为例,计算各种定向薄膜中双轴应力与 Raman 位移之间的对应关系。因为应力为双轴应力,则应力张量可表示为

$$\sigma = \tau \begin{pmatrix} 1 & 0 & 0 \\ 0 & 1 & 0 \\ 0 & 0 & 0 \end{pmatrix} \tag{6.26}$$

选择新坐标系的 x'、y' 和 z' 轴分别平行于(111)面的主轴$[1\ 1\ \bar{2}]$,$[\bar{1}\ 1\ 0]$ 和 $[1\ 1\ 1]$。在新坐标系下应力张量可转化为

$$\sigma' = \tau \begin{pmatrix} \dfrac{2}{3} & -\dfrac{1}{3} & -\dfrac{1}{3} \\ -\dfrac{1}{3} & \dfrac{2}{3} & -\dfrac{1}{3} \\ -\dfrac{1}{3} & -\dfrac{1}{3} & \dfrac{2}{3} \end{pmatrix} \tag{6.27}$$

利用 Hook 定理求出相应的应变张量为

$$\varepsilon_{xx} = \varepsilon_{yy} = \varepsilon_{zz} = \frac{2}{3}(s_{11} + 2s_{12})\tau \tag{6.28}$$

$$\varepsilon_{xy} = \varepsilon_{yz} = \varepsilon_{zx} = -\frac{1}{6s_{44}}\tau$$

将(4.7)代入久期方程(4.4)求解可得

$$\tau' = 2\omega_0 \Delta\omega_s \Big/ \left[\frac{2}{3}(p + 2q)(s_{11} + s_{12}) - \frac{2}{3rs_{44}} \right] \tag{6.29}$$

$$\tau'' = 2\omega_0 \Delta\omega_d \Big/ \left[\frac{2}{3}(p + 2q)(s_{11} + s_{12}) + \frac{1}{3rs_{44}} \right]$$

代入金刚石的形变势能常数和柔顺系数,得出(111)面内双轴应力与 Raman 位移的定量关系为

$$\tau'_{(111)} = -1.49\Delta\omega_s \quad \text{GPa} \rightarrow (\text{单重}) \tag{6.30}$$

$$\tau''_{(111)} = -0.35\Delta\omega_d \quad \text{GPa} \rightarrow (\text{双重})$$

同理,可得出(220)、(311)和(400)面内平面双轴应力与 Raman 位移之间的定量关系为

1)（220）平面内的双轴应力：

$$\tau'_{(220)} = -1.09\Delta\omega_1 \quad \text{GPa} \rightarrow （单重）$$

$$\tau''_{(220)} = -0.37\Delta\omega_d \quad \text{GPa} \rightarrow （双重）$$

(6.31)

2)（311）平面内的双轴应力：

$$\tau'_{(311)} = -1.02\Delta\omega_1 \quad \text{GPa} \rightarrow （单重）$$

$$\tau''_{(311)} = -0.41\Delta\omega_d \quad \text{GPa} \rightarrow （双重）$$

(6.32)

3)（400）平面内的双轴应力：

$$\tau'_{(400)} = -0.61\Delta\omega_1 \quad \text{GPa} \rightarrow （单重）$$

$$\tau''_{(400)} = -0.42\Delta\omega_d \quad \text{GPa} \rightarrow （双重）$$

(6.33)

其中,（220）和（311）面的 Raman 光子理论上应是完全分裂的,但由于其中两个光子频率相差太小而难以分离,因此近似为双重简并。

从以上分析可知,应力会对金刚石 Raman 散射光子的频率产生影响。无应力状态下,金刚石的 Raman 散射光子会发生三重简并,即具有单一频率（1 332.5 cm^{-1}）。但是在平面双轴应力的作用下,金刚石结构的对称性会降低,从而使 Raman 光子发生分裂。如：（111）和（400）平面内的双轴应力会使 Raman 散射光子分裂为一个单重光子和两个双重简并光子;而（220）和（311）平面内的双轴应力会使 Raman 光子完全分裂,但其中两个光子的频率分裂非常小,故也可近似为双重简并,即各种定向薄膜中 Raman 散射光子在平面双轴应力的作用下会分裂为一个单重光子和两个双重光子。

6.4.2.3　氧化铝衬底上金刚石薄膜的应力计算

在氧化铝陶瓷衬底上沉积的金刚石薄膜为多晶薄膜,且该薄膜不存在择优取向,也没有实现定向生长。在这种情况下直接求解久期方程是十分困难的,因此必须做出一定的假设,才能得出多晶薄膜中 Raman 位移与应力之间的定量关系。早在 1993 年 J. W. Ager 等就做出了一系列假设,得出了 Raman 位移和薄膜双轴应力之间的对应关系,但由于他们假设各种取向晶粒对 Raman 散射强度的贡献是均等的,故所得结果并不十分令人满意[78]。

因此,我们在 J. W. Ager 等假设的基础上,重新定义了不同取向晶粒对 Raman 散射强度的贡献是各不相同的,且与薄膜中该取向晶粒的相对含量成正比[79]。即：① 由于所得的金刚石的多晶本质,我们同样假设所得薄膜是各向同性的,那么此时金刚石薄膜中的应力也应该是双轴应力,且该应力应平行于薄膜表面,即假设金刚石薄膜中的所有应力均为平面内的双轴应力。② 薄膜中各种取向的晶粒都能对 Raman 散射产生贡献,由于所得金刚石薄膜是没有择优取向的多晶膜,不会出现单晶膜中单重光子或多重光子因为选择定则而消失的情况。也就是说,只要符合 Raman 光谱背散射的几何限制,单重光子和多重光子都能在 Raman 光谱中观察到。例如:在单晶情况下,从 $\{100\}$ 晶面背散射的光子中只有单重光子是可以观察到的;但是当薄膜中存在 $\{100\}$ 和 $\{11\bar{2}\}$ 两组晶面时,背散射的光子中单重光子和多重光子都能被探测到。③ 不同取向晶粒对 Raman 散射强度的贡献并不是均等的,而是与它们各自在薄膜中的相对含量成正比。由于各种晶向衍射峰的强度 I 正比于它们在薄膜中的质量百分数,故它们在薄膜中的相对含量可通过衍射峰的相对强度近似给出。因此,多晶金刚石薄膜中应力与 Raman 位移之间的关系是薄膜中所含各定向晶粒对其相对衍射强度加权平均的结果。即:

$$\tau' = \sum_i I_{ri}\tau'_i \rightarrow (\text{单重})$$
$$\tau'' = \sum_i I_{ri}\tau''_i \rightarrow (\text{双重})$$

(6.34)

其中,τ'_i 和 τ''_i 分别表示由单重光子和双重光子得出的各种取向晶粒的双轴应力,其计算公式在前面已经给出(参见公式 6.30~6.33);I_{ri} 表示各种取向衍射峰在 XRD 图谱中的相对强度;i 表示多晶存在的各种取向。

图 6.36 和图 6.37 分别是氧化铝衬底上金刚石薄膜的 Raman 散射谱和多峰 Gauss 拟合结果。图 6.38 为该样品的 X 射线衍射图。从图中可以看出,所得金刚石薄膜中只存在 $\langle 111 \rangle$、$\langle 220 \rangle$、$\langle 311 \rangle$ 和 $\langle 400 \rangle$ 四种取向。表 6.7 是金刚石各衍射峰的相对强度。将表 6.7 数据代入公式(6.34)并结合公式(6.30)~公式(6.33),可

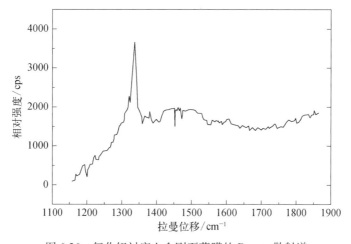

图 6.36　氧化铝衬底上金刚石薄膜的 Raman 散射谱

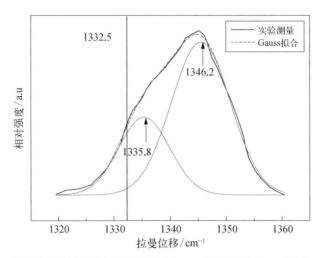

图 6.37　氧化铝衬底上金刚石 Raman 散射峰的 Gauss 拟合

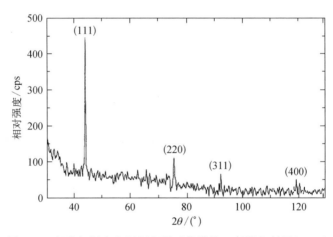

图 6.38　氧化铝衬底上沉积金刚石薄膜的 X 射线衍射图（XRD）

得出单重光子和多重光子对应的薄膜应力分别为

$$\tau' = -1.348\Delta\omega_s \quad \text{GPa} \rightarrow （单重）$$

$$\tau'' = -0.357\Delta\omega_d \quad \text{GPa} \rightarrow （双重）$$

（6.35）

表 6.7　金刚石薄膜中各种取向衍射峰在 XRD 图谱中的相对强度

$D/\text{Å}$	$(h\,k\,l)$	强　度	相对强度 $I_{ri} = I/\sum I_i$
2.063	(111)	100	0.629
1.265	(220)	32	0.201
1.078	(311)	18	0.113
0.894	(400)	9	0.057

图 6.39 是氧化铝衬底上金刚石薄膜应力在不同假设条件下所得结果的对比图。从图中可以看出,采用我们的假设由单重光子和双重光子得出的应力值最吻合。为了进一步验证该计算方法的可靠性,我们用它计算了 5 μm 厚的金刚石膜中的应力,单重光子和双重光子所得应力值可以很好地吻合(-6.8 GPa),且与金刚石和氧化铝陶瓷间的热应力相当(-6.56 GPa)。

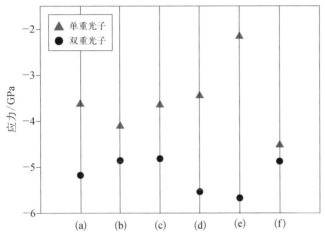

图 6.39　不同假设条件下由单重光子和双重
光子计算所得应力的对比图

(a) Ager 的假设[20];(b) (111)面内的双轴应力;(c) (220)面内的双轴应力;(d) (311)面内的双轴应力;(e) (400)面内的双轴应力;(f) 我们的假设

6.4.3　沉积条件对金刚石薄膜应力的影响

6.4.3.1　衬底离子注入处理的影响

图 6.40(a) 和(b)分别是表面未经碳离子注入和经过碳离子注入氧化铝陶瓷上沉积金刚石薄膜的 Raman 光谱对比。图中尖锐的散射峰表明在注入和未注入衬底上都沉积出了质量较好的金刚石薄膜。碳离子处理过的基片上生长的金刚石 1 332.5 cm^{-1} 附近的 Raman 特征峰强度更高,且更尖锐。金刚石散射峰相对于 1 332.5 cm^{-1} 而言都向高频漂移,说明所得薄膜中均存在压应力。图 6.41 分别是这两个样品的 X 射线衍射图,图中出现了多个衍射峰,表明所得金刚石薄膜均不存在择优取向。

图 6.42(a) 和(b)给出的是扣除石墨峰和发光背之后,两种氧化铝衬底上金刚石薄膜的 Raman 光谱片段,图中 1 332.5 cm^{-1} 处的直线表示无应力的天然金刚石的 Raman 峰位置。由于图中单重光子 ω_s 和双重光子 ω_d 的 Raman 频率没有完全分

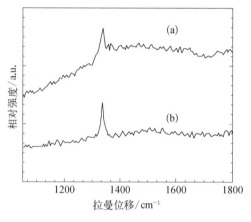

图 6.40　(a) 表面未经碳离子注入和 (b) 经过碳离子注入氧化铝陶瓷上沉积金刚石薄膜的 Raman 光谱对比

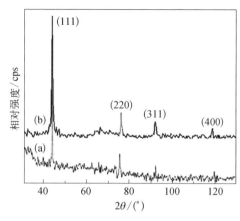

图 6.41　(a) 表面未经碳离子注入和 (b) 经过碳离子注入氧化铝陶瓷上沉积金刚石薄膜的 XRD 图谱对比

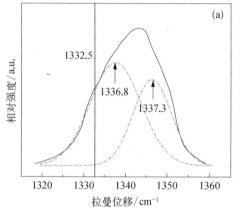

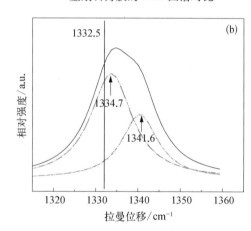

图 6.42　扣除石墨峰和发光背景后,(a) 表面未经碳离子注入和 (b) 经过碳离子注入氧化铝陶瓷上金刚石薄膜的 Raman 光谱片段

离,我们采用 Gauss 拟合来确定它们的峰位。图 6.43 为由单重光子和双重光子计算出的金刚石薄膜应力随衬底碳离子注入剂量的变化情况。从图中可以看出,随碳离子注入剂量的增加,薄膜中的压应力呈线性下降,其中当注入剂量为 5.5×10^{17} cm^{-2} 时金刚石薄膜应力的下降可高达 32%。因此,对衬底进行碳离子注入可有效地降低金刚石薄膜中的应力。这主要是因为高能量碳离子注入氧化铝陶瓷衬底以后,大量地以间隙原子的形式存在于 Al_2O_3 晶格中,使注入表层产生很大的残余压应力,这一点在 6.2.2.4 小节的注入层应力分析中得到了证实;当金刚石薄膜沉积以后,在降温的过程中衬底的这部分残余应力得到释放,从而部分弛豫了金刚石薄膜中的压应力[80]。

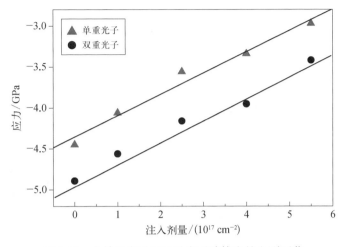

图 6.43 由单重光子和双重光子计算出的金刚石薄膜应力随衬底碳离子注入剂量的变化情况

6.4.3.2 碳源浓度的影响

图 6.44 为不同碳源浓度条件下氧化铝陶瓷上沉积的金刚石薄膜的扫描电镜 (SEM)照片。从图中可以看出,所得的金刚石薄膜均为没有择优取向的多晶金刚石。而且随着碳源浓度的上升,金刚石晶粒的尺寸是不断下降的。图 6.45 是所得金刚石薄膜的 Raman 光谱,图中 1 332.5 cm^{-1} 附近尖锐的散射峰表明所得金刚石薄膜质量较高。另外,图中 1 550 cm^{-1} 附近的馒头峰是由于石墨等非金刚石碳造成的,随着碳源浓度的增高,薄膜中非金刚石碳的含量也是不断增加的。由于非金刚石碳存在于金刚石的晶界处,会使薄膜中产生压应力,从而使薄膜中的残余压应力也随之上升,沉积温度为 850℃薄膜残余压应力随碳源浓度的变化情况如图 6.46 所示。

6.4.3.3 衬底温度的影响

图 6.47 是碳源浓度固定在 0.8%时金刚石薄膜 Raman 光谱随衬底温度的变化情况。从图中可以看出,衬底温度对薄膜中非金刚石碳含量的影响是十分显著的。当衬底温度增加时,由于反应气氛中的氢气分解出原子氢的速率也大大上升,而原子氢对非金刚石碳的刻蚀能力远远高于对金刚石相的刻蚀能力,故温度增加时,非金刚石碳被原子氢刻蚀掉,而金刚石相则由于相对低得多的刻蚀速率而得以保留下来。因此,随着衬底温度的上升,非金刚石碳对应的 1 550 cm^{-1} 馒头峰的强度逐渐下降。图 6.48 为由 Raman 峰位移得出的金刚石薄膜残余应力随衬底温度的变化情况。

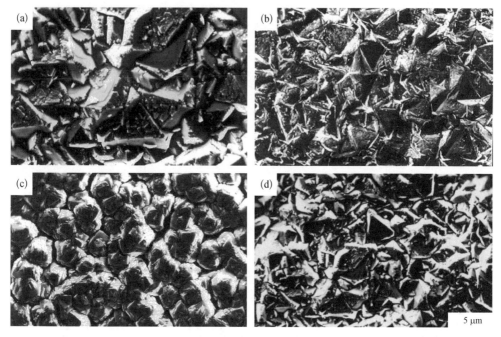

图 6.44　不同碳源浓度（a）0.8%；（b）1.2%；（c）1.5%；（d）2.0%
氧化铝陶瓷上沉积的金刚石薄膜的 SEM 照片

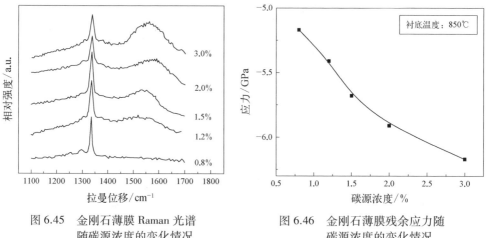

图 6.45　金刚石薄膜 Raman 光谱
随碳源浓度的变化情况

图 6.46　金刚石薄膜残余应力随
碳源浓度的变化情况

　　衬底温度对薄膜残余应力的影响是双重的。因为薄膜中的残余应力 σ_r 是由热应力 σ_{th} 及本征应力 σ_{in} 两部分组成的[81]，即 $\sigma_r = \sigma_{th} + \sigma_{in}$。

　　首先衬底温度发生变化时，会对由于衬底和薄膜热膨胀系数不同造成的热应力 σ_{th} 产生影响。在温度跨度范围不大的情况下，热应力可由以下计算公式近似计

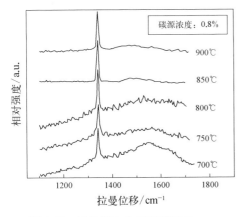

图 6.47 氧化铝上金刚石薄膜 Raman
光谱随衬底温度的变化情况

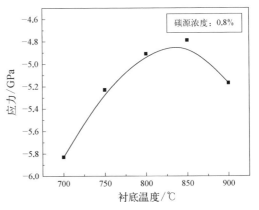

图 6.48 金刚石薄膜残余应力 σ_r
随衬底温度的变化情况

算出：$\sigma_{th} = \dfrac{E}{1-\nu}(\alpha_s - \alpha_f)\Delta T$，其中 $\dfrac{E}{1-\nu}$ 为薄膜的双轴杨氏模量,对于金刚石而言为 1 345 GPa。α_s、α_f 分别为衬底和薄膜的热膨胀系数,ΔT 表示沉积温度与室温之间的温度差。图 6.49 为在 700~900℃ 温度范围内热应力的变化情况。图 6.50 为本征应力随衬底温度的变化情况,从图中可以看出,当薄膜中非金刚石碳含量较高时,薄膜的本征应力为压应力,当晶界处杂质逐渐减少时,薄膜本征应力逐渐由压应力向张应力转变,张应力的产生是由于生长过程中晶界的逐渐弥合造成的。

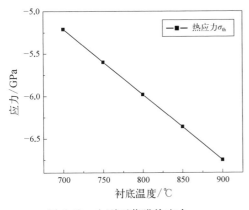

图 6.49 金刚石薄膜热应力 σ_{th}
随衬底温度的变化情况

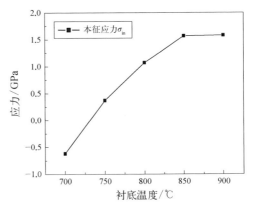

图 6.50 金刚石薄膜本征应力 σ_{in}
随衬底温度的变化情况

6.4.4 金刚石厚膜的工艺控制及表征

从上面的分析可知,要在氧化铝陶瓷衬底上得到一定厚度的金刚石膜,首先必须克服金刚石薄膜与氧化铝衬底附着力差的问题,同时还要合理控制沉积条件,使薄膜中的压应力尽量降低。我们在金刚石膜生长之前对氧化铝衬底进行碳离子注入处理,不仅提高了金刚石薄膜与氧化铝衬底的附着力,同时降低了金刚石膜中残余应力,从而使在氧化铝陶瓷衬底上沉积相当厚度的金刚石膜成为可能,图 6.51 为氧化铝衬底上金刚石厚膜断面形貌,从图中我们可以看出,金刚石薄膜的生长基本呈柱状生长,金刚石膜的厚度已达 100 μm 以上。

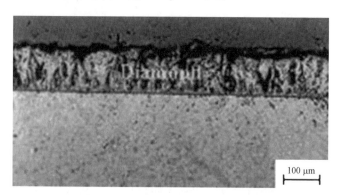

图 6.51　为氧化铝衬底上金刚石厚膜断面形貌

6.4.5　薄膜与衬底界面应力的有限元分析

金刚石薄膜沉积在氧化铝陶瓷衬底上时,由于杨氏模量、热膨胀系数等参数的不同,产生较高的应力,使薄膜和基体的结合力下降,导致薄膜达到一定厚度时破裂甚至脱落[82-85]。为了提高薄膜与衬底的结合力,目前的研究主要集中在两个方面:一方面是通过预处理工艺降低薄膜的内应力[86-88],提高薄膜的结合力,如 6.2 节中碳离子预注入所做的工作;另一方面是通过有限元分析[89]研究薄膜的力学性能与工艺之间的关系,为进一步研究薄膜与界面应力提供实验和理论依据。

6.4.5.1　有限元模型参数

采用 ANSYS 应用软件,对在氧化铝陶瓷衬底上沉积了金刚石薄膜的样品进行热应力的有限元分析。分析过程中模拟计算了不同膜厚和沉积温度情况下对金刚石膜应力、应变的影响。用有限元模拟计算时选用的衬底和薄膜的材料参数如表 6.8 所示。

表 6.8　衬底和薄膜的材料参数

	杨氏模量/GPa	泊松比	热膨胀系数	沉积温度/℃	密度/(g/cm³)
氧化铝	305	0.23	6.7E−6	650~950	3.75
金刚石	1 143	0.07	1.0E−6	650~950	2.51

由于所得的金刚石薄膜是无择优取向的多晶,故可将薄膜近似看作是各向同性的,那么薄膜中承受的应力应该是平面双轴应力。即应力沿着两个基轴方向作用在薄膜平面内,而在垂直于薄膜自由表面的方向上没有应力,可是在该法线方向却存在应变。

6.4.5.2 膜厚对界面应力大小的影响

根据实验,基体尺寸大小固定为 2×1 cm^2,厚度保持为 0.4 mm;而薄膜厚度则在 5~200 μm 之间变化。保持基体尺寸和沉积温度不变,改变薄膜厚度的有限元计算结果如图 6.52 所示。从图中可以看出,薄膜与基体界面处的 von Mises 应力随着膜厚的增加开始是减小的。这一结果与 Bennani 等[90]证明的,当基体杨氏模量(E_c)与薄膜杨氏模量(E_s)比率小于 1 时,薄膜界面处切应力随膜厚增加而减少的结果基本一致。而当薄膜厚度达到 40 μm 以上时,薄膜的切应力出现了明显的回升。这是由于,随着薄膜厚度的增加,薄膜与衬底界面处出现塑性形变产生的附加结构应力增大的缘故。随着薄膜厚度进一步增加,这种塑性形变趋于稳定,这时薄膜中的 von Mises 应力也达到了饱和。

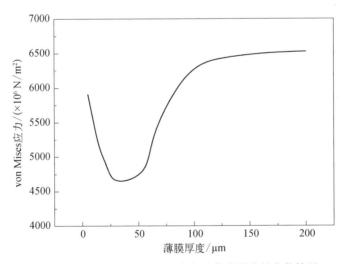

图 6.52 界面处的 von Mises 应力随薄膜厚度的变化情况

6.4.5.3 温度对界面应力及应变的影响

由图 6.53 可知,随着薄膜沉积温度的升高,von Mises 应力呈现线性上升,产生这种应力的原因是基体和薄膜的热膨胀系数不同。在金刚石薄膜生长完后的降温过程中,基体的热收缩受制于薄膜的收缩,因此在基体中产生了拉伸的热应力,而膜中的热应力正好与基体相反。可见,金刚石薄膜中热应力往往为压应力。热应力与薄膜中本征应力叠加在一起,这就导致金刚石膜具有很高的压应力。通过公式 $\Delta\varepsilon_{th} = \Delta T(\alpha_s - \alpha_{Dia})$ 可以算出这种热应变,其中 $\Delta\varepsilon_{th}$ 表示热应变, $\Delta T = T - T_a$, T 为环境温度, T_a 为沉积薄膜时的样品温度, α_s 和 α_{Dia} 分别代表基体和膜的热膨胀系数,计算结果表明:在金刚石膜中热应力的变化和热应变是呈正比关系的。 $\alpha_s - \alpha_{Dia} > 0$,因此,随着 ΔT 的升高, $\Delta\varepsilon_{th}$ 也迅速上升。 由计算结果可以看出,衬底收缩较大,是张应力,而薄膜则是压应力。

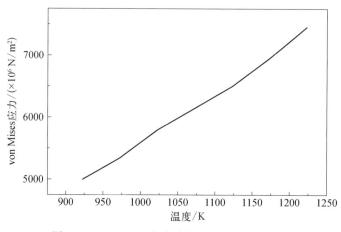

图 6.53　von Mises 应力随衬底温度的变化情况

6.4.6　小结

金刚石薄膜 Raman 散射峰在平面双轴应力的作用下分裂为一个单重光子和两个双重光子,我们通过 Gauss 拟合分别得出它们的位移值与多晶薄膜应力之间的对应关系[91],进而由此分析了金刚石薄膜应力随碳离子预注入、沉积温度和碳源浓度等参数的变化情况。研究结果表明,碳源浓度和沉积温度的改变会直接影响所得金刚石膜的质量,sp^2 等非金刚石相在晶界处的聚集会使金刚石膜中的压应力加剧。对氧化铝衬底进行碳离子预注入处理是降低薄膜与衬底界面应力的有效方法,金刚石膜应力的下降幅度在 $1.0\times10^{17} \sim 5.5\times10^{17}$ cm^{-2} 范围内,与注入剂量成正比。当注入剂量增加到 5.5×10^{17} cm^{-2} 时,金刚石膜中的残余应力从原来的 -4.89 GPa 降低到 -3.42 GPa,降幅超过 30%。通过离子注入方法,缓解了金刚石膜与氧化铝衬底的应力集中,制备出了厚度大于 100 μm 的金刚石厚膜。

6.5　金刚石薄膜/氧化铝复合材料性质研究

本部分测量了氧化铝/金刚石膜复合材料的介电常数,并与理论计算模型进行了对比。理论分析了复合材料的热导性质,探讨了该复合材料用于器件封装和电路组装中尚需解决的问题和今后的研究方向。

6.5.1 金刚石薄膜介电常数的确定

通常测量金刚石薄膜的介电常数是将金刚石薄膜与衬底剥离,采用电容法进行测量,这种方法会破坏样品。我们采用红外椭偏仪(infrared spectroscopic ellipsometer,IRSE)来测量金刚石薄膜的介电常数,该方法测量简便,且对样品无破坏。样品的椭偏测量是在 NS-IRSE-1 型红外椭圆偏振光谱仪上完成的。该仪器采用了旋转起偏器、固定检偏器的光度式结构,消除了光源的剩余偏振和探测器对偏振态的敏感性;采用傅里叶变换得出光强信号中 $2\omega_0$、$4\omega_0$ 频率分量,利用 $2\omega_0$ 和 $4\omega_0$ 相位值计算椭偏参数,避免了准确测量强度的困难性。仪器的工作波长在2.8~12.5 μm,分辨率为 4 cm^{-1},入射角为 68°,每脉冲的入射角控制精度优于 0.001°,样品准直度优于 0.01°。在对不同衬底表面状态分析的基础上,通过建立合理的理论模型,得出了不同衬底上金刚石薄膜介电常数等性质随工艺参数的变化规律。

本实验采用椭圆偏振法的原理是,线偏振光源首先通过起偏器(polarization state generator,PSG),再经过样品的反射,最后到达检偏器(polarization state detector,PSD)并被探测器收集。通常人们采用斯托克斯矢量来表示通过起偏器、检偏器的光的偏振状态 S,即:

$$S = \begin{pmatrix} S_0 \\ S_1 \\ S_2 \\ S_3 \end{pmatrix} = \begin{pmatrix} I_{total} \\ I_x - I_y \\ I_{\frac{\pi}{4}} - I_{-\frac{\pi}{4}} \\ I_r - I_l \end{pmatrix} \tag{6.36}$$

其中,S_0 表示光的总能量;S_1 表示 x 轴 y 轴方向上的能量差;S_2 表示偏振光为+45°和−45°时的能量差;S_3 表示右旋圆偏振光和左旋圆偏振光的能量差。对于线偏振光而言,S_3 等于 0。假设所有元件都是理想的,则探测器检测到的最终光强为:$I = PSG \cdot M \cdot PSD$,其中 M 表示光与样品相互作用的 Muller 矩阵,对于各向同性材料而言,Muller 矩阵具有如下形式:

$$M = \begin{pmatrix} m_{00} & m_{01} & m_{02} & m_{03} \\ m_{10} & m_{11} & m_{12} & m_{13} \\ m_{20} & m_{21} & m_{22} & m_{23} \\ m_{30} & m_{31} & m_{32} & m_{33} \end{pmatrix}$$

$$
= \begin{pmatrix}
1 & -\cos(2\psi) & 0 & 0 \\
-\cos(2\psi) & 1 & 0 & 0 \\
0 & 0 & \sin(2\psi)\cos\Delta & \sin(2\psi)\sin\Delta \\
0 & 0 & -\sin(2\psi)\sin\Delta & \sin(2\psi)\cos\Delta
\end{pmatrix} \tag{6.37}
$$

又由于本章采用的是旋转起偏器、固定检偏器的光度式结构,PSG 和 PSD 分别具有如下形式:

$$
\mathrm{PSG} = \begin{pmatrix} 1 \\ \cos(2P) \\ \sin(2P) \\ 0 \end{pmatrix} \qquad \mathrm{PSD} = (1 \quad \cos(2A) \quad \sin(2A) \quad 0) \tag{6.38}
$$

其中,$P = \omega_0 t$,ω_0 为起偏器的旋转角频率;A 为检偏器的偏振角度。代入 PSG、M 和 PSD 后可得

$$
I \propto \eta\left[\cos^2 A \cos^4 P + \frac{1}{4}\rho_0 \sin^2 A \sin^2(2P) + \frac{1}{2}\rho_0 \cos\Delta \sin(2A)\sin(2P)\cos^2 P \right] \tag{6.39}
$$

其中,η 为与光强和探测器特征有关的比例系数。如果取 A 固定不变,有

$$
I \propto I_0 + I_{2c}\cos(2P) + I_{2s}\sin(2P) + I_{4c}\cos(4P) + I_{4s}\sin(4P) \tag{6.40}
$$

这里:

$$
\begin{aligned}
I_0 &= \frac{\eta}{8}(3\cos^2 A + \rho_0^2 \sin^2 A) \\[1mm]
I_{2c} &= \frac{\eta}{2}\cos^2 A \\[1mm]
I_{2s} &= \frac{\eta}{4}\rho_0 \cos\Delta \sin 2A \\[1mm]
I_{4c} &= \frac{\eta}{8}(\cos^2 A - \rho_0^2 \sin^2 A) \\[1mm]
I_{4s} &= \frac{\eta}{8}\rho_0 \cos\Delta \sin 2A
\end{aligned} \tag{6.41}
$$

椭偏参数可由下式获得:

$$
\rho_0 = \frac{\sqrt{1 - 4\dfrac{I_{4c}}{I_{2c}}}}{\tan A}
$$

$$\cos \Delta = \frac{I_{2s}/I_{2c}}{\sqrt{1 - 4\dfrac{I_{4c}}{I_{2c}}}} \tag{6.42}$$

实验上只要测定由式(6.40)所表示的光强值与起偏器方位角 P 的关系,便可通过傅里叶变换方法求出四个光强分量系数:

$$
\begin{aligned}
I_{2c} &= \frac{2}{N} \sum_{t=1}^{N} I(t) \cos\left[2P(t)\right] \\
I_{4c} &= \frac{2}{N} \sum_{t=1}^{N} I(t) \cos\left[4P(t)\right] \\
I_{2s} &= \frac{2}{N} \sum_{t=1}^{N} I(t) \sin\left[2P(t)\right] \\
I_{4s} &= \frac{2}{N} \sum_{t=1}^{N} I(t) \sin\left[4P(t)\right]
\end{aligned}
\tag{6.43}
$$

因此通过测量起偏器旋转一周内光强信号的变化 $I(t)$,经傅里叶变换式(6.43),由式(6.42)能得到椭偏参数。

6.5.2 金刚石膜/氧化铝复合材料的介电常数测量

因为测定介电常数时,应在样品的上下表面都制备电极,属于破坏性测量,因此无法对同一样品在沉积金刚石膜的前后分别测量其介电常数。实验中选取同一条件下制备的两片氧化铝陶瓷基片,一片用于沉积金刚石膜,制备金刚石膜/氧化铝陶瓷复合材料,并测定其介电常数,另一片则作为参比样品,由其测得的介电数据作为氧化铝基片沉积金刚石膜前基片的介电常数。

用真空蒸发的方法在被测样品的上下表面镀上铝电极,其中背面电极布满整个衬底面积,而上电极为直径为3 mm的圆形电极。为了使电极与金刚石薄膜之间尽量实现欧姆接触,同时提高电极与样品的附着力,样品在镀了电极后需经过30 min氮气气氛下的退火处理。采用安捷伦4294A精密阻抗分析仪分别测试了1 kHz至1 MHz频率下复合膜样品和参比样品的介电损耗和电容。

利用所测得的电容,由公式 $\varepsilon = Cd/(\varepsilon_0 S)$ 可计算出样品的介电常数,式中 d 为基片厚度,S 为电极面积,ε_0 为真空电容率。图6.54为表面沉积了厚度为50 μm的金刚石薄膜的样品的总电容随频率的变化情况,从图中可以看出,样品的总电容在该频率范围之内基本保持恒定,不随测试频率的变化而变化。图6.55为薄膜厚度为100 μm样品的电容频谱图,电容在该频率范围内也基本不变。总电容较厚度为50 μm样品而言有所下降,表明在薄膜厚度增加时,复合基片的等效介电常数将有不同程度的下降。表6.9列出沉积不同厚度金刚石膜前后样品的介电常数的变化情况。为了研究碳离子注入预处理对介电常数的影响,我们还对比了离子注入前后样品介电常数的变化情况。从表中可以看出,当薄膜厚度比较薄时,金刚石对总的介电常数的下降的贡献是很小的;但当薄膜厚度不断增大时,这种作用不断增强,复合材料总的介电常数降低也就愈发明显。图6.56给出了复合材料总介电常数随金刚石膜厚度改变而下降的情况。但是由于金刚石和氧化铝衬底的性质相差很远,如果不经过适当的表面处理工艺,直接在氧化铝上生长较厚的金刚石膜是十分困难的,因此我们采用碳离子预注入的方法部分释放界面处的应力,从而实现金刚石的厚膜生长。从经过注入处理和未经过处理的样品的对比可以看出,碳离子注入并没有对介电常数产生不利影响,反而使介电损耗发生了下降。图6.57是薄膜厚度为 20 μm 时,经过碳离子注入处理和没有经过处理样品的介电损耗的对比。从图中可以看出,实验中测得在氧化铝陶瓷上沉积金刚石膜后基片总的介质损耗都比较低,当频率在 1 kHz 至 1 MHz 变化时,它们的介电损耗都在 $10^{-3} \sim 10^{-2}$,说明所得金刚石薄膜的质量都是很高的。但经过碳离子注入处理的样品的介电损耗相对于未处理样品而言有所降低。这主要是由于通过碳离子注入处理后所得的金刚石膜质量更高,且与衬底的结合更牢固,从而减少了界面处的介电损耗。

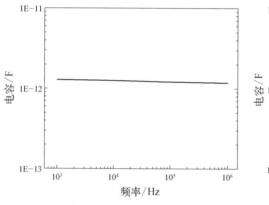

图 6.54　表面沉积厚度为 50 μm 的金刚石薄膜的氧化铝衬底的总电容随频率的变化情况

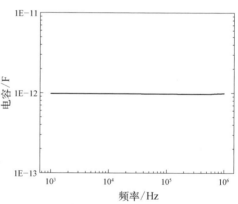

图 6.55　表面沉积厚度 100 μm 的金刚石薄膜的氧化铝衬底的总电容随频率的变化情况

表 6.9　不同样品沉积金刚石膜前后介电常数 ε 的变化

样品编号	薄膜厚度 /μm	基片厚度 /mm	沉积前 ε		沉积后 ε		计算所得 ε	
			1 kHz	1 MHz	1 kHz	1 MHz	1 kHz	1 MHz
1	约 10*	0.4	9.70	9.60	9.63	9.59	9.52	9.43
2	约 10	0.4	9.68	9.59	9.68	9.62	9.52	9.43
3	~20*	0.4	9.75	9.64	9.42	9.37	9.41	9.31

续表

样品编号	薄膜厚度/μm	基片厚度/mm	沉积前 ε		沉积后 ε		计算所得 ε	
			1 kHz	1 MHz	1 kHz	1 MHz	1 kHz	1 MHz
4	~20	0.4	9.71	9.61	9.51	9.44	9.41	9.31
5	~50 *	0.4	9.73	9.66	8.97	8.80	9.02	8.97
6	~100 *	0.4	9.73	9.65	8.56	8.50	8.52	8.48
7	~200 *	0.4	9.72	9.67	7.82	7.93	7.87	7.85

注：上标 * 表示薄膜表面经过碳离子预注入处理。

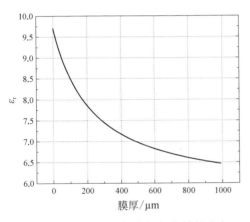

图 6.56　金刚石膜/氧化铝复合材料总介电常数随膜厚的变化情况

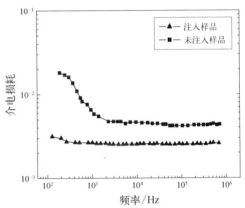

图 6.57　注入处理样品和未处理样品介电损耗随频率的变化情况

6.5.3　复合材料介电常数的理论计算

如图 6.58 所示,在氧化铝陶瓷基片上沉积金刚石膜制得金刚石膜/氧化铝陶瓷复合材料,在其上下表面涂上电极后,由安捷伦精密阻抗分析仪测得的电容 C 等效于衬底电容 C_s 和金刚石膜电容 C_d 的串联。公式为

$$\frac{1}{C} = \frac{1}{C_s} + \frac{1}{C_d}$$

$$C = \frac{\varepsilon \cdot \varepsilon_0 \cdot s}{d} \tag{6.44}$$

$$\varepsilon = \frac{\varepsilon_s}{1 + \dfrac{x}{x+d} \cdot \dfrac{\varepsilon_s - \varepsilon_d}{\varepsilon_d}}$$

其中,ε 是复合材料的介电常数;ε_d 和 ε_s 分别表示金刚石膜和氧化铝衬底的介电常

数;x 和 d 分别是薄膜和衬底材料的厚度。表6.11中也列出了用上式计算的复合材料介电常数的结果,其中金刚石膜的介电常数由于在低频波段不随频率发生变化,故可用红外波段的介电常数外推获得。由于介电测量样品的沉积条件相同(衬底温度850℃,碳源浓度0.8%),用椭圆偏振仪测得薄膜的介电常数均为5.7左右,所以在计算复合材料介电常数的理论值时也取金刚石薄膜的介电常数为5.7,且假定其不随频率变化。厚度用多点测量后平均的方法确定。

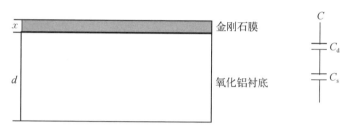

图6.58　金刚石膜/氧化铝陶瓷复合材料的等效电容

从表6.9中可以看出,计算结果和测量结果基本吻合,但仍存在一定的偏差。误差的原因可能来自参比样品与沉积样品性质上的偏差,另外,测量误差(如厚度、面积的计算误差及电极制作时的不均匀性等)也会影响测量结果。

介电损耗是复介电常数的虚部与实部之比,正比于基片材料的电导率,因为氧化铝陶瓷已经具有极高的电阻率(10^{14} Ω·cm),尽管纯净的金刚石膜也具有极高的电阻率,但金刚石膜沉积过程中,伴随形成的 sp^2 碳会使沉积层的电阻率降低,因此复合基片的电阻率仍主要由基片的电阻率决定。但通过在沉积金刚石膜后引入刻蚀阶段,可以去除薄膜中的 sp^2 碳,提高薄膜的电阻率,减小介电损耗。

6.5.4　对复合材料的介电损耗模型

当考虑复合材料的介电损耗时,若不考虑沉积膜和基片之间由于晶格失配和存在过渡层等引入的弛豫机制,即不考虑它们对介电损耗的影响。这时 ε_d、ε_s 应当具有复数形式,即:

$$\overrightarrow{\varepsilon_s} = \varepsilon_{s1} + i\varepsilon_{s2} = \varepsilon_s(1 + i\tan\delta_s)$$

$$\overrightarrow{\varepsilon_d} = \varepsilon_{d1} + i\varepsilon_{d2} = \varepsilon_d(1 + i\tan\delta_d) \tag{6.45}$$

公式中 $\overrightarrow{\varepsilon_s}$、$\overrightarrow{\varepsilon_d}$ 分别表示氧化铝衬底和金刚石膜的复数形式的介电常数,ε_s、ε_d 分别氧化铝衬底和金刚石膜的通常意义的介电常数,$\tan\delta_s$、$\tan\delta_d$ 分别为氧化铝衬底和金刚石膜的损耗因子。将复介电常数代入式(6.45)得到复合材料的复数形式的介电常数:

$$\vec{\varepsilon} = \varepsilon_1 + i\varepsilon_2$$

$$= \frac{(x+d) \cdot \varepsilon_s \cdot \varepsilon_d \cdot [x \cdot \varepsilon_s \cdot (1 + \tan^2\delta_s) + d \cdot \varepsilon_d \cdot (1 + \tan^2\delta_d)]}{(x \cdot \varepsilon_s + d \cdot \varepsilon_d)^2 + (x \cdot \varepsilon_s \cdot \tan\delta_s + d \cdot \varepsilon_d \cdot \tan\delta_d)^2}$$

$$+ i\frac{(x+d) \cdot \varepsilon_s \cdot \varepsilon_d \cdot [x \cdot \varepsilon_s \cdot \tan\delta_d \cdot (1 + \tan^2\delta_s) + d \cdot \varepsilon_d \cdot \tan\delta_d \cdot (1 + \tan^2\delta_d)]}{(x \cdot \varepsilon_s + d \cdot \varepsilon_d)^2 + (x \cdot \varepsilon_s \cdot \tan\delta_s + d \cdot \varepsilon_d \cdot \tan\delta_d)^2}$$

$$(6.46)$$

由此可以得出复合材料的通常意义的介电常数和损耗因子分别为

$$\varepsilon = \frac{(x+d) \cdot \varepsilon_s \cdot \varepsilon_d \cdot [x \cdot \varepsilon_s \cdot (1 + \tan^2\delta_s) + d \cdot \varepsilon_d \cdot (1 + \tan^2\delta_d)]}{(x \cdot \varepsilon_s + d \cdot \varepsilon_d)^2 + (x \cdot \varepsilon_s \cdot \tan\delta_s + d \cdot \varepsilon_d \cdot \tan\delta_d)^2}$$

$$\tan\delta = \frac{\varepsilon_2}{\varepsilon_1} = \frac{x \cdot \varepsilon_s \cdot \tan\delta_d \cdot (1 + \tan^2\delta_s) + d \cdot \varepsilon_d \cdot \tan\delta_s \cdot (1 + \tan^2\delta_d)}{x \cdot \varepsilon_s \cdot (1 + \tan^2\delta_s) + d \cdot \varepsilon_d \cdot (1 + \tan^2\delta_d)}$$

$$(6.47)$$

从公式(6.47)中可以看出,当氧化铝基片和金刚石膜的损耗因子都极小时,式(6.47)可以简化为式(6.44)。另外,复合材料的介电损耗由基片和金刚石膜中厚度较大且损耗因子较小的成分决定。由于金刚石的结构、晶格常数都与氧化铝相差较大,在不做任何表面处理的情况下这两种材料的亲和能力不是很高,如果考虑界面层的影响,复合材料的介电常数和损耗因子的形式还要复杂,这里不再做更详细的讨论。

6.5.5 对复合材料介电性质的讨论

根据图6.58计算的复合材料的介电常数和介电损耗只有在特殊情况下,即当芯片的引出线分别位于复合材料的上下表面时,复合材料所表现出来的介电性质。而实际情况可能要复杂得多,如图6.59所示的情况下复合材料的介电性质。

根据图6.59(b)所示的等效电路,利用$C = C_s + C_d$,可以得出复合材料的介电常数为

$$\varepsilon = \frac{x \cdot \varepsilon_d + d \cdot \varepsilon_s}{x + d} \tag{6.48}$$

式中符号的定义与前面相同。若考虑基片和沉积膜的介电损耗,则复合材料的损耗因子可以写成:

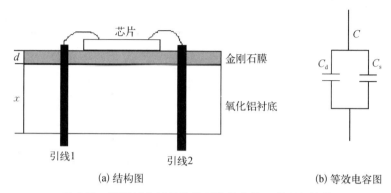

(a) 结构图　　　　　　　　　　　(b) 等效电容图

图 6.59　利用复合材料作为封装基片的一种理想情况

$$\tan \delta = \frac{x \cdot \varepsilon_d \cdot \tan \delta_d + d \cdot \varepsilon_s \cdot \tan \delta_s}{x \cdot \varepsilon_d + d \cdot \varepsilon_s} + \tan \delta_i \tag{6.49}$$

式中，$\tan \delta_i$ 表示由于沉积膜与基片界面存在的过渡层而引入的介电损耗因子，它与过渡层性质及薄膜的附着力密切相关，其余符号的定义与前面相同。

　　在实际的封装基片、管壳和组装基片中，复合材料的介电性能的讨论要复杂些，但可以预计，其介电常数的结果应当介于式（6.44）和式（6.48）的计算结果之间，而损耗因子则介于式（6.47）和式（6.49）的计算结果之间。

6.5.6　复合材料的导热性质

6.5.6.1　热导率的测试过程

　　本节样品的热导率是由中国科技大学物理系采用光热偏转法进行测量的。该方法是以热传导方程和光在非均匀介质中的传播理论为基础。首先，建立系统的几何模型并假设合理的热源形式（可根据激发光束的光强分布和系统的吸收特征得到）；然后根据模型给出热传导方程或方程组及定解的边界条件，求解该方程组，得到系统温度的理论分布，再根据光折射率对温度的依赖特性得到体系折射率的空间分布；最后，根据光的传播理论分析讨论光束在该区域中的偏转行为，主要是研究偏转角的位相和幅度中所包含的信息。位相和幅度可以通过合适的方法利用锁相技术进行测量。

　　表 6.10 是沉积不同厚度金刚石膜后复合材料的热导率对比情况。由于测试方法的限制，要想测得样品某一方向上的热导率，必须要求样品在该方向的尺度大于 2 mm，而我们的样品太薄，垂直于衬底方向的纵向热导率无法测得，故测得的均是平行于衬底的横向热导率。从表中可以看出，当金刚石膜的厚度增加时，复合材料的热导率是上升的。所得复合材料的热导率都低于纯净金刚石的理想热导率，

这主要是因为 CVD 制备的金刚石是多晶结构,存在许多晶界等缺陷,因此会对金刚石的热导率产生负面影响。另外,由于光热偏转法测得的是光热信号,即样品吸收光转变成热,然后热在样品中传播,通过探测热波的波长得到热导率等信息。在金刚石薄膜样品中,衬底不可避免会吸收激发光并产生热能,由于衬底的热导率不高,远低于金刚石薄膜,因此热波长很短,所以在金刚石薄膜比较厚(一般在几百微米以上)的情况下,衬底的影响可以消除,而在薄膜比较薄的情况下(几十微米),衬底对热导率的影响很大。因此,我们测得的数据是薄膜和衬底综合作用的结果。

表 6.10 沉积不同厚度金刚石膜后复合材料的热导率对比情况

样品编号	薄膜厚度/μm	热扩散系数/(cm²/s)	热导率/[W/(cm·K)]
1	100	2.24	3.98
2	40	1.06	1.89

6.5.6.2 关于复合材料热导率的讨论

热传导是一个相当复杂的过程。为了简单起见,我们将其作为一维的稳态过程,这样就可以用一维均匀传热热阻计算公式来估算:

$$Q = \frac{d}{K \cdot S} \tag{6.50}$$

式中,Q 为热阻;d 为传输距离;S 为传输面积;K 为材料的热导率。

由于复合材料垂直于衬底方向(纵向)和平行于衬底方向(横向)的性质存在较大差异,因此我们对这两个方向上的热导性质分别加以讨论。

6.5.6.3 复合材料的纵向热导率

参考图 6.58 可知,如果忽略界面热阻的影响,复合材料的热阻可看成是金刚石沉积膜的热阻和衬底热阻的串联,即 $Q = Q_s + Q_d$,由公式(6.52)可得

$$K = \frac{x + d}{d/K_s + x/K_d} = \frac{K_d \cdot K_s \cdot (x + d)}{d \cdot K_d + x \cdot K_s} \tag{6.51}$$

从公式(6.51)可以看出,复合材料的纵向热导率主要是由热导率较小、厚度较大的衬底决定。因此,要降低复合材料的热导率,不仅需要提高沉积金刚石膜的厚度,而且需要选择厚度较小的基片材料。我们选用的是厚度仅为 0.4 mm 的氧化铝基片,虽然给纵向热导率的测量带来了一定的障碍,但对提高复合材料的综合热学性能有利。

6.5.6.4 复合材料的横向热导率

一般说来,我们应将芯片安装在沉积的金刚石膜上,因此,计算横向热阻时应

考虑拐角处的热阻。但这里为了简单起见,仍假设复合材料的热阻是金刚石薄膜热阻和衬底热阻的并联,参见图 6.59,可得出:

$$K = \frac{x \cdot K_\mathrm{d} + d \cdot K_\mathrm{s}}{x + d} \tag{6.52}$$

其中,K_d 和 K_s 分别表示金刚石膜和氧化铝衬底的热阻。我们取金刚石和氧化铝的热导率分别为 20 W/(cm·K) 和 0.2 W/(cm·K),代入公式(6.52)中,求得表 6.8 中列出的复合材料的热导分别为 4.16 W/(cm·K) 和 2.0 W/(cm·K)。对比表 6.8 中的数据可以看出,通过公式(6.52)的估算值均高于实际测量值。这可能是由以下两方面原因造成的:一方面金刚石薄膜存在大量的缺陷,其实际热导率可能低于 20 W/(cm·K);另一方面,公式(6.52)的计算过程是一个近似过程,它忽略了拐角热阻等因素的影响,因而使计算结果偏大。

由于金刚石的热导率比氧化铝高出近 100 倍,因此氧化铝上沉积一层金刚石薄膜可以有效提高复合材料的横向热导率。但是从公式(6.52)可以看出,要想充分挖掘复合材料优异的热学性能,必须提高沉积金刚石膜的厚度。金刚石膜厚度增加越多,复合材料横向热导率的上升趋势也就越明显。

6.5.7　小结

本章采用红外椭圆偏振仪(IRSE)对金刚石膜的介电常数进行了表征,在考虑了薄膜表面粗糙度、空隙和杂质等影响的基础上,建立了合理的模型,对金刚石薄膜的介电常数、杂质含量等参数进行了拟合[92]。拟合结果表明,金刚石膜的介电常数在红外波段保持基本恒定,但对薄膜中 sp^2 等非金刚石相的含量比较敏感。随着 sp^2 杂质含量的上升,金刚石膜的介电常数也相应增高。

采用电容法测量了金刚石膜/氧化铝复合材料的介电性质。结果表明,在氧化铝上沉积金刚石膜,能有效地降低基片材料的介电常数(从 9.7 降低到 7.8),随着金刚石膜厚度的增加这种降低作用越明显。碳离子预注入处理没有对介电常数产生不利影响,反而使介电损耗略有降低(从 5×10^{-3} 降低到 2×10^{-3}),且频率稳定性更好。

金刚石膜的沉积可大大提高基片的横向热导率,随着薄膜厚度的增加,复合材料的横向热导率单调递增。当金刚石薄膜厚度超过 100 μm 时,复合材料横向热导率上升至 3.98 W/(cm·K)。

参　考　文　献

[1]　王阳元.集成电路工业全书[M].北京:电子工业出版社,1993.

[2]　麦久翔,卞根兴.高热导氮化铝陶瓷及其应用[J].电子元件,1995(2):30 – 36.

[3] Labounty C, Shakouri A, Robinson G, et al. Design of integrated thin film cooler[C]. IEEE 2000, 18th International Conference on Thermoelectrics, 1999, 2: 23.

[4] 简讯. LSI 逻辑公司推出新型陶瓷形触点阵列封装[J]. 微电子学,1993,3: 26.

[5] 麦久翔.日本的高技术陶瓷[J]. 上海航天,1991(3): 24.

[6] 王传声.混合微电路封装外壳的封焊技术简介[J]. 电子元件与材料,1993, 12(4): 7.

[7] Spear K E. Diamond-ceramic coating of the future[J]. Journal of American Ceramic Society, 1989, 72: 171 – 191.

[8] Chu M Y. Processing of diamond/alumina composites for low wear applications[J]. J. Mater. Res., 1993, 7(11): 3010 – 3018.

[9] Johnson W B, Sonuparlak B. Diamond/Al metal matrix composites formed by the presureless metal infiltration process[J]. J. Mater. Res., 1993, 8(5): 1169 – 1173.

[10] 蒋翔六.CVD 金刚石薄膜的应用和市场前景[C]//蒋翔六.金刚石薄膜研究进展.北京: 化学工业出版社,1991: 7 – 11.

[11] 庄同曾.集成电路制造技术——原理与实践[M]. 北京: 电子工业出版社,1987.

[12] Dyment J C, D'Asaro L A. Heat sink of laser fabrcated by diamond[J]. Appl. Phys. Lett., 1967, 11: 292 – 295.

[13] Yazu S. Some thermal and optical properties of diamond[C]. Tokyo: 1st International Conference on The New Diamond Science and Technology, 1988: 56 – 57.

[14] Matsumoto S. Synthesis of diamond films by HFCVD[J]. J. Mater. Sci, 1982, 2: 182 – 187.

[15] Spear K E, Dismukes J P. Synthetic diamond: emerging CVD science and technology[M]. New York: John Wiley, 1993: 533 – 580.

[16] Davis R F. Deposition and characterization of diamond, silicon carbide and gallium nitride thin films[J]. J. Cryst. Growth, 1994, 137: 161 – 169.

[17] Liou Y, Inspektor A, Weimer R, et al. Low-temperature diamond deposition by microwave plasma-enhanced chemical vapor deposition[J]. Appl. Phys. Lett., 1989, 55(7): 631 – 633.

[18] Dennig P A, Liu H I, Stevenson D A, et al. Growth of single diamond crystallites around nanometer-scale silicon wires[J]. Appl. Phys. Lett., 1995, 67(7): 909 – 911.

[19] Suzuki K, Sawabe A, Yasuda H, et al. Growth of diamond thin films by dc plasma chemical vapor deposition[J]. Appl. Phys. Lett., 1987, 50(12): 728 – 729.

[20] Kobashi K, Nishimura K, Kawate Y, et al. Synthesis of diamonds by use of microwave plasma chemical-vapor deposition: morphology and growth of diamond films[J]. Phys. Rev., B, 1988, 38(6): 4067 – 4084.

[21] Kurihara K, Sasaki K, Kawarada M, et al. High rate synthesis of diamond by plasma jet chemical vapor deposition[J]. Appl. Phys. Lett., 1988, 52(6): 437 – 439.

[22] 蒋翔六.金刚石薄膜研究进展[M]. 北京: 化学工业出版社,1991: 112.

[23] Polo M C, Cifre J, Sánchez G, et al. Pulsed laser deposition of diamond from graphite targets [J]. Appl. Phys. Lett., 1995, 67(4): 485 – 487.

[24] Xiong F, Wang Y, Leppert V, et al. Pulsed laser deposition of amorphous diamond-like carbon

films with ArF (193 nm) excimer laser [J]. Journal of Materials Research, 1993, 8(9): 2265 - 2272.

[25] Collins A T, Spear P M. Optically active nickel in synthetic diamond [J]. Appl. Phys. Lett., 1983, 15: 183 - 187.

[26] Fang F, Hewett C A, Femandes M C, et al. On the moving species in ion-induced metal-semiconductor interactions [J]. IEEE Trans E D, 1989, 36(9): 1783 - 1788.

[27] Venkatesan V, Das K. Ohmic contacts on diamond by B ion implantation and Ti-Au metallization [J]. IEEE Electron Device Lett., 1992, 13(2): 126 - 128.

[28] Johnston, Chalker C, Buckley-Golder P R, et al. High temperature contacts to chemically vapor deposited diamond films — reliability issues [J]. Materials Science & Engineering B: Solid-State Materials for Advanced Technology B, 1995, 29(1 - 3): 206 - 210.

[29] Stoner B R, Glass J T. Textured diamond growth on (100) SiC via microwave [J]. Appl. Phys. Lett., 1992, 60(6): 698 - 700.

[30] Jiang X, Kalges C P. Epitaxial diamond thin films on (001) silicon substrates [J]. Appl. Phys. Lett., 1993, 52(26): 3438 - 3440.

[31] Assouar M B, Benedic F, Elmazria O, et al. MPACVD diamond films for surface acoustic wave filters [J]. Diamond and Related Materials, 2001, 10(3 - 7): 681 - 685.

[32] Malshe, Ozkan A P, Railka A M, et al. Pulsed femtosecond excimer laser-induced chemically clean etching of diamond [C]. Materials Research Society Symposium, 1998.

[33] Raju G S. Chemical assisted mechanical polishing and planarization of CVD diamond substrates for MCM application [D]. Fayetteville: University of Arkansas Library, 1994.

[34] Hirata A, Tokura H, Yoshigawa M. Smoothing of chemically vapour deposited diamond films by ion beam irradiation [J]. Thin Solid Films, 1992, 212: 43.

[35] Tokura H, Yoshikawa M. Applications of diamond films and related Materials [M]. Amsterdam: Elsevier, 1991: 227.

[36] Bornhaus J, Harlander T, Borchert D, et al. High sensitive Thermal Sensors in heat spreading diamond films for industrial applications [C]. IEEE International Symposium on Industrial Electronics, 1998: 157.

[37] Mo Y W, Xia Y B. A nucleation mechanism for diamond film deposited on alumina substrates by microwave plasma CVD [J]. Journal of Crystal Growth, 1998, 191: 459 - 465.

[38] Guo J D, He G H. Thermal diffusivity measurement of diamond films [J]. International Journal of Thermophysics, 2000, 21(2): 479 - 485.

[39] Mo Y W, Xia Y B. Dielectric properties of diamond film/alumina composites [J]. Thin Solid Films, 1997, 305: 266 - 269.

[40] Schäfer L, Fryda M T, Stolley, et al. Vapor deposition of polycrystalline diamond films on high-speed steel [J]. Surf. & Coating Tech., 1999, 116 - 119(1 - 3): 447 - 451.

[41] Fan W D, Wu H. Wear resistant diamond coatings on alumina [J]. Surface and Coating Technology, 1995, 72: 78 - 87.

[42] 陈光华,钟士谦.离子注入技术[M].北京:机械工业出版社,1982.

[43] 杨南如.无机非金属材料测试方法[M].武汉:武汉工业大学出版社,1993.

[44] 张通和,吴瑜光.离子束材料改性科学和应用[M].北京:科学出版社,1999.

[45] 陈宝清.离子束材料改性原理及工艺[M].北京:国防工业出版社,1995.

[46] Lawn B R, Marshall D B. Flaw characteristics in dynamic fatigue: the influence of residual contact stresses[J]. J. Amer. Ceram. Soc., 1980, 63: 532 – 536.

[47] 张通和,吴瑜光.离子注入表面优化技术[M].北京:冶金工业出版社,1992.

[48] Scapellato N, Uhrmache M, Lieb K P, Diffusion of sodium implanted into polycrystalline aluminium[J]. J. Phys. F: Met Phys., 1988, 18: 677 – 691.

[49] Fang Z J, Xia Y B, Wang L J, et al. Effect of carbon ion pre-implantation on stress level of diamond formed on alumina substrates[J]. Journal of Physics D: Applied Physics, 2002, 35: L57 – L60.

[50] Fang Z J, Xia Y B, Wang L J, et al. Effective stress reduction in diamond film on alumina by carbon ion implantation[J]. Chinese Physics Letter, 2002, 19(11): 1663 – 1665.

[51] Jiang N. Nucleation and initial growth of diamond film on Si substrate[J]. J. Mater. Res., 1994, 9: 2695 – 2701.

[52] 金原粲,藤原英夫.薄膜[M].王力衡,等译.北京:电子工业出版社,1988:50 – 58.

[53] 曲喜新,过璧君.薄膜物理[M].北京:电子工业出版社,1994, 15 – 20.

[54] 甄汉生.等离子体加工技术[M].北京:清华大学出版社,1990, 23 – 41.

[55] 小沼光晴.等离子体与成膜基础[M].张光华译.北京:国防工业出版社,1994:12 – 20.

[56] 高克林,王春林,詹如娟,等.金刚石薄膜淀积过程中微波等离子体特性[J].核聚变与等离子体物理,1992, 12(2):124 – 128.

[57] 甄汉生.等离子体加工技术[M].北京:清华大学出版社,1990:4 – 10.

[58] 俞世吉,邬钦崇.沉积气压对 MW – PCVD 制备金刚石薄膜的影响[J].真空与低温,1998, 4(1):26 – 29.

[59] Lee J S, Liu K S, Lin I N. Direct-current bias effect on the synthesis of (001) textured diamond films on silicon[J]. Appl. Phys. Lett., 1995, 67(11):1555 – 1558.

[60] 程光煦.拉曼布里渊散射——原理及应用[M].北京:科学出版社,2001.

[61] Yoshikawa M, Katagirl G, Ishida H, et al. Raman spectra of diamond films and diamond like amorphous carbon films[J]. Appl. Phys. Lett., 1988, 64(11):1177 – 1180.

[62] Wang W L, Liao K J, Gao J Y, et al. Internal stress analysis in diamond films formed by d. c. plasma chemical vapor deposition[J]. Thin Solid Films, 1992, 215:174 – 178.

[63] Alexander W B, Holloway P H, Simmons J. Characterization of stress and mosaicity in homoepitaxial diamond films[J]. J. Vac. Sci. Technol., 1994, A 12: 2943 – 2949.

[64] Sails S R, Gardiner D J. Bowden M. Stress and crystallinity in [100], [110], and [111] oriented diamond films studied using Raman microscopy[J]. Appl. Phys. Lett., 1994, 65: 43 – 46.

[65] Specht E D, Clausing R E, Heatherly L. Measurement of crystalline strain and orientation in

diamond films grown by chemical vapor deposition[J]. J. Mater. Res., 1990, 5: 2351 – 2356.

[66] Chalker P R, Jones A M, Johnston C, et al. Evaluation of internal stresses present in chemical vapor deposition diamond films[J]. Surf. Coat. Technol., 1991, 47: 365 – 374.

[67] Guo H, Alam M. Strain in CVD diamond films: effects of deposition variables[J]. Thin Solid Films, 1992, 212: 173 – 179.

[68] Windishmann H, Epps G F. Intrinsic stress in diamond films prepared by microwave plasma CVD[J]. J. Appl. Phys., 1991, 69: 2231 – 2237.

[69] Van Damme N S, Nagle D C, Winze S R. Direct thermomechanical stress and failure mode analyses of cloth reinforced ceramic matrix composite [J]. Appl. Phys. Lett., 1991, 58: 2919 – 2922.

[70] Baglio J A, Farnsworth B C, Hankin S, et al. Studies of stress related issues in microwave CVD diamond on [100] silicon substrates[J]. Thin Solid Films, 1992, 212: 180 – 185.

[71] Berry B S, Pritchet W C, Cuomo J J, et al. Diamond membranes for X-ray lithography[J]. Appl. Phys. Lett., 1990, 57: 302 – 305.

[72] von Kaenel Y, Stlege J, Michler J, et al. Stress distribution in heteroepitaxial chemical vapor deposited diamond films[J]. J. Appl. Phys., 1997, 81(4): 1726 – 1736.

[73] Gamesam S, Maradudin A A, Oitmaa J. Theory of the first order Raman scattering of light by polaritons in crystals of the rocksalt structure[J]. Ann. Phys., 1970, 56: 556 – 565.

[74] Liou Y, Inspektor A, Weimer R, et al. Low-temperature diamond deposition by microwave plasma-enhanced chemical vapor deposition[J]. Appl. Phys. Lett., 1989, 55(7): 631 – 633.

[75] Anastassakis E, Cantarero A, Cardona M. Effect of static uniaxial stress on the Raman spectrum of silicon[J]. Phys. Rev. B, 1990, 41: 7529 – 7536.

[76] Grimsditch M H, Anastassakis E, Cardona M. New method to measure stress-induced birefringence in an opaque material: stress-induced Raman scattering[J]. Phys. Rev. B, 1978, 68(4): 18901 – 18911.

[77] Field J E. The properties of natural and synthetic diamond[M]. London: Academic, 1979.

[78] Ager J W, Michael D. Quantitative measurement of residual biaxial stress by Raman sepctroscopy in diamond grown on Ti alloy by chemical vapor deposition[J]. Physical Review B, 1993, 48(4): 2601 – 2608.

[79] Fang Z J, Xia Y B, Wang L J, et al. A new quantitative determination of stress by Raman spectroscopy in diamond grown on alumina[J]. Journal of Physics: Condensed Matter, 2002, 14: 5271 – 5276.

[80] Fang Z J, Xia Y B, wang L J, et al. Effective stress reduction in diamond film detectors on alumina by carbon ion implantation[J]. Chinese Physics Letter, 2002, 19(11): 1663 – 1665.

[81] 姚联增.电子薄膜科学[M].北京:科学出版社,1999.

[82] Peng X L, Clyne T W. Mechanical stability of diamond films on metallic substrates. Part II — Interfacial toughness, debonding and blistering[J]. Thin Solid Films, 1998, 312: 207 – 218.

[83] Peng X L, Clyne T W. Mechanical stability of diamond films on metallic substrates: Part I —

film structure and residual stress levels[J]. Thin Solid Films, 1998, 312: 219 - 227.

[84] Tsui T Y, Vlassak J, Nix W D. Indentation plastic displacement field: Part I. The case of soft films on hard substrates[J]. J. Mater. Res., 1999, 14: 2196 - 2203.

[85] Tsui T Y, Vlassak J, Nix W D. Indentation plastic displacement field: Part II. The case of hard films on soft substrates[J]. J. Mater. Res., 1999, 14: 2204 - 2209.

[86] Schäfer L, Fryda M, Stolley T, et al. Vapor deposition of polycrystalline diamond films on high-speed steel[J]. Surf. & Coating Tech., 1999, 116 - 119(1 - 3): 447 - 451.

[87] Fan W D, Wu H. Wear resistant diamond coatings on alumina [J]. Surface and Coating Technology, 1995, 72: 78 - 87.

[88] Sikder A K, Sharda T, Misra D S, et al. Chemical vopour deposition of diamond on stainless steel: the effect of Ni-diamond composite coated buffer layer [J]. Diamond and Related Materials, 1998, 7(7): 1010 - 1013.

[89] Fagan M J, Park S J. Finite element analysis of the contact stresses in diamond coatings subjected to a uniform normal load[J]. Diamond and Related Materials, 2000, 9(1): 26 - 36.

[90] Bennani H H, Takadoum J. Finite element model of elastic stresses in thin coatings submitted to applied forces[J]. Surface and Coating Technology, 1999, 111: 80 - 85.

[91] Fang Z J, Xia Y B, Wang L J, et al. A new quantitative determination of stress by Raman spectroscopy in diamond grown on alumina [J]. J. of Phys: Cond. Matter, 2002, 14: 5271 - 5276.

[92] Fang Z J, Xia Y B, Wang L J, et al. An ellipsometric analysis of CVD-diamond films at infrared wavelengths[J]. Carbon, 2003, 41(5): 967 - 972.

第七章 纳米金刚石膜
X 射线探测器

本章采用热丝辅助化学气相沉积(HFCVD)方法制备出纳米金刚石薄膜,并结合 AFM、XRD、Raman、PL 等表征手段对薄膜形貌、结构、探测性能等进行了表征。确定了纳米金刚石薄膜的生长参数,获得的薄膜晶粒尺寸在 20~150 nm,表面粗糙度小于 50 nm。提出了一种快速生长高质量厚纳米金刚石膜的方法,对于薄膜的探测性能研究显示,晶粒尺寸是影响薄膜探测性能的主要因素。随着沉积技术不断成熟,金刚石这种宽禁带半导体材料在辐射探测领域得到越来越广泛的重视。纳米金刚石薄膜由于其表面粗糙度低、摩擦系数小以及易于干法刻蚀等特性,应用范围远远大于常规金刚石薄膜,大大拓展了金刚石薄膜在多个领域中的应用。故纳米金刚石的制备是目前金刚石薄膜领域内研究的热点。

7.1 纳米金刚石膜的制备和性能表征

7.1.1 纳米金刚石膜生长机理

人们普遍认为,在金刚石相生长过程中,氢气有着至关重要的作用,然而在 1999 年,M.Yoshimoto 等在无氢条件下成功制备出了微米金刚石薄膜[1]。许多其他学者在无氢或少氢条件下沉积出纳米金刚石膜[2-4]。这表明金刚石薄膜生长机理在不同条件下并不相同。现今,纳米金刚石薄膜生长大多在有氢条件下进行,不少研究者基于此建立了和试验结果吻合的沉积机理[5-7]。其中,在 CH_4+H_2 生长体系中,金刚石相形成机理如图 7.1 所示。氢气在高温或其他粒子碰撞下解离成氢原子甚至氢离子:一方面,氢原子或氢离子刻蚀非金刚石相,为薄膜的进一步生长提供反应位置;另一方面,薄膜表面吸附原子氢从而使金刚石表面不向 sp^2 石墨层转化。

近些年来,一些研究结果表明 C_2 基团在二次成核过程中起关键作用,因为成核过程就是金刚石(100)晶面上未吸附氢的碳原子和 C_2 基团的反应过程[8,9]。因此,只要保持浓度足够高的 C_2 基团,就完全可以获得足够高的二次成核率以维持纳米金刚石薄膜生长。经验表明,当反应物中氢气含量为 70%~90% 时,等离子体中主要活性基团为 CH_3;当氢气含量降低至 20%~70% 时,C_2 基团含量超过 CH_3 基团成为主要的活性基团。可见,较低的氢气浓度有利于纳米金刚石膜的生长。

沉积温度在纳米金刚石膜生长机理中也起着重要作用。温度升高会增强含碳基团和氢原子/离子的活性,有助于金刚石相生长。但当温度过高时,二次成核被

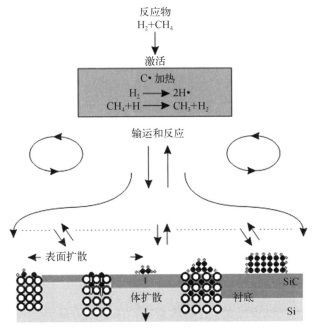

图 7.1 金刚石相形成机理示意图

强烈抑止,从而阻碍了纳米金刚石薄膜的生长。此外,在纳米金刚石膜沉积过程中还采用了较低的反应气压并在衬底上施加负偏压。低气压使反应室温度上升且粒子自由程增加,从而增大了 H_2 解离率以及到达衬底的粒子数量、速度和能量。另一方面,在衬底上的负偏压,进一步加速了等离子体中解离形成的正离子(包含氢离子)向衬底运动。这些高能粒子不断轰击金刚石晶体,使得晶格扭曲。碳原子很难沿着正确晶向继续生长,从而间接提高了二次成核率。此外,衬底表面能大的位置容易成核,因此对衬底表面进行刮擦预处理也可以提高二次成核率,有助于纳米金刚石的生长。

综上所述,纳米金刚石生长过程是金刚石相的生长和二次成核的一个动态平衡过程。通过调整生长参数,使得两者达到一个最佳的平衡,从而获得高质量的纳米金刚石薄膜。

7.1.2 纳米金刚石膜制备过程

S.Matsumoto 等在 1982 年第一次提出了热丝辅助化学气相沉积(HFCVD)法的基本原理[10]。此后,HFCVD 法制备金刚石薄膜的工艺渐渐成熟。由于 HFCVD 法工艺简单,易于操作,而且成膜质量较高,因此被广泛用于金刚石薄膜生长领域。本章采用 HFCVD 法制备纳米金刚石膜。通过比较不同生长参数下纳米金刚石的表征结果,确定出一组最佳的薄膜生长参数,并对该参数下生长薄膜进行进一步的表征,研究其光学性能和探测性能。

具体制备过程如下:

1)钽丝预处理:对传统的现有热丝辅助化学气相沉积实验装置中的加热源钽丝进行表面抛磨处理,并用氢气和内酮加热预处理 30 min,使钽丝表面去除氧化层杂质,并在钽丝表面形成一层碳化钽,抑止钽丝的挥发和减少杂质介入。

2)硅片衬底的预处理:先置于 HF 溶液 5 min 以去除硅表面氧化层,再用去离子水超声清洗 3 min;然后将硅片衬底置于微波等离子体气相沉积实验装置中用氢气处理 30 min,增加表面缺陷。而后将硅片衬底用超细金刚石粉手工研磨 15 min,然后再依次置于丙酮溶液和去离子水中超声清洗 10 min,使表面清洁,增加硅片表面的成核密度。

3)沉积过程达一定时间后,纳米金刚石膜厚度达到 2~3 μm。

4)金刚石薄膜后处理——退火,在 Ar 气氛下,773 K 退火 60 min 试验装置如图 7.1 所示。

7.1.3　纳米金刚石膜质量影响因素

上节在薄膜生长机理中讨论了一些影响纳米金刚石薄膜成膜质量的因素。归纳起来主要有如下五点:预处理、碳源浓度、沉积温度、反应气压、原子氢浓度。

预处理:对于预处理而言,采用手动机械方式对衬底进行研磨时,研磨的时间长短、金刚石粉末的粗细大小与成核密度大致成正比。本章试验采用的研磨时间为 10 min/片,金刚石粉末平均尺寸为 1 μm。

碳源浓度:通过改变氢气和丙酮的混合比例来调节碳源浓度。本试验经验表明金刚石薄膜沉积的碳源浓度范围为 1%~5%。其中,生长纳米金刚石适宜的碳源浓度范围为 3%~5%;生长微米金刚石适宜的碳源浓度为 1%~3%。碳源浓度太低会使成核量很小,同时生长速度将低于刻蚀速度,这时候不但不能获得新的金刚石,原来沉积的金刚石也逐渐被刻蚀掉,造成衬底上的某些地方不能成核。碳源浓度过高时,虽然生长速度增加了,但也造成石墨和无定型碳大量生成,从而导致金刚石不纯。这是由于氢原子对石墨的刻蚀速度低于石墨的生成速度。同时在成核之前,有些晶粒优先长大,阻碍其它晶粒长大,造成膜层不均匀。碳源浓度在生长期间应控制在较低的范围内(1%~5%),这样可获得高质量的金刚石薄膜。

沉积温度:温度在化学气相沉积金刚石薄膜中起着至关重要的作用。足够高的温度使得气体活化裂解为原子氢和碳氢基团,原子氢进一步激活为离子氢。原子氢和离子氢在金刚石相形成中所起的作用如上节所述。但当温度过高时,薄膜生长速率变大,最先成核的晶粒生长更快,其长大严重抑制了其它金刚石晶核的形成,从而使得衬底成核密度不高,晶粒间孔洞较大较多。由于金刚石在高于 1 473 K 时将发生石墨化,因此衬底温度不能超过 1 473 K。目前,一般在 873~1 373 K 的温度下沉积金刚石薄膜。其中,纳米金刚石膜生长温度位于 873～930 K;微米金刚石膜生长温度位于 930～1 000 K。

反应气压:沉积室压力大小确定了衬底上气体分子密度及气体分子之间的碰撞概率。气压高时,分子平均自由程小,原子碰撞自由程小,使得等离子体温度降低,因而气源分子离解程度减小,降低了原子氢或离子氢浓度。当反应气压较低时,一方面衬底温度会上升,氢气电离解率增大;另一方面使反应室中各种粒子自由程增加,这两方面因素会使到达衬底的粒子速度增加,能量增大。当其与衬底生长面碰撞时,能把更多能量传递给生长面,因此吸附粒子活性增强,让碳簇在基体表面快速形成,最终提高了二次成核速率。本组试验经验表明生长金刚石膜采用的气压范围在几千帕到几十千帕范围;纳米金刚石薄膜生长气压要低于微米金刚石薄膜生长气压,约为 1 kPa。

原子氢浓度:原子氢/离子氢在金刚石膜生长过程中的作用不言而喻。结合上节的内容对原子氢的作用进行总结,有如下几点:

1) 具有稳定金刚石相的作用。在适当的压强、温度等条件下,只有在反应区中存在有足够浓度的氢原子和氢离子时,才能促使薄膜表面碳原子由 sp^2 杂化变为 sp^3 杂化。国外一些研究成果表明,金刚石相表面悬浮碳键(sp^3 杂化)可被原子氢饱和;若原子氢脱附,则出现金刚石表面的石墨。显然,原子氢对金刚石表面 sp^3 杂化具有稳定作用。

2) 具有产生表面空位的作用。当原子氢因为热激发脱附表面,产生表面空位,CH_x 和 C_2H_x 等碳氢基团可与表面悬键链接。显然,产生足够多的空位也是金刚石薄膜生长的一个重要环节。

3) 具有产生各种碳氢基团的作用。原子氢易同碳氢化合物分子中的氢原子结合,最终使其成为带有悬键的活性基团,大大增强了碳氢化合物分子的反应活性(一般情况下,碳氢化合物分子不能直接生长金刚石)。显然,原子氢不仅能产生大量的碳氢基团,还可以大大增强其化学活性,促进了金刚石的生长。

4) 具有抑制非金刚石相生长的作用。石墨等非金刚石相碳原子与体原子键合相对较弱,很容易被原子氢刻蚀掉。然而,金刚石相碳原子与体原子键合很强,很难被刻蚀掉。因此,原子氢把固相表面非金刚石碳原子"溶解"到反应气相中,从而抑制了非金刚石相的生长。

7.1.4 试验参数

本章试验共分为四组:第一组分别制备三种在不同沉积温度、不同气压、不同碳源浓度和不同偏压条件下生长的纳米金刚石薄膜(A、B、C)。通过比较样品 A、B、C 的表面形貌和光学性能来确定一组最佳生长参数;第二组则采用相同碳源浓度、气压和偏压,在不同沉积温度条件下生长纳米金刚石薄膜(Ⅰ、Ⅱ、Ⅲ、Ⅳ、

Ⅴ）。通过比较样品Ⅰ、Ⅱ、Ⅲ、Ⅳ和Ⅴ的表面形貌和光学性能,分析温度对于纳米金刚石薄膜生长的作用;第三组则采用最佳参数生长一片大面积纳米金刚石薄膜 D(衬底尺寸为 4 cm×4 cm),对其表面形貌和光学性能进行比较详细的表征分析;第四组采用一组常规微米金刚石生长参数生长微米金刚石膜 E,作为纳米金刚石膜 D 的探测性能对照物。

　　表 7.1~表 7.4 分别为四组试验的生长参数。对比纳米和微米的反应参数可以发现:对碳源浓度,生长纳米金刚石膜碳源浓度为 3%~5%,生长微米金刚石膜碳源浓度为 1%~3%;对温度,纳米金刚石膜生长温度为 873~930 K,微米金刚石膜生长温度为 930~1 000 K;对气压,纳米金刚石薄膜生长气压要低于微米金刚石薄膜,为 1 kPa 左右。

表 7.1　样品 A、B、C 对应的生长参数

	沉积温度/K	气压/kPa	$C_2H_6O+H_2/H_2$	生长时间/h	偏压/V
A	888	0.8	26.36%	3	−30
B	888	1	27.27%	3	0
C	873	2	25.36%	4	0

表 7.2　样品Ⅰ、Ⅱ、Ⅲ、Ⅳ和Ⅴ的生长参数

	沉积温度/K	气压/kPa	$C_2H_6O+H_2/H_2$	生长时间/h	偏压/V	偏流/A
Ⅰ	873	0.8	26.36%	4.5	−23	4
Ⅱ	893	0.8	26.36%	4.5	−23	4
Ⅲ	913	0.8	26.36%	4.5	−23	4
Ⅳ	913|888	0.8	26.36%	5.5|2.5	−23	4
Ⅴ	928	0.8	26.36%	4.5	−23	4

注: 样品Ⅳ先在 913 K 下生长 5.5 h,然后在 888 K 下生长 2.5 h。

表 7.3　样品 D 的生长参数

	衬底预处理	成核过程	生长过程
生长时间/h	1	1	3
气压/kPa	0.8	0.8	0.8
沉积温度/K	873	959	888
总气体流量/(ml/s)	210	268	268
$C_2H_6O+H_2/H_2$	0	26.36%*	26.36%*
偏压/V	0	−23	0

注: * 为体积百分比。

表 7.4 样品 E 的生长参数

	衬底预处理	成核过程	生长过程
生长时间/h	0.5	1	20
气压/kPa	0.8	0.8	4.8
沉积温度/K	873	893	959
总气体流量/(ml/s)	210	265	250
$C_2H_6O+H_2/H_2$	0	32.5%*	20%*
偏压/V	0	−23 V	+7

注：*为体积百分比。

7.1.5 纳米金刚石膜表征

7.1.5.1 纳米金刚石膜形貌结构表征

采用 AP-0190 原子力显微镜(AFM)表征第一组样品表面(A、B、C)。如图7.2 所示,样品 A、B、C 的晶粒尺寸分别为 30 nm、50 nm、300 nm。根据生长参数晶粒尺寸随着气压的增加变大。当气压升至 2 kPa,由于生长条件接近常规微米金刚石生长条件,晶粒尺寸达到 0.3 μm。

采用放大倍数为 5 000 倍的数码金相显微镜(KEYENCE VHX-100 K)对第二组样品的表面形貌进行表征(Ⅰ、Ⅱ、Ⅲ、Ⅳ和Ⅴ),如图7.3 所示。从 Ⅰ→Ⅱ→Ⅲ→Ⅴ看,随着沉积温度的升高,膜表面晶粒间孔洞变大变多,膜表面粗糙度下降。根据第 7.1.1 节有关温度因素在膜生长中的作用可知:当温度过高时,薄膜生长速

样品A 样品B

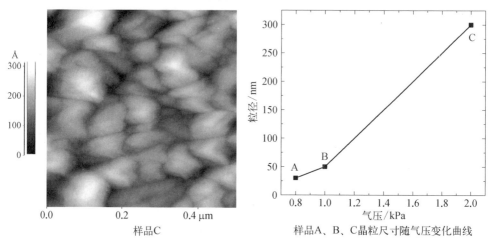

样品C　　　　　　　　　　　样品A、B、C晶粒尺寸随气压变化曲线

图 7.2　样品 A、B、C 对应的 AFM 俯视图及其晶粒尺寸随气压变化曲线

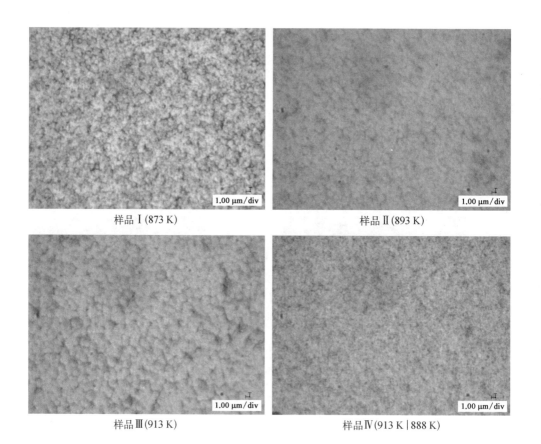

样品 I (873 K)　　　　　　　　　　　　　样品 II (893 K)

样品 III (913 K)　　　　　　　　　　　　样品 IV (913 K | 888 K)

样品 V(928 K)

图 7.3 样品 Ⅰ、Ⅱ、Ⅲ、Ⅳ和 V 对应的光学显微俯视图

注：括号内为样品对应的沉积温度。

率变大,最先成核的晶粒生长更快,其长大严重抑制了其它金刚石晶核的形成,从而使得衬底成核密度不高,晶粒间孔洞较大较多。样品Ⅳ表面孔洞明显小于/少于其他样品,这表明:先采用较高温度参数生长,再采用较低温度参数生长,可以克服高温生长引起的孔洞问题,一方面提高了纳米膜的质量,另一方面可以利用高温条件下生长速度较快的优势,获得较厚的纳米金刚石薄膜。

样品 D 为大尺寸精制纳米金刚石膜(尺寸: 4 cm×4 cm)。SEM 断面形貌测试表明样品的厚度约为 1 μm。分别取样品正中央点(Center),距 Center 点左 1 cm 处 Left 点和距 Center 点右 1 cm 处 Right 点进行形貌表征。采用 AP－0190 AFM分别表征这三点(Left、Center、Right),图 7.4 是三点 AFM 侧视图和三点位置示意图。

从图 7.4 中可以看出,薄膜的连续性良好。Center 点处晶粒尺寸约为 30 nm,表面粗糙度(RMS)约为 9 nm,Left 点处和 Right 点处表面粗糙度约为 20 nm。从图中可以看到,Left 点处和 Right 点处表面存在很多金字塔形突起,这可能是因为在低气压和负偏压条件下大量存在的二次成核。这些小突起可以增强纳米金刚石薄膜的场发射性能以及离子诱发二次电子发射性能,具有一定的应用价值。

图 7.5 为样品 D 的 SEM 俯视图,表征设备为 FEI SIRION 200。如图所示,纳米金刚石均匀地分布于衬底之上。图中的黑点为残留的碳核,可通过氢气刻蚀和有机溶剂超声清洗去除。由于纳米金刚石表面非常平整,后续溅射的电极就不会因表面凸凹不平而产生断路问题。对于表面不太平整的微米金刚石膜,虽然可以采用溅射较厚电极的方法,但会大大提高器件的制作成本。

图 7.6 为样品 E 的 AFM 俯视图和侧视图。可以看到,样品 E 的晶粒取向为 (100)。晶粒尺寸约为 3~4 μm,表面粗糙度(RMS)约为 80.5 nm。

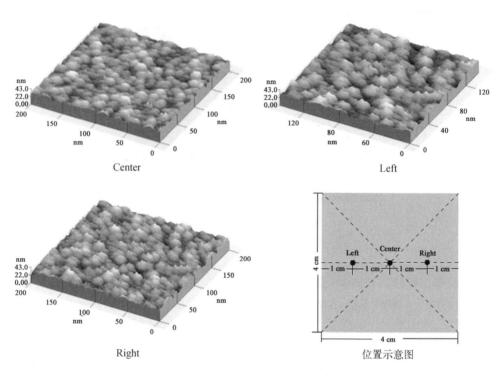

图 7.4　样品 D 上 Center(中心)、Left(左)、Right(右)三点 AFM 侧视图及三点位置示意图

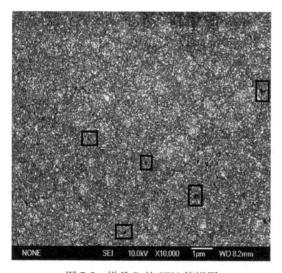

图 7.5　样品 D 的 SEM 俯视图

对于结构表征,主要采用 X 射线衍射分析(XRD),通过 X 射线衍射图谱分析其物相种类和晶粒尺寸。X 射线采用 Cu 靶,射线波长为 1.54 Å,进行步进扫描(扫描范围为 40° ~ 145°,步进为 0.02)。根据 Bragg 衍射公式(7.1)和 Scherrer 公式(7.2)可以估算薄膜的晶面间距 d 和晶粒尺寸 D。

$$2d\sin\theta = \lambda \qquad (7.1)$$

$$D = \frac{K\lambda}{\beta\cos\theta} \qquad (7.2)$$

其中,K 为 Scherrer 常数,其值为 0.89;D 为晶粒尺寸,nm;β 为积分半高宽度,rad;θ 为衍射角度;λ 为 X 射线波长,nm;d 为晶面间距,nm。

图 7.6 样品 E 的 AFM 俯视图和侧视图

本章主要对样品 A、B、C、D 和 E 进行结构表征,如图 7.7 和图 7.8 所示。

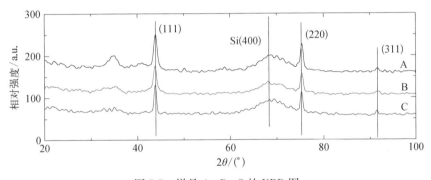

图 7.7 样品 A、B、C 的 XRD 图

从图 7.7 中可知,样品 A、B、C 的三个衍射峰 2θ 分别位于 43.86°、75.26°、91.54°附近,对应于天然立方金刚石(111)、(220)及(311)面的特征峰,说明样品含有立方金刚石晶相。其中,(111)衍射峰半高宽(FWHM)较宽,谱线宽化明显,这与晶体颗粒的纳米效应以及含有较多晶界及缺陷相关,说明所制备的金刚石膜晶粒较小。金刚石衍射峰的宽化可能源于三个方面:① 晶粒的纳米级尺寸;② 晶粒的内应力;③ 晶粒的高密度缺陷和晶格畸变。纳米金刚石(311)特征峰较弱,基本被淹没,这可能是由于非晶碳成分或杂质缺陷所致。

在图 7.8 中,通过曲线拟合处理去除 Si(400)峰,得到理想的纳米晶金刚石膜衍射曲线。通过比较样品 D 和样品 E 的 XRD 图,可以发现相对于微米金刚石而言,纳米金刚石膜薄膜厚度更薄、晶粒尺寸更小、缺陷浓度更高。缺陷浓度高严重降低了纳米金刚石膜紫外探测分辨率,是其在探测应用方面的主要障碍。然而,在场发射性能上,由于纳米金刚石微结构更加复杂而且存在石墨碳导电通道,其仍然具有很大发展潜力,有待进一步研究[11,12]。

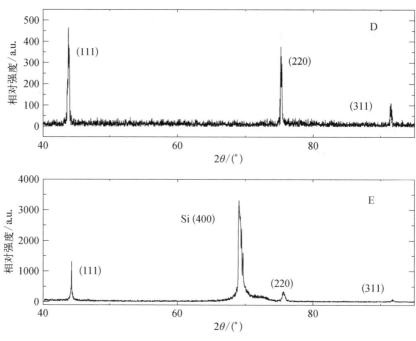

图 7.8　样品 D、E 的 XRD 图

表 7.5 给出了各样品及天然金刚石的衍射角 2θ、晶格常数 d 及特征峰强度 I。如表所示:纳米金刚石薄膜(A→D)的晶格常数 d 与天然金刚石的晶格常数十分接近,表明薄膜为高质量的金刚石薄膜。微米金刚石膜(E)的晶格常数 d 则偏离较大,因为薄膜中存在较大的内应力,引起了晶格畸变,使得晶格常数发生较大偏移。

表 7.5　金刚石薄膜样品的晶格常数以及各晶面的特征峰强度

	hkl	111	220	311
	$2\theta/(°)$	43.860	75.260	91.540
A	晶格常数 d	2.062 5	1.261 6	1.075 0
	峰强度 $I/\%$	100	77	20
	$2\theta/(°)$	44.100	75.460	91.840
B	晶格常数 d	2.051 8	1.258 7	1.072 3
	峰强度 $I/\%$	100	90	23
	$2\theta/(°)$	43.800	75.340	91.920
C	晶格常数 d	2.065 2	1.260 5	1.071 5
	峰强度 $I/\%$	100	79	20

续表

	hkl	111	220	311
D	$2\theta/(°)$	43.875	75.350	91.680
	晶格常数 d	2.061 0	1.261 5	1.077 0
	峰强度 I/%	100	85	26
E	$2\theta/(°)$	44.260	75.520	91.720
	晶格常数 d	2.044 0	1.257 4	1.072 9
	峰强度 I/%	100	24.9	6.4
天然金刚石	晶格常数 d	2.060	1.261	1.075 4
	峰强度 I/%	100	25	16

7.1.5.2 纳米金刚石膜光学性能表征

本节光学性能表征主要采用四种方法：拉曼(Raman)光谱分析、光致发光谱分析(PL)、椭圆偏振分析和透过率分析。

Raman 光谱分析是一种简便无损伤的分析方法。其对各种碳的微结构很灵敏,对于不同形式的碳(金刚石、石墨和无定形碳)显示出不同的 Raman 峰,可以用来分析物相种类和相对含量等[13]。试验采用的拉曼光谱仪型号为 JobinYvon LabRAM HR 拉曼光谱仪。

PL 是用紫外、可见或红外辐射激发材料而产生的发光。PL 荧光测量系统采用短波长激光(325 nm)激发半导体材料产生荧光,通过对荧光光谱的测量,分析该材料的光学特性[14,15]。可用于金刚石材料的研究。试验采用 JobinYvon LabRAM HR 拉曼光谱仪配合特殊光栅进行分析。

椭圆偏振法则利用一束入射光照射样品表面,通过检测和分析入射光和反射光偏振状态,从而获得薄膜折射率的非接触测量方法[16]。具体原理可参阅本课题组已发表的文献[17]。试验采用 JobinYvon NVISEL/460 - VIS - AGAS 椭圆偏振光谱仪。样品透射率采用 UV - 365 UV - VL 分光计表征。

图 7.9 是样品 A、B、C 的拉曼光谱。由图所示,样品金刚石相特征峰位于 1 329 cm^{-1}附近。石墨相特征峰位于 1 357 cm^{-1}和 1 565 cm^{-1}附近。1 154 cm^{-1}为超聚乙炔特征峰[trans -(CH)$_x$]。国外一些研究成果表明,1 154 cm^{-1}峰与金刚石纳米结构相关[18,19]。随着晶粒尺寸增大(A→C),1 154 cm^{-1}特征峰的强度减弱,间接表明纳米结构对该特征峰的形成存在某种联系。另外,随着晶粒尺寸减少(C→A),金刚石相特征峰出现宽化且石墨相特征峰增强。

样品 A、B、C 的光致发光谱如图 7.10 所示。将样品 A 的 PL 谱放大 5 倍,可观察到四个发光峰,分别位于 1.682 eV、1.564 eV、1.518 eV 和 1.512 eV。国外一些研究表

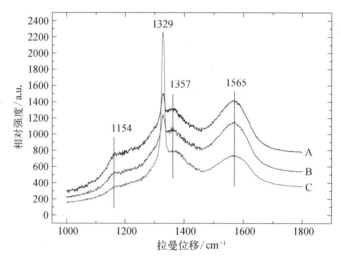

图 7.9　样品 A、B、C 对应的拉曼光谱

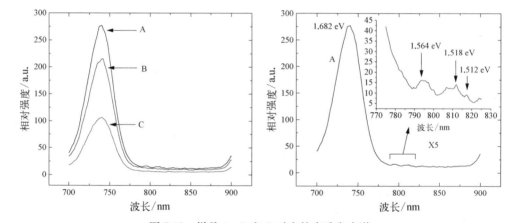

图 7.10　样品 A、B 和 C 对应的光致发光谱

明,1.682 eV 为零声子线光谱位置(ZPL)[14]。该峰的形成机理仍处于争论当中。一种合理的解释为:高能等离子气体刻蚀硅衬底,活性硅原子溶入反应气相并在反应过程中参与金刚石膜生长形成硅杂质缺陷。图 7.10 表明,随着生长时间变长(见7.1.4节),1.682 eV 峰强度减弱,因为当金刚石膜覆盖衬底后,高能等离子体很难与衬底硅原子发生作用,反应气相中的活性硅原子含量逐渐降低,膜表面的硅杂质缺陷随之降低。1.564 eV 峰源于某些局部缺陷的振动模式,其他峰源于金刚石相晶格声子。

图 7.11 是样品 Ⅰ、Ⅱ、Ⅲ、Ⅳ和Ⅴ的拉曼光谱。如图所示,随着温度的上升,金刚石相的含量增加。这是因为在高温条件下,原子氢/离子氢的活性非常强,剧烈地刻蚀非金刚石相,从而使得金刚石相含量迅速增加,晶粒尺寸变大。此时金刚石膜生长速度非常快。样品Ⅳ先采用样品Ⅲ的生长参数生长,然后采用样品Ⅰ的

生长参数生长。拉曼光谱表明,其表面仍然为典型的纳米金刚石膜,而且样品Ⅳ的厚度为样品Ⅰ的两倍以上,这说明可以利用该方法快速生长出厚纳米金刚石薄膜。

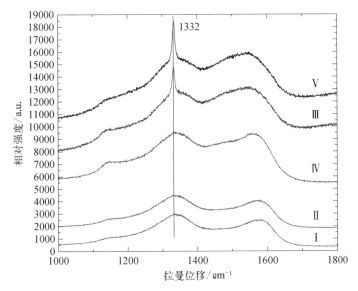

图 7.11 样品Ⅰ、Ⅱ、Ⅲ、Ⅳ和Ⅴ对应的拉曼光谱图

图 7.12 是样品 D、E 的拉曼光谱。微米金刚石膜金刚石相拉曼峰比纳米金刚石膜金刚石相峰尖锐/强得多,而石墨峰则弱得多。宏观上,该结果与微米金刚石膜晶粒尺寸较大相一致。微米金刚石膜不存在 1 155 cm^{-1} 特征峰,进一步说明该特征峰可用来区别微米或纳米金刚石薄膜。天然金刚石拉曼光谱特征峰位于 1 332.5 cm^{-1} 处,样品 D、E 的金刚石特征峰均在此位置附近,说明薄膜样品中存在应力。该表征结果与 XRD 结构表征结构相吻合。

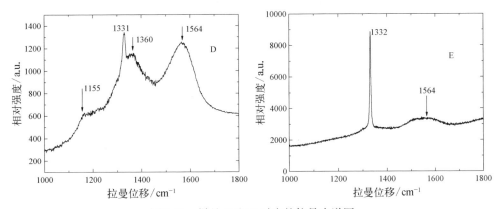

图 7.12 样品 D 和 E 对应的拉曼光谱图

样品 D 的折射率谱图和透射率谱图如图 7.13 和图 7.14 所示。图 7.13 表明，当入射光子能量位于 0.8~1.4 eV 时，样品 D 的折射率位于 2.22~2.23。天然金刚石的折射率约为 2.5，因此可以确定样品中金刚石相仍占主要成分。当入射光子能量大于 1.2 eV 时，样品的折射率变化趋于稳定，这可以有效减少光学色散。该结果在光学窗口应用方面具有一定意义。透射率的表征首先需要将膜和衬底分离。试验中，将样品 D 固定于石蜡模中，然后将其置于 45% 氢氟酸+浓硝酸溶液中，直到硅衬底完全被腐蚀。对于纳米金刚石膜而言，光学透射率取决于膜的质量和表面粗糙度。纳米金刚石膜由于晶粒尺寸小、表面粗糙度低，其光学透射率较高。如图 7.14 所示，在近红外区域，薄膜光学透射率甚至超过了 50%。该结果表明，高质量的纳米金刚石膜在光学窗口应用方面存在很大的潜力。

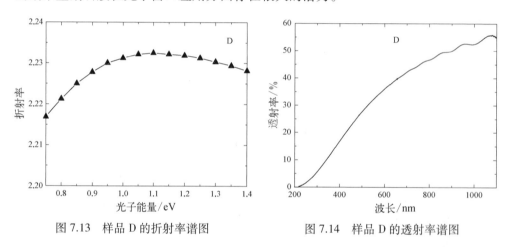

图 7.13　样品 D 的折射率谱图　　　　　　图 7.14　样品 D 的透射率谱图

7.1.6　小结

本章详细介绍了纳米金刚石膜生长机理、制备过程和成膜质量的影响因素。在此基础上，利用热丝辅助化学气相沉积（HFCVD）法和电子辅助热丝辅助化学气相沉积（EA–HFCVD）法制备出四组样品。采用各种表征方法对四组样品的形貌结构和光学性能进行表征。通过比较第一组样品的形貌结构和光学性能确定了一组最佳生长参数；通过比较第二组样品的形貌结构和光学性能分析得到一种快速生长高质量厚纳米金刚石膜的方法。

7.2　纳米金刚石膜粒子探测器工艺及性能表征

纳米金刚石薄膜在辐射探测领域具有潜在的应用前景。对于高能粒子（射线）探测而言，由于金刚石具有独特的性能，因而与其它材料相比，金刚石探测器可实现高速、高功率、强抗辐照探测,并应用于极端恶劣环境。然而,微米金刚石薄膜表面不够平整,大大局限了其在传统微电子领域的应用。采用机械抛光技术或溅射较厚电极的方法既费时费力而且成本高昂,所以采用纳米金刚石薄膜可以直接降低应用成本。

本章首先讨论了探测器的性能指标,用 Ansys 软件模拟分析确定了电极宽度,利用 lift-off 光刻工艺,采用共平面叉指结构并自行设计光刻掩模版,制备了 MSM 光导型辐射探测器。叉指电极材料采用 Au,并由 15 对叉指组成,叉指条宽和间距分别为 25 μm 和 50 μm。在制备探测器前,纳米晶金刚石薄膜首先在 500℃的氮气气氛中退火 1 h。然后在薄膜表面用掩模的方法蒸镀数十纳米厚的金层,并形成叉指电极。最后样品在 450℃的氮气气氛中退火 20 min,以获得良好的欧姆接触。研究了纳米金刚石薄膜探测器在 X 射线辐照下的电学性能和光谱响应。

7.2.1 探测器的性能指标

7.2.1.1 探测效率

探测效率表示为探测器测到的光子数与实际入射到探测器中光子总数的比值。探测效率与探测器的大小、几何形状、探测材料的种类相关。通常希望探测器具有较高探测效率[20]。

7.2.1.2 输出脉冲幅度大小

对不同波长的高能射线可采用单位数目 N(设为 10^4)的入射光子所产生的电子电荷数 n,若电荷收集端输出电容 C,则可以由 $V = ne/C$ 估算出输出电压(e 为电子电量)。由于即使当单位数目 $N(10^4)$ 的入射光子能量全部消耗在探测器中时,相应的电离对数和输出幅度值都不大,所以需配电子电路加以放大。由于对实际放大倍数的要求各不相同,应按不同场合的需求来确定。

7.2.1.3 分辨率

光电探测器分辨率为光子信息分辨能力,主要有能量分辨率、时间分辨率、空间分辨率(亦称为位置分辨率)。能量分辨率的定义为:对于某一给定的能量值,探测器能分辨两个不同光子能量之间最小差值的相对量度。由于探测过程存在统计涨落,对于单一光子辐射能量,探测器输出的计数点数与通道关系不是一条直线,而是一个分布曲线。常用所测曲线的半高全宽(FWHM)来衡量探测器的能量分辨率。

当所探测的光子数目足够大时,该分布曲线由泊松分布过渡到近高斯分布,如公式(7.3)所示

$$\eta(N) = \frac{1}{\sqrt{2\pi}\,\sigma_N} e^{-\left(\frac{N-\bar{N}}{\sigma_N}\right)^2} \tag{7.3}$$

式中,N 为计数点数,其统计涨落概率分布复合高斯型概率密度函数,记为 $\eta(N)$。N 的平均值记为 $\bar{N}$。σ_N 为衡量涨落大小的标准偏差。对于 FWHM,因 $\eta = 0.5$,计算得到 FWHM $= 2.36\sigma_N$。

为了区分不同 $\bar{N}$ 的相对分辨能力,可定义探测器的固有分辨率 R_D 为:

$$R_D = \frac{\mathrm{FWHM}}{\bar{N}} \times 100\% = 2.36\,\frac{\sigma_N}{\bar{N}} \times 100\% \tag{7.4}$$

用被测光子能量 E_0 代替 $\bar{N}$,则得到固有能量分辨率 R_{DE}:

$$R_{DE} = \frac{\mathrm{FWHM}_E}{E_0} \times 100\% = 2.36\,\frac{\sigma_E}{E_0} \times 100\% \tag{7.5}$$

式(7.4)和式(7.5)的后半部分仅适合谱线分布接近高斯分布的情况。

半导体探测器的能量分辨率为最佳,气体探测器次之,闪烁探测器较差;但从时间分辨率来看,则以闪烁探测器为优,所以必须根据实际物理实验的测量要求来选用合适的探测器,然后再选择相应的电子学线路与之配套。在用探测器电子学系统实际测量上述分辨率时,它不仅与探测器相关,而且也与电子学线路相关,所以如果不采取有效的电子学措施,分辨性可能变差。

7.2.1.4　线性响应

它是衡量在一定范围内探测器所给出的信息与入射光子相应的物理量(如能量、位置等)是否呈线性关系的标准,有时直接称之为能量线性或者位置线性。

7.2.1.5　稳定性

通常,温度和电源的变化会引起探测器性能不稳定。因此,探测器对工作环境温度和高压电源供电电压稳定性有一定要求。一般对高压电源要求其稳定性要好于千分之一至万分之一。对闪烁探测器而言,因为电源和温度直接影响到光电倍增管倍增过程,在探测器使用中更是不可忽视的。

另外,衡量探测器性能还有抗辐射损伤、粒子鉴别能力等。有的探测器只能对某些类型的光子辐射灵敏,而对其它的不灵敏;有的随入射光子能量不同,给出的信号特性也不同。到目前为止,还没有一种探测器可以同时兼备各方面的优点。因此,必须根据物理要求,做出尽可能合理的选择。例如:如需较高分辨率的能谱仪,则选用半导体探测器,配用线性好、分辨性能好的电子学系统;如作为时间谱仪,则选用闪烁探测器,配以快电子学线路和系统;而一般性的使用时,宜选用性能适中,价格适宜的气体探测器,与常用的电子学单元配合[21]。

7.2.2 纳米金刚石膜辐射探测器的制备

7.2.2.1 探测器用纳米金刚石膜

在热丝辅助化学气相沉积(HFCVD)过程中,通过改变沉积工艺参数,在硅衬底上制备了三种不同晶粒尺寸的纳米金刚石薄膜。采用原子力显微镜对上述样品进行晶粒尺寸和表面粗糙度(RMS)的表征,测试结果由表 7.6 和图 7.15 给出,扫描范围为 2.5 μm×2.5 μm。

表 7.6 纳米金刚石膜的原子力显微镜测试结果

样　　品	SA	SB	SC
晶粒尺寸/nm	150	50	20
表面粗糙度/nm	45	37	22

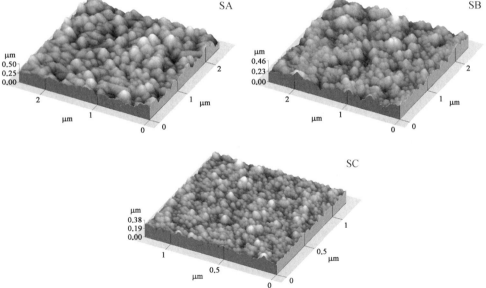

图 7.15 硅衬底上沉积的纳米金刚石薄膜的典型 AFM 照片

注:扫描范围为 2.5 μm×2.5 μm。

7.2.2.2 探测器电极的模拟优化设计

由于电极材料与金刚石的膨胀系数不同,在长期的使用过程和环境温度的变化中,可能造成热膨胀失配,在金属电极和金刚石接触的界面处存在残余应力,由此产生裂纹,甚至可能造成电极脱落,从而影响探测器的稳定性和寿命。事实上,我们认为电极材料的选择和几何形状的设计也是影响器件老化和稳定性的一个重要因素。为改善探测器的响应速度和光谱响应特性,在探测器电极形状的设计过程中,希望可在有效探测面积内获得相对均匀的电场分布。因此,本实验使用ANSYS 软件模拟探测器在不同电极宽度情况下电场分布情况,并结合理论与实际情况,最终确定合适的电极尺寸。

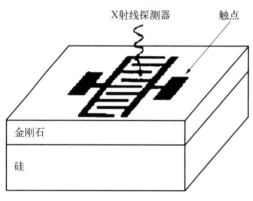

图 7.16   梳状结构的金刚石 X 射线探测器示意图

金刚石光导探测器主要可以有以下几种结构:夹层结构、梳状结构(叉指电极结构)和共面栅结构。考虑到探测器的性能及实验和测试设备的条件,本工作的金刚石辐射探测器采用梳状结构(图 7.16)。

虽然辐射探测器面积大、电极条数多,但由于其电极结构具有对称性和重复性,因此无需将整个探测器内部电场分布都计算出来,只需计算出一个探测器单元的电场分布,然后对计算结果进行必要处理就可得到整个探测器的电场分布。实验中所建立的探测器单元模型仅包括 5 条阳极电极、4 条阴极电极,以保证其对称性。

由于金刚石膜为多晶结构,存在大量的晶界,而晶界处是缺陷密集的地方,形成了大量的俘获中心,减小了载流子的寿命,从而降低了电荷收集效率。从理论上分析,当薄膜的晶粒大小相同时,电极间距越小,则载流子的迁移距离就越短,在迁移过程中遭遇到的晶界也就越少。一般采用电极间距等于晶粒尺寸,由于实验所得到的薄膜样品的晶粒尺寸在几微米以内,特别是纳米金刚石薄膜,其尺寸更小,对于目前实验室所具有的光刻工艺来说,很难达到。综合考虑薄膜样品的晶粒尺寸和光刻工艺的限制,设定电极间距为 50 μm。在模拟中还需要了解的参数是金刚石的介电常数(5.7)、阴阳极电压(±100 V)及宽度。金刚石薄膜 X 射线探测器的阴阳两极宽度是相同的,使用 ANSYS 软件模拟了电极间距均为 50 μm,薄膜厚度相同,仅电极宽度不同(25 μm、50 μm、75 μm、100 μm)的四个 X 射线探测单元的电场分布情况。模拟的步骤如下。

1)根据参数(包括电极的宽度、数量和间距,以及薄膜厚度)建立辐射探测单元模型。由于电极厚度相对于薄膜厚度很小,可以忽略,所以模型中以一维的线条来代替二维的电极。

2)设定材料参数,本模拟中涉及的参数仅有金刚石的介电常数(5.7)。

3）对模型进行网格划分,在计算机内存允许的情况下,将网格划分的越小,则模拟出的电场分布越精确。

4）进行模型加载,即对阴阳电极加偏压。由于电场强度随着偏压的增大而增大,大电场有利于载流子的漂移和收集,提高器件的响应。偏压所产生的电场强度应小于金刚石击穿场强,金刚石的击穿电场可高达 10^7 V/cm,模拟中采用阴极加 -100 V 偏压,阳极加 $+100$ V 偏压。

5）计算机自动进行电场的计算。

6）根据要求显示出电场分布情况。

图 7.17 为 ANSYS 模拟的得到的探测器探测单元的电场分布情况。而有源区内因光生载流子的出现对直流偏置下有源区内的电势分布影响很小,它们的贡献可以看作是对静电场分布产生微小的扰动[22],所以图 7.17 定性地反映了探测器受到 X 射线辐照时的内部电场分布情况。根据半导体物理中对于金属-半导体接触理论的描述[23],光照产生的电子和空穴在有源区内电场的作用下,由产生的位置

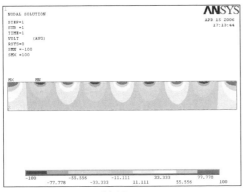

(a) 25 μm

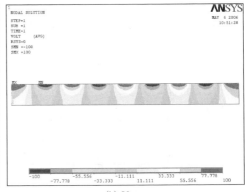

(b) 50 μm

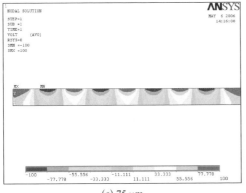

(c) 75 μm

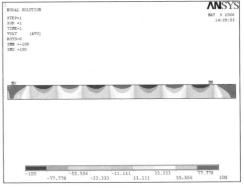

(d) 100 μm

图 7.17 不同电极宽度的金刚石辐射探测器的等势面

（MSM 结构中的透光区）分别向叉指电极的正极和负极做漂移和扩散运动，在正负电极下进行表面复合，形成光电流，并在电极下形成载流子的耗尽区。

　　图 7.17（a）~（d）显示的是不同电极宽度的金刚石薄膜探测器的电场分布，它们的电极宽度分别为 25 μm、50 μm、75 μm 和 100 μm。ANSYS 模拟出的电场分布图，以颜色不同表现探测单元的不同等势面，红色区域的电势最高，深蓝色区域的电势最低，即阳极处电势最高，阴极处电势最低。从模拟结果得到以下结论：随电极宽度（在等电极间距情况下）的减小，电场分布不均匀的区域厚度减小，即电极宽度越小则电场分布越均匀。在 X 射线照射金刚石后，体内产生的电子-空穴对分别向两电极运动，电场分布均匀易于载流子的收集，有利于提高能量分辨率和时间响应。可见，电极宽度应在实际情况允许的前提下尽可能设计的越小越好。

　　图 7.18 为 ANSYS 模拟的不同电极条宽下的电场线分布情况，电场是矢量，其既有大小又有方向，在图中以不同颜色的箭头表示。图 7.18 进一步证明了电场分

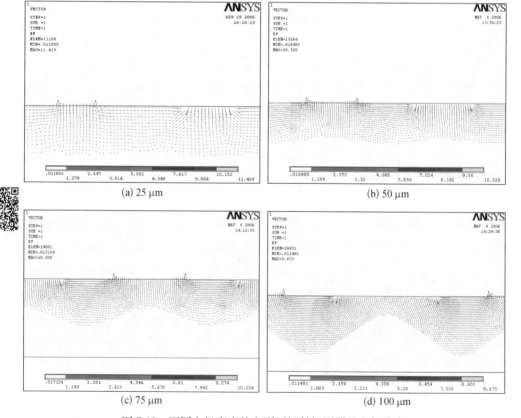

(a) 25 μm　　　　　　　　　　　　　　　(b) 50 μm

(c) 75 μm　　　　　　　　　　　　　　　(d) 100 μm

图 7.18　不同电极宽度的金刚石辐射探测器的电场分布

布的均匀性随电极宽度的减小而优化。而且在电极的边缘处,电场强度最大,图中的淡蓝色箭头表示。

辐射探测器电极之间的半导体内部电场的大小对光生载流子的收集有着直接的作用,电场大有利于载流子的漂移,更利于收集;而电场均匀性差则不利于载流子漂移。因此,设计梳状结构探测器时,要在电场强度和电场均匀度之间寻求折中的条件。

根据理论分析、ANSYS 模拟结果及实验条件的综合考虑,拟采用的电极尺寸为 25 μm,电极间距为 50 μm。

电极的厚度可根据薄膜样品的表面粗糙度来决定。由于使用 HFCVD 系统制备出来的金刚石薄膜为多晶结构,从第二章中的 AFM 测试结果中可以观察到,样品表面均由许多晶粒紧密排列而成,造成薄膜表面高低不平。一般采用直流溅射的方法来制备电极,希望金属电极材料在溅射过程中填补满薄膜表面的凹陷处,使制备好的电极不会由于突点而产生断路现象。根据上一章中所分析得到的表面粗糙度(样品的表面粗糙度均小于 200 nm),初步确定表面电极厚度需要 200 nm 左右。

7.2.2.3　纳米金刚石膜粒子探测器的制备

1. 探测器电极掩膜版的设计

本实验中叉指电极的制作需要采用光刻工艺,光刻工艺的基础就是光刻掩膜版。首先将需要的电极的图形制作在掩膜版上,再通过光刻工艺将图形转移到金刚石膜表面。

常见的光刻掩膜版有四种:铬版、干版、凸版和液体凸版。主要分两个组成部分,基板和不透光材料。基板通常是高纯度、低反射率、低热膨胀系数的石英玻璃。本实验采用的是铬版,铬版的不透光层是通过溅射的方法镀在玻璃下方厚约 0.1 um 的铬层。铬的硬度比玻璃略小,虽不易受损但有可能被玻璃所伤害。

以下是具体的制造流程和检测流程,形象地描绘了这一工艺流程。

1) 光刻图形设计。实验中使用 AutoCAD 软件,根据上一节中确定的电极结构,绘制出叉指电极的示意图(图 7.19),各尺寸参数已标注在图中。通过软件将图形转化为设备所认知的 GDSII 数据格式。考虑到实验中使用的辐射源的光斑很小,器件的灵敏面积只需略大于光斑面积即可。所以采用了如图 7.19 的设计,探测器的灵敏区域达到 2.2 mm×1.562 5 mm,而上下两边的条形电极设计得较宽,达到肉眼能够区分的程度,使器件无需附加的引线就可以直接进行偏压加载。由于光刻过程中的甩胶工艺无法使光刻胶在整个样品上形成均匀一层,通常样品中间的胶薄而

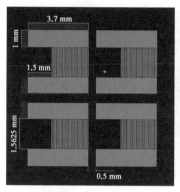 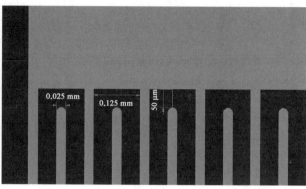

(a) 整体结构示意图   (b) 微结构示意图

图 7.19   叉指电极的结构示意图

均匀,四周的胶较厚,所以光刻图形时需要在样品边缘留有一定的空间。薄膜样品面积达 1.5 cm×1.5 cm,通过比较紧凑的设计,得到了图 7.19(a),可将四个器件设计在 1.0 cm×1.0 cm 的区域内,即在一个样品上可同时获得四个器件。

2) 图形的产生。图 7.20 是典型的光刻掩膜版的制作过程。在石英玻璃(或衬底)上镀一层金属铬,铬层上覆盖了抗反射层(AR)和光阻层,这样就形成一个坯(blank)。光刻工艺是一个在掩膜版上写图形的过程,光刻设备采用电子束(或激光),根据 GDSII 数据在光阻上直接写出图形。在这一过程中,电子束(或激光)改变了光阻的分子,去除了部分的光阻,呈现出所需要的图形。

3) 铬层刻蚀,通过干法或湿法刻蚀去掉铬层。

4) 去除光阻。

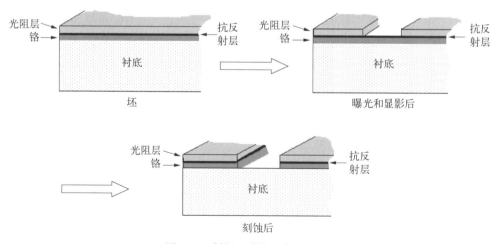

图 7.20   制板工艺的一般流程图

5) 尺寸测量,测量关键尺寸和检测图形定位。

6) 初始清洗,清洗并为检测做准备。

7) 缺陷检测,检测针孔或残余未蚀刻尽的图形。

8) 缺陷补偿,对缺陷进行修补。

9) 再次清洗,清洗为附加蒙版做准备。

10) 加附蒙版,将蒙版加在主体之上,防止灰尘的吸附及伤害。

11) 最后检查,对光掩膜作最后检测工作,以确保光罩正确。

2. 辐射探测器的制备工艺

实验采用 lift-off 光刻工艺,运用自行设计制作好的掩模板进行叉指电极的制备,从而形成 MSM 光导型的纳米金刚石薄膜辐射探测器。具体制备步骤如下。

1) 样品清洗。为了获得高性能的器件,在光刻前首先将样品清洗干净,依次采用丙酮、乙醇和去离子水进行超声清洗。将洗完后的样品放入烘箱中,在 120℃ 环境下持续 5 min,使其完全烘干。

2) 甩胶与前烘。用甩胶台在片子表面旋涂光刻胶 6809,转速为 2 500 转/min,旋转 30 s,使样品表面形成一层均匀的光刻胶,厚度达到 0.6~0.7 μm。需要注意的是:光刻胶为挥发性毒性材料,需在通风柜内操作。将甩胶后的样品放在 80℃ 的烘箱内前烘 20 min。

3) 曝光与显影。在 KarlSuss 曝光机上,用电极的掩膜版进行对位和曝光。然后在通风柜中,将样品浸泡在氯苯中约 5 min,氯苯为易挥发有毒液体,这里之所以用氯苯浸泡,是因为要用剥离工艺形成叉指电极。氯苯使那些未受 X 射线曝光的光刻胶扩张,使电极光刻得到的叉指电极图形形成正梯形结构剖面,足以用于剥离工艺(如图 7.21 所示)。使用光学显微镜检查图形,保证裸露的电极图形表面干净,没有残留胶膜。

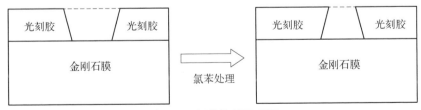

图 7.21　氯苯作用示意图

4) 金属电极制作。金属材料金(Au)与金刚石薄膜能形成比较好的欧姆接触,一般使用电子束蒸发法来制作金电极,但由此得到的金属与材料的表面结合力较差,为了获得较大的金电极-薄膜表面结合力,本实验采用直流溅射法制备 Au 电极,溅射电流 4 mA,时间 10 min。

5）电极剥离。将溅射好 Au 的样品放入丙酮中浸泡,轻轻超声,使电极图形之外的光刻胶溶掉,并将多余金属从样品表面剥离,从而形成需要的叉指金电极,然后用去离子水冲洗干净后吹干。

7.2.3　纳米金刚石膜粒子探测器的性能表征

7.2.3.1　X 射线与物质的相互作用

1. 光电效应

光电效应为光子 $(E = h\nu)$ 与探测材料中原子的束缚电子相互作用,光子的全部能量转移给束缚电子,使之激发为自由电子,光子本身消失的过程。光电效应中,激发出的自由电子称为光电子。原子吸收了光子的全部能量,其中一部分用于克服光电子脱离原子束缚所需的电离能（电子在原子中的结合能）,另一部分转化为光电子的动能。显然,只有 X 射线能量比电子的结合能量大时,才能发生光电效应;当 X 射线的能量小于电子在原子中的结合能时,就不可能发生光电效应,如图 7.22 所示。

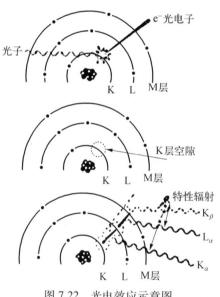

图 7.22　光电效应示意图

光电效应中,原子作为第三方参加整个作用过程,否则就会违背动量守恒、能量守恒。但由于原子质量远远大于电子质量,故原子所获得的能量/动量可忽略不计。电子在原子中束缚能越大,就越易产生光电效应,即光电效应截面越大。因此,K 层电子转化为光电子的概率最大,L 层次之,外层 M、N 层更次之。如果 X 射线能量大于 K 层电子结合能,约有 80% 的光电子为 K 层电子[24]。

光电效应中,光子从原子内层激发出光电子,产生的电子空位使原子处于激发态。这种激发态并不稳定,可能出现两种变化情况:① 外层电子向内层跃迁,填补该空位,从而使原子恢复到稳态。原子体系的能量变化以特征 X 射线的形式释放出来。② 原子激发能转移给外层其它电子,这些电子受激后摆脱原子束缚成为自由电子,称之为俄歇电子。因此,在光电作用过程中,不仅会产生光电子,同时还伴随特征 X 射线和俄歇电子[24]。

光电效应中,X 射线光子的能量消耗与作用原子的关系近似符合莫塞莱

定律:

$$E = \frac{1}{n^2} R_{hc} (Z - \eta)^2 \tag{7.6}$$

式中, R_{hc} = 13.605 eV; Z 为原子序数; η 为屏蔽常数,对 K 层近似为 3,对 L 层近似为 5,但要得到精确的 η 值,还必须考虑 S、P 和其它轨道不同屏蔽效应及自旋轨道的相互作用; n 为原子中电子的主量子数,对 K 层 $n=1$,L 层 $n=2$。光电作用截面可由量子力学计算得到。所谓截面就是入射光子与原子之间发生某种特定相互作用概率的度量,也就是每一个原子发生某种反应过程的概率除以入射光子数目所得的商。

在非相对论条件下,即入射光子能量 $h\nu < m_e c^2$ 时,光电效应截面 σ_K 为

$$\sigma_K = (32)^{1/2} \alpha^4 \left(\frac{m_e c^2}{h\nu} \right)^{7/2} Z^5 \sigma_{Th} \tag{7.7}$$

式中, α 为精细结构常数, $\alpha = 1/137$; $\sigma_{Th} = 6.65 \times 10^{-25}$ cm; Z 为原子系数; γ_0 为经典电子半径, $\gamma_0 = 2.818 \times 10^{-13}$ cm。X 射线探测属于非相对论条件下的探测过程。

在相对论条件下,即入射光子能量 $h\nu > m_e c^2$ 时,光电效应的截面为

$$\sigma_K = \frac{3}{2} \alpha^4 \frac{m_e c^2}{h\nu} Z^5 \sigma_{Th} \tag{7.8}$$

可以看出,在所有情况下, σ_K 都同原子序数 Z 五次方成正比,即随原子序数的增加光电截面会迅速增加。因此宜采用高 Z 元素材料作 X 射线探测介质,以获得高测量效率。

非相对论条件下,光电效应的总截面 σ_{ph} 为

$$\sigma_{ph} = 5\sigma_K/4 = 5\sqrt{2} \alpha^4 \left(\frac{m_e c^2}{h\nu} \right)^{7/2} Z^5 \sigma_{Th} \tag{7.9}$$

$$\sigma_{ph} = \frac{15}{8} \alpha^4 \frac{m_e c^2}{h\nu} Z^5 \sigma_{Th} \tag{7.10}$$

即除 K 层外,L、M 层也可以产生光电效应,但概率不大,其和约为 20%。不同介质物质光电效应截面与 X 射线的能量有关。式(7.9)与式(7.10)表明,随着入射光子能量 E 的增大,光电作用截面减小;而随着元素原子序数 Z 的增大,光电作用截面随之增加。

光电效应所产生出的电子,存在一定角分布,这是因为作用过程满足动量、

能量守恒。然而,实际上在 0^0 和 180^0 方向上不可能探测到光电子。光电子在某一角度上出现的概率与 X 射线的能量有关:当入射光子能量低时,光电子主要沿接近垂直于入射方向的角度发射;当入射光子能量高时,光电子更多地朝前向角发射。

2. 康普顿效应

康普顿散射又称康普顿效应,其过程为入射光子与原子核外电子发生非弹性碰撞,入射光子一部分能量转移给电子,使它脱离原子束缚成为反冲电子,而其能量和运动方向都发生改变。

康普顿效应与光电效应不同。光电效应中,光子本身消失,能量全部转移给电子;康普顿效应中,光子只损失一部分能量。光电效应在电子束缚最紧的内壳层发生,而康普顿效应总是在电子束缚最松的外壳层上发生。康普顿效应严格地讲是非弹性碰撞过程,但由于原子外层电子结合能很小,一般仅为电子伏特量级,其与入射光子能量相比可以忽略,所以可把原子外层电子看成是"自由电子",而将康普顿散射简化为入射光子与静止状态的自由电子间发生弹性碰撞,这大大方便了讨论[24]。

康普顿散射中,入射光子和反冲电子的能量与散射角关系,可用能量守恒和动量守恒推导出来。如图 7.23 所示,散射光子能量 E'_γ 为

$$E'_\gamma = \frac{E_\gamma}{1 + \dfrac{E_\gamma}{m_e c^2}(1 - \cos\theta)} \tag{7.11}$$

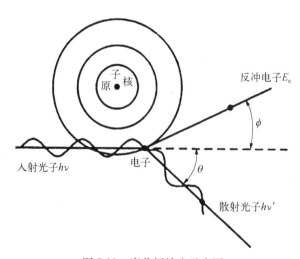

图 7.23　康普顿效应示意图

康普顿电子能量(动能)E_e为

$$E_e = \frac{E_\gamma^2(1 - \cos\theta)}{m_e c^2 + E_\gamma(1 - \cos\theta)} \tag{7.12}$$

康普顿电子的反冲角 ϕ 为

$$\cot\phi = \left(1 + \frac{E_\gamma}{m_e c^2}\right) \cdot \left(\frac{1 - \cos\theta}{\sin\theta}\right) = \left(1 + \frac{E_\gamma}{m_e c^2}\right)\tan\frac{\theta}{2} \tag{7.13}$$

而入射光子发生康普顿效应的作用截面 σ_c,当入射光子能量低($h\nu \leqslant m_e c^2$)时为

$$\sigma_c = \frac{8\pi\gamma_0^2 Z}{3} \tag{7.14}$$

式中,γ_0 为经典电子半径,$\gamma_0 = 2.818 \times 10^{-13}$ cm。此时 X 射线光子散射截面与能量无关,只与原子序数 Z 成正比;当入射光子能量高($h\nu > m_e c^2$)时为

$$\sigma_c = Z\pi\gamma_0^2 \frac{m_e c^2}{h\nu}\left(\ln\frac{2h\nu}{m_e c^2} + \frac{1}{2}\right) \tag{7.15}$$

此时截面与 Z 成正比,而近似与光子能量成反比。

3. 电子对效应

当入射光子能量超过一定量值时,其与强电磁场(如原子核库仑场)发生相互作用,转化成正负电子对,这一过程称为电子对效应,如图 7.24 所示[24]。

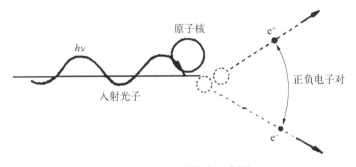

图 7.24 电子对效应示意图

这个能量阈值为电子静质量能的两倍,即入射光子的能量在电子对效应中要满足:

$$hv = E_e^+ + E_e^- + 2m_ec^2 \tag{7.16}$$

式中，E_e^+、E_e^- 分别为正电子、负电子产生后所携带的动能。为了使作用过程符合动量守恒，原子核也必须参加这一过程，但由于原子核质量远远大于电子静止质量，原子核在作用过程中获得的反冲能量很小，可忽略不计，故式(7.16)近似成立。同样，入射光子在电子库仑场中也存在电子对效应，但由于电子质量很小，其所获的反冲动能将变大，故这种电子对效应的能量阈值为 $4m_ec^2$，因此其在电子库仑场作用的概率比在原子核库仑场作用的概率要小得多[25]。

电子对效应产生的正电子，在介质中慢化后与介质中负电子相互作用发生湮灭，生成一对光子。这一过程正好为电子对效应的逆过程。

电子对效应作用截面 σ_p 可由理论得出。σ_p 为入射光子能量和吸收介质原子序数 Z 的函数。当 hv 稍大于阈值能 $2m_0c^2$ 时，为

$$\sigma_p \propto Z^5 E_\gamma \tag{7.17}$$

当 $hv \gg 2m_0c^2$ 时，为

$$\sigma_p \propto Z^2 \ln E_\gamma \tag{7.18}$$

可见，电子对效应截面与介质原子序数 Z 的平方成正比。

在光子与物质原子相互作用中，总的来讲光电效应、康普顿效应为光子与核外电子间的相互作用，电子对效应是光子与原子核电磁场间的相互作用。大致而言，光电效应在入射光子能量低与介质原子序数 Z 高的条件下占优；康普顿效应在入射光子能量较高与介质原子序数 Z 低的条件下占优势；电子对效应在入射光子能量高与介质原子序数 Z 高的条件下占优势，如图 7.25 所示。在这些相互作用过程

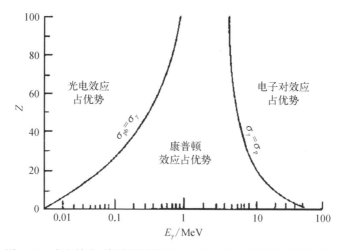

图 7.25　光电效应、康普顿效应和电子对效应与入射光子能量关系

中,入射光子都损失了全部或大部分能量,并使介质原子受激发射电子。光辐射探测正是直接探测这些与入射光能量存在一定关系的受激电子。对于 X 射线探测,其本质上是对 X 射线光子在探测介质中激发出自由电子的测量。当然,当入射光子能量更高时,其还可能与原子核发生相互作用,产生光核反应,如核共振反应等。当 X 射线光子能量较低时 ($h\nu \ll m_{e}c^{2}$),其与束缚电子还可发生相干散射,即碰撞后光子能量不变,散射光子主要沿入射方向发射。这与康普顿散射变化不同,属于非相干散射与相干散射的差别。这些相互作用在测量中应用极少,故在此不做详细讨论。

7.2.3.2 纳米金刚石膜粒子探测器的电流-电压特性

采用图 7.26 所示的测试系统测试了室温下三种探测器的暗电流-电压特性曲线。所有探测器在正负电压下的 I-V 曲线均呈现近似的线性关系,探测器 SA 和 SB 的金/金刚石接触具有较好的欧姆性。而探测器 SC 稍有偏离,可能是由于晶粒尺寸减小后,金/金刚石接触界面的晶界密度增加,导致晶界隧穿效应增强。探测器 SA、SB、SC 在 50 kV/cm 电场强度下的暗电流分别为 1.64 μA、4.56 μA 和 5.88 μA,探测器 SA 具有最小的暗电流。表明晶粒尺寸越大暗电流越小,从而使探测器具有最小的噪声。一般来说,采用 CVD 方法制备的金刚石薄膜含有大量的晶界,并且晶粒尺寸越小,晶界密度有增加的趋势,这些晶界往往是杂质和缺陷聚集的地方。样品 SC 的晶粒尺寸越小,则含有越多的石墨相、缺陷和晶界,而这些缺陷特别是石墨相导致了较大的暗电流和较低的电阻率(图 7.27、图 7.28)。随着晶粒尺寸从 150 nm 降低到 20 nm,纳米金刚石薄膜的电阻率由 9.5×10^{8} Ω·cm 降低到 6.75×10^{7} Ω·cm。

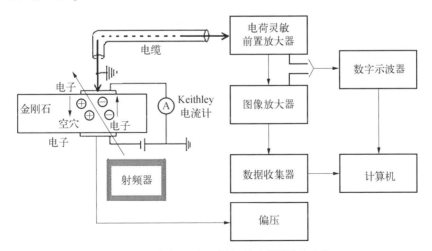

图 7.26 纳米金刚石膜粒子探测器测试系统

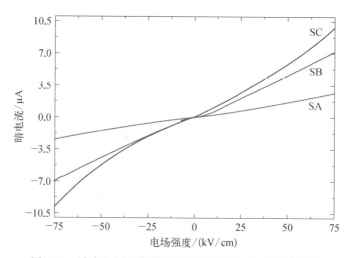

图 7.27　纳米金刚石薄膜探测器的暗电流-电压特性曲线

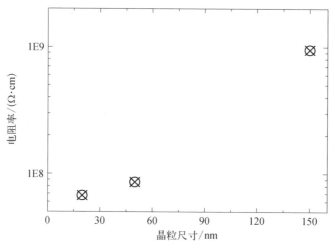

图 7.28　纳米金刚石薄膜和电阻率随晶粒尺寸的变化关系

纳米金刚石薄膜探测器对 5.9 keV ^{55}Fe X 射线的光电流响应如图 7.29 所示。这里的光电流是指净光电流(I_{ph}),也就是 X 射线辐照下所测得的总电流 I 减去暗电流 I_d,即 $I_{ph}=I-I_d$。从图中可以看出:在较低的电压下,光电流与外加电压近似线性关系。当 X 射线照射纳米金刚石薄膜探测器时,将在金刚石薄膜近表面区域产生大量的自由载流子(电子-空穴对),它们在外加电场作用下分别向两极迁移并逐渐分离,从而在电极上产生电流信号。由于纳米金刚石薄膜的多晶特性,薄膜中存在大量的载流子陷阱中心,它们在载流子被收集前会俘获载流子,从而降低探测器可收集到的电信号。因此探测器光电流特性的差别可归因于不同金刚石薄膜的微结构,尤其是晶粒尺寸,它们强烈地影响了探测器的电子学性能。

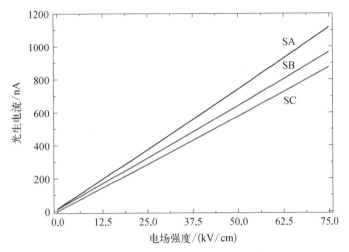

图 7.29　纳米金刚石薄膜探测器在 5.9 keV ^{55}Fe X 射线
辐照下光电流随电场强度的变化关系

如果忽略光子在金刚石中的量子效应和光反射,则在恒定电场和欧姆接触条件下,恒定电荷发生引起的电流理论表达式为[26]

$$I_{\mathrm{ph}} = q\, \frac{E_{\mathrm{dep}}}{\varepsilon_{\mathrm{p}}}\, \frac{\mu\tau E}{L} \tag{7.19}$$

其中,q 是电子基本电量;ε_{p} 是在金刚石中生成一个电子-空穴对的平均能量(约 13.2 eV);$\mu\tau$ 是光生载流子迁移率-寿命乘积;E 是外加电场强度;L 是电极间距;E_{dep}(keV/s)是单位时间沉积的能量,也就是吸收光子数 N_{abs} 和它们能量 E_{phot} 的乘积,即

$$E_{\mathrm{dep}} = N_{\mathrm{abs}} E_{\mathrm{phot}} \tag{7.20}$$

金刚石中光学吸收效率

$$\eta_{\mathrm{abs}} = N_{\mathrm{abs}}/N_0 \approx 0.1 \tag{7.21}$$

N_0 表示发射光子数,因此可以认为光子几乎全部穿过金刚石薄膜,即 5.9 keV X 射线在整个金刚石厚度方向均匀离化。因此

$$I_{\mathrm{ph}} = q\, \frac{\eta_{\mathrm{abs}} N_0 E_{\mathrm{phot}}}{\varepsilon_{\mathrm{p}}}\, \frac{\mu\tau E}{L} \tag{7.22}$$

假设

$$N_0\, \frac{E_{\mathrm{phot}}}{\varepsilon_{\mathrm{p}}} = F_0 \tag{7.23}$$

则 F_0 表示单位时间入射光子数,它已经考虑了光子能量的作用。根据式(7.22)和

式(7.23)可以推导出光生载流子和收集模型光电流：

$$I_{ph} = qF_0\eta_{abs}\mu\tau E/L \tag{7.24}$$

从式(7.24)可以看出,光电流应该与外加电压呈线性关系,但在高的偏压下载流子将受到晶界和其它缺陷的强烈散射,即 μ 和 τ 表现出强烈的电场依赖性,从而使探测器光电流偏离线性关系。SB 和 SC 都具有较小的晶粒尺寸,这意味着存在更多的晶界。因为晶界是载流子陷阱中心(缺陷和杂质)富集的地方,它们能够俘获自由载流子,降低探测器的光电流灵敏度和效率。探测器 SA 以其最大的晶粒尺寸和最少的晶界,表现出了最强的光电流。

为了更清楚地研究纳米金刚石薄膜的晶粒尺寸对探测器性能的影响,我们研究了金刚石 X 射线探测器在 $E = 50\,\text{kV/cm}$ 情况下的暗电流和光电流值。定义探测器光电流与暗电流的比值为探测器信噪比(SNR),并作了图 7.30 所示的探测器信噪比随金刚石晶粒尺寸的变化关系。从图中可以看出,探测器 SA、SB、SC 在电场强度 $E = 50\,\text{kV/cm}$ 的 I_{ph}/I_d 值分别为 0.45、0.14、0.099,SA 的 I_p/I_d 值是 SC 的 4 倍左右。探测器信噪比几乎随着晶粒尺寸的增加线性递增。随着金刚石晶粒的增加,薄膜内晶界和陷阱中心密度相应减少,从而降低了探测器暗电流,提高了光响应和信噪比。

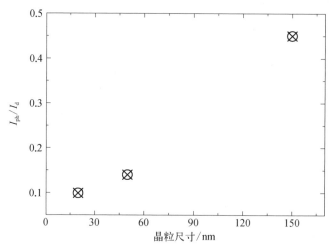

图 7.30   不同金刚石晶粒尺寸探测器在 50 kV/cm 下的 I_{ph}/I_d 比值

注：图中的三个点从左到右依次为 SC、SB、SA。

7.2.3.3   纳米金刚石薄膜探测器的脉冲高度光谱

纳米金刚石薄膜探测器在 5.9 keV ^{55}Fe X 射线辐照下的脉冲高度光谱如图 7.31所示。从图中可以看出,所有探测器在外加电场 50 kV/cm 均具有相似的能谱响应,且信号峰明显和底部噪声分离。然而,大晶粒金刚石制备的探测器(SA)具有大的脉冲高度,意味着具有较高的电荷收集效率和信噪比,该结果与光电流测量结果相一致。

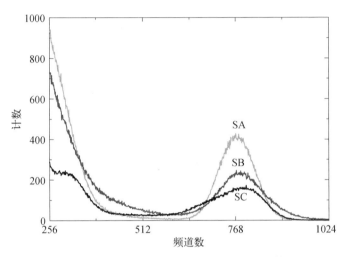

图 7.31 纳米金刚石薄膜探测器在 5.9 keV ^{55}Fe
X 射线辐照下的脉冲高度光谱

探测器能量分辨率 ε 定义为半高宽(FWHM,ΔE)与全能峰的比值,即 $\varepsilon = \Delta E/E$。利用微机多道谱仪的数据分析软件 MAESTRO-32 进行峰的标度,并计算了探测器在不同晶粒尺寸下的能量分辨率,如图 7.32 所示。随着晶粒尺寸的降低,能量分辨率值迅速增大,意味着探测器能量分辨能力变坏。在电场强度 50 kV/cm 下,大晶粒探测器 SA 的能量分辨率为 17.5%,而小晶粒探测器 SC 为 22.7%。

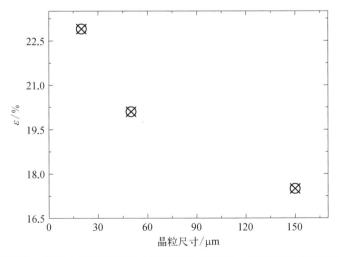

图 7.32 不同金刚石晶粒尺寸探测器在 50 kV/cm 下的能量分辨率值

　　一般来说,探测器的能量分辨率主要取决于金刚石薄膜质量,载流子迁移率-寿命乘积($\mu\tau$)是决定薄膜质量的一个重要参数。金刚石的电子学性质可以通过测量探测器在带电粒子或光子辐照下的响应特性进行评估,通常使用电荷收集效率(η)和电荷收集距离(δ)来定性地表征探测器性能。设探测器体内具有均匀一致的离化效应,电荷收集效率(η)定义为:收集到的电荷数 Q_c 与粒子(射线)离化所产生的总电荷数 Q_0 的比值,即

$$\eta = Q_c/Q_0 \tag{7.25}$$

　　如果所产生的所有自由电荷都被收集,则探测器的电荷收集效率 η 为 1。然而由于金刚石灵敏体积内大量缺陷和杂质的存在,严重降低了载流子平均自由程,限制了电荷收集和探测性能。

　　定义电荷收集距离(CCD)δ 为自由载流子被陷阱中心俘获前的平均迁移距离。对于厚度为 L 的平行板探测器,粒子(或射线)离化产生的一个电子-空穴对在外电路中引起的电荷可表示为 $q_c = ex/L$,x 是电子和空穴在外加电场作用下分离的总距离,平均迁移距离 CCD 为

$$\delta = (\mu_e + \mu_h)\tau E \tag{7.26}$$

其中,μ_e 和 μ_h 分别是电子和空穴迁移率;τ 是迁移率加权寿命。假设 $\mu_e = \mu_h = \mu$,即

$$\delta = \mu\tau E \tag{7.27}$$

根据 Hecht 理论[27]可知,η 和 δ 具有强烈的内在联系:

$$\eta = \frac{\delta}{L}\left[1 - \frac{\delta}{4G}\left(1 - e^{-\frac{2G}{\delta}}\right)\left(1 + e^{\frac{2(G-L)}{\delta}}\right)\right] \tag{7.28}$$

式中,G 是入射粒子(或射线)在探测器中的射程。假设电场强度在整个材料中均匀分布,对于 5.9 keV X 射线来说,它几乎能完全穿过 20 μm 厚的金刚石层,并且 L 远大于 $\mu\tau E$,因此式(7.28)可简化为

$$\eta = \delta/L \tag{7.29}$$

　　δ 和 η 这两个参数包含了探测器材料的重要性质,如载流子速度、迁移率和缺陷浓度等,因此辐射探测器对 CVD 金刚石膜质量有特别高的要求。事实上,金刚石探测器的辐射响应对所用的金刚石质量极端敏感,从这点考虑,δ 和 η 这两个参数也被认为是表征材料质量的指示器。

　　根据脉冲高度光谱测量得到的电荷收集效率和电荷收集距离可以估计出探测器 SA、SB、SC 的 $\mu\tau$ 值分别为 0.552、0.41、0.376 μm^2/V。很明显,随着金刚石晶粒的减小,纳米金刚石薄膜 $\mu\tau$ 值降低,因而能量分辨能力变坏。另外,纳米金刚石薄

膜探测器的计数率与能量分辨率均劣于微米金刚石薄膜探测器,这主要是由于纳米金刚石薄膜的质量劣于微米金刚石薄膜。上述结果表明,大晶粒金刚石薄膜探测器具有高的信噪比和电荷收集效率,适合于核辐射探测器的制备。

7.2.4 小结

本章采用热丝辅助化学气相沉积(HFCVD)技术在硅衬底上制备了晶粒尺寸从 20 nm 到 150 nm 的纳米金刚石薄膜,原子力显微镜测量结果表明其粗糙度为 22 nm 到 45 nm。

使用 ANSYS 软件对电极宽度不同的金刚石薄膜辐射探测器的电场分布进行了模拟,结果表明,当电极间距相同时,电极宽度越小,电场分布越均匀。通过模拟与实际相结合,确定了实验中采用的叉指电极的尺寸参数:电极的宽度为 25 μm,电极间距为 50 μm。提出了适用于纳米晶金刚石薄膜探测器的光刻掩膜版的制作流程。并通过光刻和直流溅射工艺制备出纳米晶金刚石薄膜 MSM 光导型辐射探测器。

电流-电压测试表明,随着金刚石晶粒的减小,薄膜电阻率从 9.5×10^8 $\Omega \cdot cm$ 下降到 6.75×10^7 $\Omega \cdot cm$。在 5.9 keV ^{55}Fe X 射线辐照下,探测器光电流(I_{ph})与暗电流(I_d)的比值 I_{ph}/I_d 由 0.45 下降到 0.099。150 nm 晶粒的纳米金刚石薄膜探测器的 I_{ph}/I_d 值几乎是小晶粒(20 nm)探测器的 4 倍。

X 射线辐照下的脉冲高度光谱测量表明,大晶粒探测器的计数率和能量分辨率优于小晶粒探测器。在电场强度 50 kV/cm 下,大晶粒探测器 SA 的能量分辨率为 17.5%,而小晶粒探测器 SC 为 22.7%。结果表明,大晶粒金刚石薄膜探测器具有高的信噪比和电荷收集效率,适合于核辐射探测器的制备。

7.3 氢刻蚀对纳米金刚石膜 电学和光学性能的影响

采用热丝辅助化学气相沉积(HFCVD)方法,在保持碳源浓度一定的情况下,通过改变反应气压、衬底温度等沉积参数在硅衬底上沉积出了光滑表面的纳米金刚石薄膜。在此基础上,通过氢刻蚀工艺进一步改善薄膜的质量和结构,获得了光学透过率和表面粗糙度均满足超大规律集成电路(VLSI)要求的 X 射线光刻掩模基膜材料。对薄膜形貌、结构、光学和电学性能以及 X 射线透过率等进行了测试和研究。

目前,集成电路已经从 20 世纪 60 年代的每个芯片上仅几十个器件发展到现在的每个芯片上可包含约 10 亿个器件。光刻技术的支持对其飞速发展起到了极为关键的作用。由于 X 射线的波长很短,能满足超大规模集成电路发展的需要,近年来得到了广泛的重视,X 射线光刻是未来替代光学光刻的首选技术。

在 X 光波段,材料的原子吸收系数随原子序数的减少而减少。虽然金刚石是由碳元素组成的,原子序数大于传统的 X 光窗口材料铍,但它的高强度使它可以制备得很薄(小于 1 μm),也能承受 1 个大气压的压差。因此,与传统的 8 μm 铍窗口相比,制备的金刚石薄膜厚度可以为铍窗口的近 1/20,从而获得更高的 X 光透射率[28-33]。特别是,在波长较长的软 X 光波段,铍窗口基本不透光,而通过本工作研究表明我们制备的自支撑金刚石薄膜 X 光窗口在 $E = 258$ eV 附近的透射率高达52.7%。因此,与有剧毒的铍窗口相比,该薄膜具有高透射率、高强度、抗高辐射和安全无毒等应用优势。

本章提出以氢刻蚀法制备的纳米晶金刚石薄膜作为 X 射线光刻掩模基膜材料。由于金刚石的表面能较大,利用一般的 CVD 工艺合成的多晶金刚石薄膜表面较为粗糙,不适合于传统的微细加工工艺。因此,一般要利用机械抛光的方式实现金刚石薄膜的表面平坦化。但是,金刚石薄膜表面硬度很高,抛光起来费时费力,然而纳米金刚石薄膜与常规金刚石薄膜相比,纳米金刚石薄膜的晶粒可以小到几纳米,因此它表面光滑,摩擦系数很小(约为 0.03),同时它的硬度比常规金刚石低约 10%~20%,大大降低了它的抛光强度。微米金刚石膜由于表面粗糙,将会引起光的严重散射,使光学元件的透过性能降低。而用金刚石薄膜制作的掩模的基膜材料厚度一般较小,因此表面粗糙度成为光学性能的决定性因素。值得指出的是,只有在含氢气氛(如 H_2CH_4)中制备的纳米金刚石膜才可能具有良好的光学透过性能,在 $ArCH_4$ 和 $C_{60}Ar$ 气氛中制备的纳米金刚石光学性能很差,不能使用其光学性能。

7.3.1　工艺参数的改进

CVD 法中,原子氢在金刚石膜生长过程中起着重要的作用,这一点已经得到确认:原子氢能稳定具有金刚石结构的碳而将石墨结构的碳刻蚀掉。氢气的存在有助于高质量金刚石薄膜的生长,并且普遍认为,氢有一种很重要的作用,即氢原子对石墨相的选择性刻蚀。原子 H 对石墨和无定形碳有比对金刚石强得多的刻蚀作用,正是由于这种选择性刻蚀,导致了金刚石的非平衡气相生长。

由于 CVD 中等离子体的高度离子化作用,只要 C、H、O 三者比例在一定的范围区域内(Bachmann 三角相图),在合适的沉积条件下使用不同的反应前驱物,都能得到金刚石膜。调节不同的沉积参数,可以有选择性地生长不同晶形的金刚石膜,满足不同应用领域对金刚石的需要。

在机理研究方面,人们已经了解原子氢的关键作用,尽管尚不彻底清楚。此外,尽管各种沉积方法有所不同,但发现了许多共同点,如:① 高的能量输入以产生足够的原子氢及碳氢反应基团;② 碳氢化合物的具体类型不重要;③ 相似的衬底温度;④ 晶形及质量主要依赖于源气体中 C、H、O 的比例,而与具体方法关系不大;⑤ 主要反应前驱物为 CH_x 和 C_2H_y。此外,—OH 可增强对石墨的刻蚀,提高生长速率,降低生长温度。很多人进行各种生长、反应动力学方面的研究,提出各种模型。这方面主要有苏联(俄罗斯)的 Deryagin、Fedoseev、Spitsyn 等,美国的 Angus、Frenklach、Spear、Molinari、Harris、Badzian 等,以及日本的 Tsuda、Nakajima 和 Oikawa。在国内,孙碧武等利用高分辨电子能量损失谱仪对生长机理进行了研究。[34-41]

基于这一观点,本章尝试在用化学气相沉积(CVD)法沉积金刚石薄膜过程中,间歇通入和关闭丙酮气体,强化氢对石墨相的刻蚀,提高薄膜的质量。根据前面实验中样品的参数,改变关闭丙酮的时间和次数,以增加刻蚀的时间。

本工作中保持样品的沉积气压、温度、碳源浓度和总生长时间不变。A 样品在整个沉积过程中不采用氢刻蚀。B 样品每过半个小时刻蚀 15 min,样品的总刻蚀时间为 1.5 h。C 样品每过 15 min 刻蚀 15 min,样品的总刻蚀时间为 3 h。

沉积后,对样品的质量除进行基本的分析外,还通过红外光谱仪、椭圆偏振光谱仪、Keithley 4200 - SCS 半导体特性分析系统和 Agilent 4294 精密阻抗分析仪,进行光学和电学的表征。

7.3.2 薄膜基本性能的表征

7.3.2.1 扫描电子显微镜表征

图 7.33 中分别给出了不同刻蚀时间下薄膜的表面形貌。通过 SEM 观察发现,在没有氢刻蚀时,薄膜连成片状,晶粒较大,大约在 120 nm,随着刻蚀程度的增加,薄膜的晶粒开始细化。刻蚀 3 h 后,薄膜的晶粒减小到 55 nm。由于晶粒的减小,薄膜表面的平整度也有所提高。SEM 断面形貌测试表明样品的厚度均在 1 μm 左右,因此可不考虑膜厚对光学性能的影响。

7.3.2.2 原子力显微镜表征

采用原子力显微镜测量了不同氢刻蚀时间金刚石薄膜的表面相貌和粗糙度。无刻蚀时所制得的薄膜的表面疏松粗糙,有些地方甚至出现孔洞。而通过刻蚀之后所制得的样品表面较为光滑致密。随着刻蚀时间的增长,金刚石颗粒减小,薄膜表面粗糙度逐渐减小(如图 7.34 所示),由原来的 47.2 nm 下降到 14.8 nm。上述现象可以从沉积机理上加以解释:在薄膜的生长过程中,一方面,腔体内的正离子和中性基团移向衬底表面,在表面吸附并发生反应;另一方面,来自腔体中的氢原子也会对膜有一定的刻蚀作用。生长过程中,氢原子的能量比较低,对膜的刻蚀作用比较小,因此得到的膜的有机相比较多,膜的表面也比较疏松粗糙。增加刻蚀后,

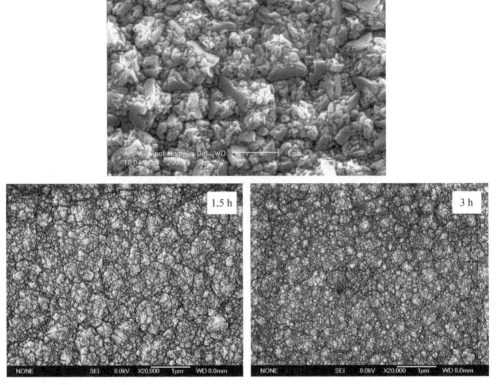

图 7.33 不同刻蚀时间(0 h、1.5 h、3 h)样品的表面形貌

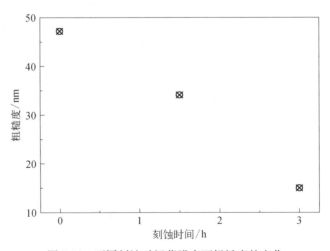

图 7.34 不同刻蚀时间薄膜表面粗糙度的变化

氢原子轰击时间增强,促进成膜过程中表面原子的扩散和对表面疏松结构的刻蚀,使得到的膜表面光滑致密。

7.3.2.3　拉曼光谱表征

在刻蚀实验中,丙酮是被周期性通入的,在丙酮被通入的半周期内薄膜生长,而在丙酮被断开的半周期内,腔体内只有氢原子存在,薄膜被氢强化刻蚀。就单晶金刚石和石墨而言,因为它们具有不同的键价结构和键价强度,氢原子对两者具有不同的刻蚀速度,对石墨的刻蚀作用远远高于金刚石[42]。因此,如果金刚石和石墨在薄膜中分别以单质颗粒方式存在,就可以通过选取合适的通入和断开丙酮的时间,使薄膜中生长阶段生成的石墨相最大限度地被除去。这样经过若干个周期累积获得的金刚石薄膜将具有较高的品质,并且从拉曼光谱中得到体现。

从图 7.35 中可以看出,加强刻蚀后,金刚石的特征峰开始展宽,半高宽由原来的 5.31 cm^{-1} 增加到了 27.88 cm^{-1}。通过刻蚀,薄膜晶粒逐渐变小。此外,随着刻蚀时间增加,原子的轰击会导致沉积系统温度升高,促使 sp^2 键向 sp^3 键转化,金刚石峰高度上升,石墨峰下降,$I_{\mathrm{d}}/I_{\mathrm{g}}$ 值增大,sp^2 含量减少[43]。刻蚀时间增加后,在 1 130 cm^{-1} 附近,出现了散射峰,这个峰曾被许多研究者认为是纳米金刚石特征峰而在文献中广为引用[44]。但是,最近的一些研究结果表明这可能是错误的,这是因为此峰的位置随所采用的激发光子的能量而改变,且散射强度随入射光子能量的增高而降低,反映出典型的 sp^2 杂化成分的特征,因此被 Ferrari 和 Robertson 标识为转聚乙炔(*trans*-polyacytylene)的 C—C 键伸展(stretching)和扭动(wagging)模式的贡献[45]。

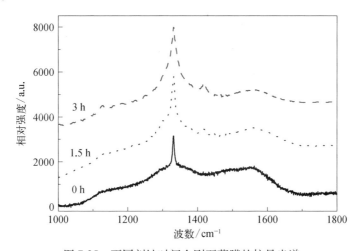

图 7.35　不同刻蚀时间金刚石薄膜的拉曼光谱

为了进一步研究三个样品的拉曼图谱,表 7.7 分别列出了金刚石峰的半高宽(FWHM)进行比较,可以看到随着刻蚀时间的增加,金刚石峰的半高宽逐渐变宽,其峰值的宽化说明了随刻蚀时间的增加,晶粒不断减小。

表 7.7   三个样品拉曼光谱金刚石峰半高宽比较

样品	A	B	C
FWHM/cm^{-1}	5.31	17.317	27.88

7.3.3   薄膜光学性能的表征

7.3.3.1   红外光谱表征

将处理好的金刚石薄膜制成自支撑结构,利用 LAMDA900 红外光谱仪对样品的红外光谱进行测量,如图 7.36 所示。测量波长范围 500~2 500 nm。

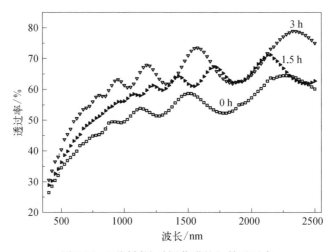

图 7.36   不同刻蚀时间薄膜的红外透过率

刻蚀时间为 3 h 的 C 样品的透过率最高,其透过率在整个波段内(500~2 500 nm)均大于其它两个薄膜样品。透过率曲线在低频段因干涉效应成振荡曲线,归因于膜内多次反射束的干涉,导致了透射谱上一系列的极大极小值变化[46]。不同刻蚀时间的 3 个样品在整个波长区的振荡幅度均比较大,说明样品的表面较为平整。对于短波段,薄膜的红外光透过率均随波长的减小而减小,归因于表面粗糙度引起的散射效应。而这种散射损失在长波范围内并不大,长波段透过率的损失主要归因于薄膜内部存在吸收,如石墨吸收。

样品 A 的红外光的透过率最低,其 Raman 光谱中与金刚石相关峰也最弱,说明薄膜中非金刚石碳的吸收作用较大地影响着样品的红外光透过率。氢刻蚀 3 h 后,薄膜在 632.8 nm 处的光学透过率达到了 51% 左右。通过刻蚀,薄膜的质量有了很大的改善。

7.3.3.2 椭圆偏振光谱仪测试

考虑到热丝法制得的 CVD 金刚石薄膜是多晶相,必然存在由缺陷和杂质等引起的非金刚石相(即石墨相),所以在模型中把 CVD 金刚石薄膜材料看成是由天然金刚石与非金刚石组成的复合相。

复折射率 $\check{n} = n - ik$ 是光学应用中一个重要的表征参数,它能反应薄膜的内部结构。其中 n 是折射率,金刚石薄膜的折射率根据工艺条件的不同在一个较宽的波段范围内变化,J. Lee 等[47]认为影响折射率变化的主要因素是薄膜中 sp^3 含量的变化,sp^3 含量越高薄膜折射率就越接近天然金刚石;k 是消光系数,是表征光能衰减的参量,与吸收系数 α 直接有关($\alpha = 4\pi k/\lambda$)。 实验计算过程中测量值与理论值拟合的均方根误差分别为 1.19、0.60、0.99。

结果表明,光波长较长时薄膜折射率随波长变化较大,见图 7.37(a),但进入可见紫外波段后,折射率基本保持恒定。除长波附近外,其余波段,薄膜折射率大致稳定在 2.2~2.3 之间。经过氢刻蚀的薄膜折射率较大。

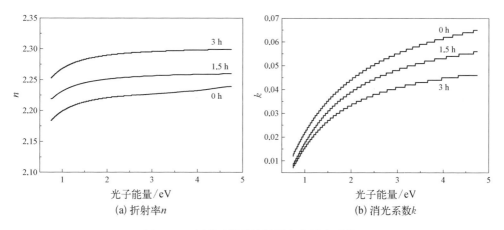

图 7.37 金刚石薄膜的折射率和消光系数

由于晶粒较小,薄膜中存在非晶相成分,非晶金刚石薄膜的原子结构不是 sp^2 和 sp^3 两种杂化的简单混合,当光在这样一种非晶网络中传播并与不同配位的碳原子相互作用,必然产生与正四面体形状的具有面心立方结构的金刚石所不同的极化现象,其中镶嵌在 σ 键母体里断续的 π 键链或环又发挥着极为重要的作用,也正因为 sp^2 数量和分布的区别才导致了不同薄膜光学性能的差异。

图 7.37(b)给出了薄膜消光系数的变化,随着测试光波长的增加,即光子能量的减小,金刚石薄膜的消光系数逐渐降低,并趋近于零。在可见光波段,消光系数大为降低,薄膜表现为半透明乃至透明,与光学透过率的测试结果相一致。同时还可以发现,经过氢刻蚀的金刚石薄膜消光系数明显低于未经刻蚀的薄膜。

7.3.3.3 X 射线透过率的测量

本实验样品在中国科技大学国家同步辐射实验的光谱辐射标准与计量光束线和实验站进行 X 射线透过率的测量。该实验站可测量同步辐射经过物体反射、衍射、散射及透射后的光强或是探测物体被光子激发出的电子、离子等,来研究物体的结构性能。

国家同步辐射实验室中以真空紫外和软 X 射线为主的专用同步辐射光源的主体设备是一台能量为 800 MeV、平均流强为 100~300 mA 的电子储存环,用一台能量 200 MeV 的电子直线加速器作注入器。来自储存环铁和扭摆磁铁的同步辐射特征波长分别为 2.4 nm 和 0.5 nm。

1. 光谱辐射标准与计量光束线和实验站

光谱辐射标准和计量实验站主要可以开展以下三方面的实验工作:绝对反射比和透射比的测试、标准探测器的定标、标准光源定标,如图 7.38 所示。

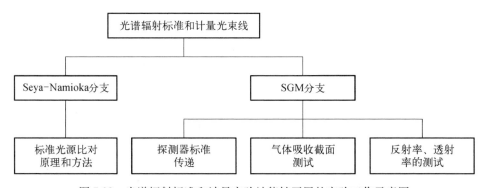

图 7.38 光谱辐射标准和计量实验站能够开展的实验工作示意图

在测量光谱辐射的过程中,建立了一套完整的光谱辐射标准,与待测的光谱辐射进行严格地比对,这样待定标的光谱辐射特性就被精确地测量出来。目前,进行光谱辐射定标的方法主要有两种:一种为标准光源法,即利用标准光源和待测光源经过同一个光谱辐射计,通过对探测器测量结果的直接比较,待测光源的光谱辐射特性就被计量出来,而且可以把它作为传递标准光源来使用,这样标准光源的光谱辐射特性的量值就被传递下去;另一种方法为标准探测器法,即利用同样的光源和同样的辐射计,在相同的辐射条件下,通过对标准探测器和未知探测器的光谱响应信号的直接比对,就可以定标出待测探测器的光谱响应。通过对国内外大量的光谱辐射定标文献的调研,在 100 nm 以上,一般可以用标准光源来进行光谱辐射定标,而且可用作传递标准光源的也很多;在 100 nm 以下,可用标准探测器来进行光谱辐射定标工作。

测量波长 4~20 nm 的软 X 射线波段处样品的透过率,采用标准探测器进行光谱辐射的定标工作。在掠入射实验站进行实验。该实验站部分主要包括反射率计、标准探测器——流气式双极电离室、传递标准探测器系统等。反射率计和电离室处于分时工作模式,反射率计用于测量光学元件在真空紫外波段的光学特性(反射效率、衍射效率等)。掠入射光束线的后置镜将单色化的同步辐射光束聚焦于电离室的入口处,电离室是 VUV 光谱波段内的重要的绝对标准探测器,它主要利用光子与稀有气体分子相互作用产生的电离效应来工作。

作为标准探测器的长程稀有气体电离室,工作气体通常选惰性气体。当一份光量子被一个惰性气体分子吸收时,将产生一个电子/离子对,通过对离子流的收集测量,就可以绝对地推算出辐射的光通量大小。通常作为探测器定标使用的是流气式长程稀有气体双电离室,它由两个等长的离子收集极组成,无需知道所用气体的气压或气体的吸收截面就可以确定入射光通量的绝对值。而待定标的传递标准探测器的光谱响应,可以与电离室进行比对而得到,这样标准电离室的光谱响应量值就通过次级标准探测器而被传递下去。

2. 结果与讨论

金刚石的原子序数只有 6,对 X 射线的透过率较高,且金刚石薄膜具有特别优良的力学、热学和光学性质。改善工艺条件后,测量薄膜对 X 射线的透过率,研究薄膜是否符合光刻掩模基膜材料的光学要求。

首先,测定不加样品时标准状态下的辐射剂量。由于粒子流会随着时间衰减,所以必须将标准状态下的粒子流进行归一化,即将入射的粒子流与最后收集到的粒子流进行比对,得到一个常数,作为该仪器的校准值。

然后将样品移至光源位置,同样将样品的数据进行归一化(即将入射的粒子流和最后收集到的粒子进行对比)。X 射线穿透薄膜时,金刚石薄膜和 X 射线发生散射等各种效应,造成 X 射线透过率下降,得到的归一化数据大小和样品质量与晶粒缺陷有很大的关系。将得到的数据和仪器的校准值进行对比,即为所要获得的 X 射线的透过率。

由于 X 射线的波长很短,所以该光源的光斑很小,粘贴样品时,要求严格测量样品位置,以便在测量时光斑对准样品。样品测试的能量范围是 100~310 eV,步长 4 eV。

由于薄膜的工艺参数都相同,只是刻蚀时间不同,经 SEM 断面观察薄膜的厚度都在 1 μm 左右,所以厚度对 X 射线透过的影响可以忽略。只需考虑材料本身对透过率的影响。

　　不同晶粒大小对薄膜透过率的影响如图 7.39 所示,在 288 eV 左右的跃迁,由金刚石的材料吸收边所决定,而 144 eV 左右会有一个微小的跃迁,是由于仪器上单色器的二级次谐波带来的。在 310 eV 附近的透射率很大(图中未给出),是由于单色器在此处的光强不是很强,样品在吸收边之前的透射率很差,测得的信号很弱,甚至到了静电计本底噪声,因此两者之比可能很大。

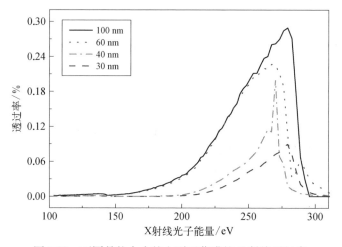

图 7.39　不同晶粒大小的金刚石薄膜的 X 射线透过率

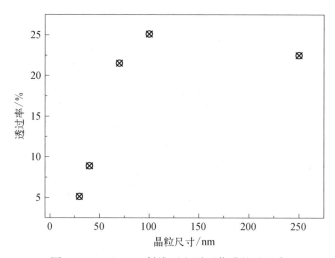

图 7.40　258 eV X 射线下金刚石薄膜的透过率

　　由于石墨与金刚石的原子序数相同,所以对 X 射线的质量透过系数相同。忽略石墨对薄膜质量的影响,只考虑薄膜内部缺陷的对透过率的作用。图 7.40 中,随着晶粒变大,258 eV 处的 X 射线透过率也逐渐升高,晶粒在纳米级以下时,随晶粒增大,薄膜的透过率上升比较快。这由于薄膜晶粒较小时,晶界缺陷比较多,引起了 X 射线与薄膜的作用,从而削弱了 X 射线的透过率。当晶粒增大时,薄膜内的结构缺陷相对减少,但表面粗糙度逐渐增大,导致透过率增加变缓。晶粒尺寸更大(如 250 nm)的金刚石薄膜的 X 射线透过率甚至开始下降,很可能是薄膜粗糙度的增加所致。薄膜内部缺陷对 X 射线透过率影响的具体机理还有待进一步深入研究。

图 7.41 给出了氢刻蚀时间对薄膜透过率的影响,X 射线光子能量范围为 100~310 eV(波长为 4~12 nm)。实验中三个样品的纳米晶金刚石薄膜的晶粒大小依次为 55 nm(刻蚀 3 h)、87 nm(刻蚀 1.5 h)和 120 nm(未刻蚀)。考虑到吸收限对薄膜透过率的影响,我们选择 258 eV 处的透过率来衡量薄膜的 X 射线透过特性。三个薄膜样品在 258 eV 处的透过率分别为 52.7%、47.8%和 24.8%,而传统的 8 μm 厚的铍窗口在此能量已经完全不透明。X 射线透过率不仅与薄膜表面粗糙度有关,还和薄膜质量、结构和晶粒尺寸有关。通过氢刻蚀工艺,薄膜结构的致密性得到改善,内部缺陷(特别是石墨相含量)和表面粗糙度减小,透过率上升。但刻蚀对薄膜的性能改善也是有限的,并不能使薄膜质量无限提高,生长条件才是决定薄膜质量的关键因素。

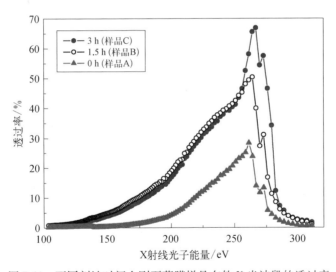

图 7.41　不同刻蚀时间金刚石薄膜样品在软 X 光波段的透过率

7.3.4　薄膜电学性能的表征

7.3.4.1　薄膜 I-V 性能分析

采用真空溅射技术在金刚石薄膜样品表面制作半径为 0.5 cm 的圆形金电极,并在氩气气氛中 450℃退火 1 h。采用 Keithley 4200-SCS 半导体特性分析系统测试薄膜的电学性能,范围−10~10 V,步长 0.2 V。

图 7.42 中,随着氢刻蚀时间的增加,暗电流逐渐减小,这是因为石墨相和非金刚石碳在薄膜制备过程中大部分被原子氢刻蚀掉,因而 sp^3 碳的浓度较高,薄膜中石墨相及非金刚石碳成分较少。

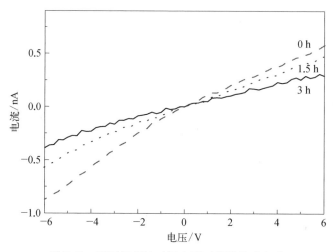

图 7.42　不同氢刻蚀时间金刚石薄膜的暗电流

7.3.4.2　电容、频率损耗的测量

本实验采用 Agilent 4294 精密阻抗分析仪测量金刚石薄膜样品的电容及介电损耗随频率的变化。测量范围为 1 kHz 至 100 MHz,测量电压为 50 mV。

图 7.43(a) 中 3 个样品的电容在低频段随频率升高而急剧下降,在高频时趋于稳定且电容值减小。根据公式 $\varepsilon = C_s/C_0$(其中 C_0 空气/隔离时的电容,ε 介电常数),可知某些弛豫极化机制逐渐落后于外场的变化,而使总的极化效应减弱,宏观上体现为介电常数减小。高频时,电子云变形困难,离子不易极化,ε 值低且稳定,因此 C_s 稳定。

引起介质损耗的机制主要有:漏电流产生的电导损耗;某些弛豫极化机构产生的弛豫损耗;在红外到紫外光范围内的由原子、电子和离子共振吸收产生的损耗。共振,当外加电场频率很高,与晶格振动频率一致时,晶格振幅加剧,从电场中吸收能量,由此产生损耗。吸收,外加电场频率很高时,外层电子脱离原子核,电子要吸收能量产生损耗。

图 7.43(b) 中 3 个样品的介质损耗依次减小,且在低频段急剧下降,B 样品和 C 样品在频率 3 MHz 附近出现了一个微弱的弛豫极大值。随着频率的升高,样品的介质损耗都不断增强,这可能是由于在金刚石薄膜表面镀有 Au 电极,引起金属

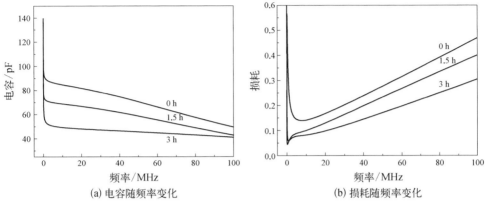

(a) 电容随频率变化   (b) 损耗随频率变化

图 7.43 不同刻蚀时间,金刚石薄膜电容和损耗随频率的变化

部分的介质损耗。具体机理还在研究当中。

在低频率范围内,主要为电导损耗和弛豫损耗,从图中可以看出,A 样品在频率为零时 tgδ 趋于无穷大,而且没有出现极大值,表示电导损耗占主导。如果弛豫损耗占主导地位,电导率很大时,tgδ 的弛豫极大值将不再显著,其极大值完全被电导损耗淹没。电导损耗的引起可能是由于金刚石薄膜的纯度不高,内部包含 H、O和石墨等,产生杂质电导。也可能有杂质由原子、离子或电子的振动或转向所产生的共振或吸收效应引起的损耗[48]。而样品 B 和样品 C 则有一个的弛豫极大值出现,此极值的出现表明,在极大值所对应的频率附近,弛豫极化占主导地位,即通过氢刻蚀,薄膜内的杂质减少。

测量样品的电容时,上下电极相当于平行极板,金刚石薄膜则为两平行极板间的介质(电极线度远大于薄膜的厚度)。当电荷从电容的一端输送到另一端时,仅仅依赖于材料极性且只由空间限制电荷运动所决定[49]。由于金刚石的电阻率远远大于硅衬底的电阻率,所以可以认为测量的电容值仅依赖于 CVD 金刚石膜,即金刚石薄膜介电常数可简化为

$$\varepsilon = Cd/\varepsilon_0 S$$

其中,d 是薄膜厚度;S 是电极面积;ε_0 自由空间介电常数。

通过对电容的换算,得到样品的介电常数。从图 7.44 可以看出,3 个样品的介电常数在 7.5~10,薄膜的介电常数都随着频率的增加而逐渐降低。说明随着频率的增加,某些弛豫极化机制逐渐落后于外场的变化,而使总的极化效应减弱,宏观上体现为介电常数减小。石墨的电导率比金刚石和非晶碳大几个数量级,因此它的存在严重限制了薄膜介电性能的提高,但石墨相并没有在 Raman 光谱和 XRD 谱中观测到。石墨相的消失可归因于 H、O 和 OH 活性基的作用,它们能非常有效地

刻蚀石墨。所以,金刚石本身的含量和质量决定了薄膜介电常数。经过 3 h 氢刻蚀后,薄膜的介电常数更接近天然金刚石。

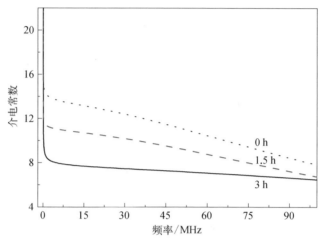

图 7.44　不同氢刻蚀时间金刚石薄膜介电常数随频率变化

7.3.5　小结

　　本节中,我们通过优化生长参数,采用热丝辅助化学气相沉积(HFCVD)方法,在反应气压、衬底温度等沉积参数保持一定的情况下,通过改变氢刻蚀的时间,研究了在硅衬底上表面粗糙度低的纳米金刚石薄膜的沉积工艺。扫描电子显微镜和原子力显微镜观察显示,随着刻蚀时间的提高(0～3 h),表面晶粒尺寸逐步减小,薄膜的表面粗糙度(RMS)减小,从 47.2 nm 降低到 14.8 nm。拉曼散射光谱显示,随着刻蚀时间的增加,薄膜中石墨等非金刚石相含量减小。薄膜中存在的氢有利于 sp^3 键的稳定,氢刻蚀工艺在一定程度上提高了薄膜的质量。由于金刚石的光学透射性是由表面粗糙度和薄膜质量这两个因素共同决定的,随着薄膜质量的增加和表面平整度的提高,薄膜的红外可见光透过率提高,在 632.8 nm 处的透过率达到了 51%。椭圆偏振光谱研究结果表明,金刚石薄膜的折射率随刻蚀时间增加而增大,而消光系数随刻蚀时间增大而减小。

　　样品在中国科技大学国家同步辐射实验室测量了软 X 射线 4～12 nm 波段的透过率。薄膜晶粒在纳米级以下时,随晶粒增大,透过率增加比较明显,当晶粒大小趋向于亚微米,透过率变化减小,此时薄膜的表面粗糙度开始对透过率产生影响,透过率略有下降。通过增加氢刻蚀工艺,并改变刻蚀的频率和时间,研究氢刻蚀对薄膜透过率的影响。随着刻蚀时间的增加,薄膜的透过率也随之增加。刻蚀 3 小时的样品,在 258 eV 处的透过率达到了 52.8%,没有刻蚀的样品只有 24.8%。

通过刻蚀,薄膜的表面平整度提高,透过率上升。

对薄膜的电学性能的表征,表明随着刻蚀时间的增加,薄膜的暗电流和介质损耗减小,介电常数接近天然金刚石。

光学和电学手段的表征,都证明氢刻蚀能有效提高薄膜的质量,进一步优化了纳米金刚石薄膜的沉积工艺参数。

7.4 强磁场下纳米金刚石膜生长及性能表征

以强磁场下纳米金刚石薄膜的沉积为研究对象,通过自行设计强磁场配套热丝 CVD 装置,对强磁场下纳米金刚石薄膜的沉积及强磁场对纳米金刚石薄膜的性能影响等内容进行了深入的研究,并在有关纳米金刚石薄膜生长机理及强磁场作用原理方面进行了一些探索性的工作,以促进金刚石薄膜在微电子学、光电子学和微机械等领域的广泛应用。

磁场强度超过 10 T 的超导强磁场制备材料的机理研究已受到人们的重视。强磁场因其强大的磁化作用,可以使得非铁磁性物质也能显示出内禀磁性,如水、塑料、木材等可在强磁场中悬浮。与普通磁场作用于宏观物体不同,强磁场能够将高强度的磁能传递到物质的原子尺度,改变原子的排列、匹配和迁移等行为,从而对材料的组织和性能产生深远的影响。在材料制备中强磁场能够控制材料在晶体生长过程中的形态、大小、分布和取向等,从而影响材料的组织结构,最终获得具有优良性能的新材料。T. Mori 等的研究表明,在磁场下制备的有机薄膜具有一定的取向性[50,51]。G. Sazaki 等的研究表明,在 10 T 的强磁场下可以获得具有一定取向和良好特性的蛋白质晶体[52]。Y.W. Ma 和 S. Awaji 等的研究表明强磁场可以有效控制气相沉积钇钡铜氧(YBCO)超导薄膜的取向和微结构,并且可以降低其晶粒尺寸和表面粗糙度[53,54]。S. Weißmantel 等的研究表明磁场可以提高氮化硼薄膜的沉积速率[55]。石墨具有明显的抗磁磁各向异性,石墨粉末与环氧树脂混合,室温下置于强磁场中固化后,其石墨粉末晶体中磁化率最大的 c 轴会垂直于强磁场方向定向排列[56]。R. Cloots[57] 等在 0.6 T 磁场中原位合成 R - Ba - Cu - O 超导材料时,发现所得材料除具有织构外,还出现了大量的台阶型亚结构,表明磁场影响晶体成核过程。由此可见,将热丝 CVD 沉积金刚石薄膜的过程置于强磁场中进行,利用强磁场对物质极强的磁化力、磁能作用以及对运动电荷的洛伦兹力,有可能增强反应物的活化和离解,促进电子、氢、碳氢活性基团等反应粒子之间的相互作用,影响并且控制金刚石薄膜的成核与生长过程。

7.4.1 适应强磁场腔体的热丝 CVD 装置的设计

采用强磁场下 HFCVD 法制备纳米金刚石薄膜。制备所采用的强磁场装置是上海大学材料学院拥有的英国牛津仪器有限公司(Oxford Inst.)的超导强磁场装置。因此如何实现 HFCVD 装置和强磁场装置的有机结合是整个实验的关键。针对超导强磁场装置的特点,我们成功设计并制造出适应强磁场腔体的热丝 CVD 装置,为后续强磁场环境下的研究工作奠定了良好的基础。

7.4.1.1　适应强磁场腔体的热丝 CVD 装置

热丝 CVD 法制备金刚石薄膜具有设备简单、生产易控制、膜层质量较好等优点,也具有热介率低、膜层易不均匀、易受灯丝污染、沉积速率低等缺点。为了实现强磁场下纳米金刚石薄膜的制备,在金刚石薄膜制备技术上,改进原有热丝 CVD 装置,成为本节的一个重要工作。

图 7.45 是强磁场下纳米金刚石薄膜的热丝气相沉积装置示意图,主要包括以下三部分:

1) 电控装置,包括控制真空室的开闭、抽真空、气源控制以及加热、冷却控制;

2) 真空室,包括内中真空沉积工作台、热丝装置、真空机组(真空室下方柜中);

3) 气源系统,包括碳氢化合物气体(如丙酮)、氢气及管路等。

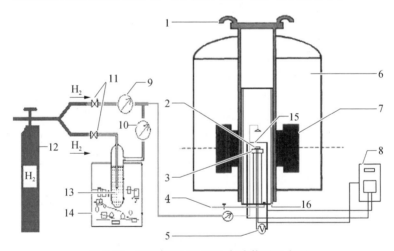

图 7.45　强磁场下 HFCVD 实验装置示意图

1. 强磁场水冷系统;2. Si 衬底;3. 试样台;4. 真空泵;5. 偏压装置;6. 液氮冷却系统;7. 超导磁体;8. 测温仪;9. 质量流量计;10. 质量流量计;11. 阀门;12. 氢气;13. 丙酮;14. 恒温槽;15. 加热钨丝;16. CVD 装置腔体水冷系统

7.4.1.2　适应强磁场腔体的热丝 CVD 装置中的几个关键技术

1. 热丝材质的设计

热丝材质的设计,是热丝 CVD 装置中的关键技术之一。在热丝材质的设计选取中,应按照工艺要求,满足下列五个条件:

1）通电加热后,热丝能产生 2 000℃以上的高温;

2）热丝在高温下少挥发或不挥发;

3）冷热伸缩小,特别是高温条件下（2 000℃）热丝下垂小;

4）不易脆断,丝径均匀,表面光滑,具有长的高温使用寿命;

5）在金刚石成膜气氛中不发生化学反应。

其中,能产生 2 000℃高温是最基本、最重要的条件;其次是高温时的下垂小和使用寿命长。之所以要求发热温度达 2 000℃（或不低于 2 000℃左右）,是因为已有的大量实验证实,热丝温度太低（低于 1 800℃）,会导致气氛分解不足,单原子状态存在的氢浓度在等离子体中过低,比较容易在衬底上形成石墨或类金刚石相,得不到高质量的金刚石膜。温度过高（大于 2 400℃）会使热丝寿命缩短。从目前的实验研究结果看,能基本满足上述高温工作要求的材质,主要有钨（W）丝和钽（Ta）丝。实验室大多采用 Ta 丝作发热体。而试制或小批量生产较大一点的热丝法设备时,大多会选用 W 丝作发热体。这是因为发热丝易损耗,Ta 丝价格贵,从规模化、低成本角度考虑,选取 W 丝为宜。

本章前期实验采用 Ta 丝,后期在强磁场环境下,考虑到丝的抗弯曲强度,采用W 丝。

2. 加热过程中热丝的下垂

热丝与沉积衬底之间的距离,是热丝 CVD 沉积工艺中重要的、需严格控制的工艺参数,它是影响成膜质量的关键参数之一。这是由于金刚石膜在生长过程中,当碳氢化合物与氢混合后通入反应室的顶部,喷向 2 000℃发热装置中密排的 W丝或 Ta 丝时,便发生高温热分解,形成多种原子、分子、离子、电子及多种基团等离子体,特别是形成氢原子、碳氢基团,经很短的距离到达衬底,生成金刚石膜。另一因素是,衬底的沉积温度是靠发热的 W 丝或 Ta 丝辐射加热和工件台中的冷却水冷却来共同控制的。因此,W 丝或 Ta 丝在高温条件下下垂,造成原设定的衬底与发热丝的距离变小,而且又不是均匀的变小,势必影响金刚石膜的成膜速率与成膜质量,尤其在保证大面积均匀成膜时,设定距离的改变带来的影响就十分突出。为了保证大面积的均匀成膜并尽量提高成膜速率,国内外不少用热丝 CVD 法生长金刚石薄膜的科研人员,为克服高温加热中 W 丝或 Ta 丝下垂引起衬底与发热丝距离的缩小,做了不少的试验研究,归结起来,在热丝装置结构上,大致进展如下。

（1）螺旋丝结构

早期在制备小面积的金刚石薄膜的热丝 CVD 装置中,一般广为采用螺旋状的热丝结构,即把 W 丝或 Ta 丝制成单螺旋丝和多螺旋丝平行结构,目的是扩大金刚石膜的生长面积。这类热丝装置结构简单,易于制作,比较好地将热量集中在丝的螺旋部分,促使碳氢化合物和氢进行高温分解,这是这类装置的优点。但是,加热后的螺旋丝,变形严重,造成热区温度不均、氢分解后再复合的概率处处不等,难以制取大面积均匀的金刚石薄膜;无论是单螺旋结构或多螺旋丝平行结构,都存在螺旋丝直径上下两部分和衬底间距离不同的问题,产生热量重叠,造成螺旋丝的高温变形,螺旋的下垂,导致衬底与热螺旋之间距离的变短,热区温差大,难以提高金刚石膜的生长速率和大面积膜层的均匀性。因此,无论是单螺旋或是多螺旋的平行热丝结构,作为产业化制备大面积均匀的金刚石膜,都是不可取的。当然,这种早期的螺旋热丝结构装置与最初成膜直径只有几毫米有关,随着目前国外已用电子增强的热丝 CVD 装置制备出直径为几百毫米的金刚石薄膜,显然这种螺旋结构在技术上是不可取的。

(2) 多根直的热丝平行排列成梳状结构

这种多根直热丝平行排列的梳状结构具有变形小、功耗低、加热面积大、热区均匀、热丝下垂易克服、可缩短衬底与热丝的间距等优点。是目前普遍选取的发热结构形式。由于制备工件的形状各异,在发热丝的结构设计上都很巧妙,特别是一些复杂形状的工件。下面就目前国内外已见的报道以及我们自己的实验略加叙述。

1) 多根直热丝弧状平行伸缩缓冲结构。这种弧形的平行伸缩缓冲结构,其弧形的大小可以通过材质的热膨胀来计算,用加热试验验证,并根据沉积面积大小的需要来截取直热 W 丝或 Ta 丝,制成弧形,或受热后形成弧形。这种利用“弧形”来实现伸缩缓冲,比起螺旋结构有一定的改进,起到了一定的伸缩缓冲作用。但不管加热后热丝缓冲下垂或是受热后形成缓冲的弧,都难以保持热丝与衬底间距离均匀,因此,在工艺稳定性上还是存在问题。

2) 多根直热丝双弧平行伸缩缓冲结构。这种双弧的平行伸缩缓冲结构,实际上是单弧状的改型,即在每根直热丝的两端预先制成一个半圆弧形,当加热热丝时,两个端部的半圆弧就起到缓冲直热丝伸长的作用,使中间有效段仍能基本保持直线,从而保证了衬底与热丝间的距离。这种结构与“单弧状”相比肯定有一定的进步,其主要问题是中间直线段不能过长。因为两个半圆弧的缓冲伸长是有限的,当中间直线段热胀长度超过一定量时,中间段就难以保持基本的直线。如果要扩大金刚石膜的生长面积,两端的半圆弧就无法缓解发热丝的全部伸长,这样就无法实现整个发热栅与衬底的平行。

3) 带重锤的多根直热丝平行栅状结构。这种结构是多根直热丝的平行排列,其最大特点是,热丝在高温下膨胀后通过重锤来拉直,从而防止衬底与热丝的间距由于热丝受热后引起的改变,造成衬底中心部位温度过高,边缘温度过低。在设计重锤重量时,应视所选取热丝的材质与粗细而定,要注意,在高温下引起的变形,应在该材质的弹性范围之内。重量过大,超过了高温下材质的弹性范围,热丝就极易拉断;重量过小,又会因克服不了热丝经过通电卡柱的电极卡槽时引起的摩擦阻力而使丝拉不直。设计时,要兼顾这两方面的因素。另外,平行丝之间的距离不宜过大。过大的距离导致的主要问题是衬底温度不均,由此引起成膜速率下降和成膜的组织结构严重不均匀。要求热丝与衬底的距离越小,平行丝之间的间距也就越小。研究表明,当热丝与衬底的距离为 8 mm 左右时,相邻热丝的间距不宜大于12 mm。实验发现,由于要加热到 2 000℃ 高温,考虑到热丝膨胀及材料的碳化,热丝会伸长 3% 左右,这样,热丝中间下垂按伸长率为 3% 计算,140 mm 长的丝,中间将下垂 17 mm 左右。为此,采用了平衡重锤拉直热丝的方式,成功地制备出大面积、均匀的金刚石薄膜。同时,在电极与热丝的连接方式上,采用了 W 材,把电极剖分为两片,用线切割加工方法,按相邻热丝的间距和热丝的根数,切割好细小的沟槽,工作时,热丝被上下两片夹持在沟槽内。实践证明,这种连接方式不仅充分地保证了热丝与电极间的良好接触,还便于在工作周期完成后更换新的热丝。

4) 加弹簧伸缩的多根直热丝平行栅结构。这种结构中,每根直热丝的两端因用拉力合适的弹簧来拉卡固定在导电极柱上。其最大的特点是用弹簧的拉力来平衡直热丝的伸缩,从而使每根直热丝始终保持在"拉紧"的直线状态,这是目前比较广泛使用的一种有效的发热装置结构。我们认为,这种结构算是目前大面积、均匀地沉积金刚石膜的一种较好的发热装置结构。这种装置结构相对比较复杂,平行丝间的距离常受弹簧尺寸的局限,热丝与衬底之间的间距一般都会大于 4 ~ 5 mm,这对成膜质量来讲,有时会有一定影响。

本工作中,前期实验采用多根直热丝平行的排列梳状结构,后期强磁场环境下,考虑到丝结构对衬底温度的影响,采用了中间固定的螺旋丝结构。

3. 加直流偏压

热丝 CVD 法沉积金刚石膜的沉积速率一般是 1~2 μm/h。如果在热丝和衬底之间施加直流偏压,就会十分明显地提高金刚石膜的沉积速率,达到 2 ~ 10 μm/h;而且还使金刚石膜的质量(特别是均匀性)得到改善。这是由于直流偏压施加后,在热丝和衬底之间会产生辉光等离子体,提高了到达衬底表面的氢原子和碳活化基团浓度,这种改进的热丝 CVD 又称作 EACVD(electron assisted CVD)。

4. 装置中水冷却系统的考虑

对装置中水冷却系统总的设计思路是考虑使沉积真空反应室内的温度场尽量均匀,如温度太高就要用冷却水来降温。需冷却的部件主要包括炉壁、炉盖、窥视窗、工作台、扩散泵、机械泵等,其中工件台的冷却最为关键,因为它直接影响到被沉积衬底的工作温度。窥视窗的冷却不能忽视,若窥视窗温度过高也会影响到成膜的生长。这里主要讲工件台,工件台必须冷却,这是成膜质量的关键,是保证放置于工件台上衬底温度可控的关键因素之一。衬底温度的高低,除受其他各工艺参数(如气体的流量、配比、炉压、热丝的温度及它与衬底的距离、炉体的冷却等)影响外,相当大的程度上,是通过冷却水流量的大小来稳定控制与水冷工件台接触的衬底温度。因此,工件台水冷必须均匀,并应通过阀门在较大范围内实施调节、控制。当然热丝与衬底距离人时,冷却水的流量相对要小;反之,距离小时,冷却水的流量要大。这样在设计上就需考虑:第一,工件台的材质,应选热传导好的材料,一般选铜作水冷工件台;第二,水冷工件台的进水与出水部位都必须安置调节控制阀,应保证在较大范围内有效地调节冷却水的流量,从而达到冷却的控温效果;第三,设置可旋转的冷却水分流器,目的是使进入的冷却水在工作台空腔内能有效地带走热量;第四,工作台可旋转,微调升降,旋转是使衬底表面温度均匀和金刚石成膜均匀,微调升降是根据不同的工艺参数,使衬底与热丝的间距达到最佳。

在本工作中,对通常情况下的水冷却系统进行了改进设计,尤其针对腔壁冷却,采用两路水冷从腔壁底部进入,对腔壁进行冷却(特别是工作台附近腔壁的冷却),汇合成一路从腔体顶部流出。

5. 装置中的真空系统设计

热丝辅助化学气相沉积装置的整套真空系统没有特别之处。一般根据真空室的大小,排气量的大小,结构部件加热时的放气、冷态真空度达 10^{-3} Pa 量级以及工艺上的一些要求来进行设计,大多采用“机械泵加扩散泵”的整套搭配机组。低真空和高真空分别配置热偶真空计和电离真空计进行真空测量。在真空系统旁路上应设置“微调阀”。这是因为当反应室工作通入的碳氢化合物与氢气工作时,扩散泵高真空阀是于关闭状态,抽气走旁路,要靠“微调阀”来维持进出气量的平衡、控制炉内压参数。为了省电,在机械泵外另接一个小机械泵。在工作状态下,抽气流量小,就可以关闭大机械泵,只用小机械泵来抽出气体即可。

由于热丝 CVD 法沉积金刚石膜对真空的要求不高,也有热丝装置的真空系统仅选用真空机械泵,并无扩散泵机组。有的生产线上用的热丝 CVD 装置抽到机械真空泵的极限真空度 1×10^{-1} Pa 后,加热升温,到达工艺要求温度后,即通气体,达到 $3 \sim 5$ kPa 预定工作炉压后,开始沉积金刚石膜。

值得一提的是,真空室不少部位使用真空密封胶圈密封,由于真空反应室中的热丝温度高达 $2\,000\,℃$,辐射热源强,故须使用真空用氟橡胶和硅橡胶圈,同时要在密封橡胶紧贴的部位通水强制冷却,这样才能使真空密封橡胶圈不因过热而迅速老化而失效。另外,对窥视窗的密封,在 $2\,000\,℃$ 的高温辐射下,一般的耐热玻璃易裂易碎,必须采用石英玻璃,密封部位也需通水强制冷却,否则也将影响真空度。

6. 装置中的气源设计

沉积金刚石薄膜,离不开氢和碳氢化合物气源。从气源设计上,首先要选气源,一般在碳氢化合物中选 CH_4 为多,其原因是 CH_4 易分解成甲基团—CH_3,甲基团与金刚石的键价结构类似。一般要求碳氢化合物气源的纯度要高些,氢气纯度要求达到 99.999% 以上。第二,对碳氢化合物与氢气要分别实施流量控制,才能有效控制工艺所需配比。第三,进入真空反应室前,所有气体最好先入混合器混合。第四,混合后的气源一般从真空反应室顶部进入,进入后直接喷向发热装置,混合气体在热丝温度为 2 000℃ 高温附近分解成分子、离子、原子和原子集团,他们与置于水冷工件台上温度为 700~900℃ 的衬底接触,沉积出金刚石膜。一般应选用质量流量计来精确控制气体流量。考虑到工艺上的需要,有时需要用 Ar 气,因此,从气路设计上至少应考虑三路气源。

本工作中,试验中需使用气态的丙酮作为碳源无法使用,但在常温下,丙酮通常是液态的,故设计装置时,巧妙地将氢气吹进装有丙酮液体的容器,并携带挥发的丙酮进入管路,作为碳源气体。

7. 其他技术注意点

其他技术注意点如下。

1)测温。温度是必须监控的重要工艺参数,它将直接影响成膜质量。主要是测量发热丝、工件台、衬底的工作温度。目前一般选用光学高温计和红外辐射高温仪来测量衬底温度,铠装热电偶来测量工件台温度,其中测定衬底温度是最关键的。用光学高温计和红外辐射高温仪进行测定时,需通过观察窗对准被测物,此时观察窗用的透明玻璃就会有光折射和吸收。故选用石英玻璃作为观察窗,它对光学高温计测温所用的红光和辐射高温仪用的红外线几乎完全不吸收,能比较准确地测定热丝温度。工件台的温度一般在 700~900℃,可用铠装热电偶测定。在稳定达到热平衡后,工作台温度会等于或略高于衬底温度。

2)停水与报警系统设计。为防止高温工作时突然停水,造成密封部位胶圈过热失效,或衬底、工件台过热损坏,本装置特别设置了停水自动报警的保护装置。

7.4.2 强磁场下纳米金刚石膜的制备

本工作采用强磁场下的热丝 CVD 法沉积纳米金刚石薄膜。强磁场因其条件极端,其磁场强度远远大于普通磁场,使得在沉积纳米金刚石薄膜实验中,遇到了普通条件下难以遇到的困难。

7.4.2.1 洛伦兹力

本实验中,沉积室完全处于强磁场环境下,热丝通过电流加热,电流方向刚好垂直于磁场方向,这样,热丝就必然受到洛伦兹力的作用,且磁场越强,洛伦兹力越大。问题的关键在于,实验中所采用的电源为普通交流电源,其电流呈周期性快速变化,也就必然引起作用于热丝的洛伦兹力方向的周期性变化。在这样的条件下,根本无法开展实验。

为了解决这个问题,我们采用直流电源替换普通交流电源,并对 HFCVD 的电控装置进行了改造,以满足实验要求。如此,解决了作用于热丝的洛伦兹力的周期性变化问题,但直流电源依然无法解决热丝仍受洛伦兹力问题。热丝在此作用力下,将向一侧弯曲,且磁场强度越大,弯曲幅度越严重,严重影响衬底温度均匀性,从而影响薄膜质量。

7.4.2.2　热丝

本实验一开始就采用 Ta 丝作为热丝,但因其抗弯曲强度较弱,在洛伦兹力作用下,热丝弯曲幅度极为严重,甚至因弯曲而触碰沉积腔壁(因强磁场装置原因,设计的 HFCVD 装置沉积室较小)造成短路,导致实验中断。

为解决这一问题,我们设想在不降低磁场强度的条件下,降低通过热丝的电流,以减小热丝所受的洛伦兹力,从而减小热丝的弯曲幅度。

在接下来的实验中,我们发现电流降低使热丝的弯曲幅度减小,但衬底温度也同时降低,无法达到实验要求的衬底温度。这是因为衬底通过热丝的热辐射加热,热丝电流降低,则热辐射强度也减弱。

由此,我们设想采用强度更强的 W 丝代替 Ta 丝。但实验发现,W 丝在加热后强度降低,在洛伦兹力的作用下,弯曲幅度仍然严重,效果不明显。

后来,我们想增加热丝的长度,在不增加热丝电流的情况下,增强热丝的热辐射强度。但沉积室空间有限,无法通过直接增加热丝的有效长度达到目的。我们想到了在沉积金刚石薄膜早期采用的多螺旋丝平行结构,尽管这种结构本身存在很大的缺陷,但通过实验发现,衬底温度虽得到了改善,但热丝的弯曲幅度仍然严重。后来,我们进一步对工件台进行改进,在其中间水平垂直热丝方向上增加一根丝,目的是固定平行热丝,其两端绝缘,不影响热丝工作。接下来的实验发现,这种方法等于将一根丝分成了两根,在降低弯曲幅度的同时还不影响热丝发热。

7.4.2.3　磁场强度

由于热丝在强磁场下受到洛伦兹力作用,其作用力随磁场强度的增大而增大。在实验中我们尝试增大磁场强度,但很快发现热丝的弯曲幅度也随之增大。尽管我们采取了一些措施,但仍无法改变强磁场下热丝由于洛伦兹力作用而向一侧弯曲变形。这就限制了在更高磁场强度下的试验。我们曾尝试在 8 T 磁场强度下沉积纳米金刚石薄膜,可在实验进行了将近 3 h 时,有两根热丝因弯曲而相互接触短路,只能中止实验。

其间我们也设想过很多方法,如将现在垂直于磁场的热丝改造为平行于磁场,则热丝将不受或少受洛伦兹力的影响。但因改造极为复杂,涉及工作台的重新设计,终因难度太大而放弃。至今,这一问题我们仍没能彻底解决。尽管如此,5 T 磁场强度已基本满足该实验需要。

7.4.2.4 强磁场下纳米金刚石膜的沉积

通过前期对自行设计的热丝 CVD 装置参数的优化及强磁场环境下设备的改进,成功地在强磁场下制备得到了纳米金刚石薄膜。其典型工艺参数如表 7.8 所示。

表 7.8 HFCVD 法沉积纳米金刚石薄膜的典型工艺参数

	生长参数
沉积时间/h	3
衬底温度/℃	580~700
反应气压/kPa	1~3
碳源浓度	2%~3%
偏压电流/A	4
磁场强度/T	0~5

7.4.3 强磁场对纳米金刚石膜性能影响

通过对不同磁场强度下沉积得到的纳米金刚石薄膜的一系列表征,研究了磁场强度对纳米金刚石薄膜性能的影响。图 7.46 为不同磁场强度下金刚石薄膜的 Raman 谱(HR800),0 T 和 1 T 下的 Raman 谱相差不多,均有明显的金刚石的特征峰($1332\ cm^{-1}$),随磁场强度增加,金刚石峰逐渐减弱,尤其是当磁场增加到 5 T 时,没有明显的金刚石峰出现,而是宽化为一个圆包。这表明随着磁场的增加,纳米金刚石膜的晶粒有逐渐细化的趋势。

图 7.47 是不同磁场强度下金刚石膜的 XRD 图,从中可以看出随磁场强度的增加,金刚石(111)峰逐渐宽化,由谢乐公式可知,金刚石的颗粒逐渐减小。尤其是磁场增加至 5 T 时,趋势更加明显。由上可见,磁场的增强有助于晶粒的细化和表面形貌的改善。

7.4.4 强磁场下纳米金刚石薄膜沉积机理

激活的气相沉积技术是一种新颖的材料合成与加工的重要方法。由于这种新颖的激活的气相沉积工艺可在远离非平衡态的条件下进行,因而可以获得新的非

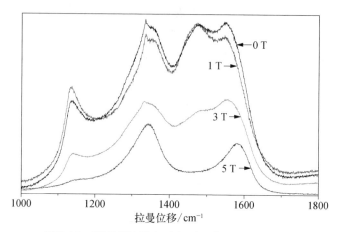

图 7.46　不同磁场强度下金刚石薄膜的 Raman 谱

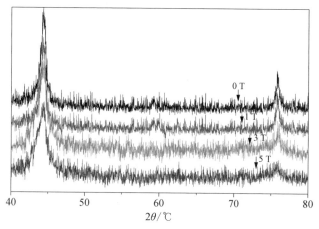

图 7.47　不同磁场强度下纳米金刚石薄膜的 XRD 谱

平衡态结构、成分和独特的多层结构。其中,金刚石薄膜的沉积过程就是在非平衡状态下进行的。从碳的平衡相图可知,在低压条件下,石墨是稳定相,金刚石是亚稳相,只有在高压下金刚石才出现稳定相。本节将主要叙述热丝辅助化学气相沉积纳米金刚石薄膜的形成机理及强磁场作用原理。

7.4.4.1　纳米金刚石薄膜沉积机理

在化学气相沉积金刚石薄膜的形成机制上,复旦大学王季陶教授提出的"激活低压金刚石热力学耦合模型"中,把"超平衡氢原子"视作一种外界的能量,起到一种"水泵"传输的作用。把石墨作为稳态、金刚石作为亚稳态处理时认为,在稳态和亚稳态之间存在着一个假想的"化学泵"。碳原子通过"化学泵"把它从能量低的稳态石墨相输送到能量较高的亚稳态金刚石相,与此同时,把外界的能量也加入碳原子有关的体系中去。外界能量的加入,一是通过超平衡氢原子的存在来体现;二是超平衡氢原子又起到携带外界能量给体系的作用[58]。他在概述这个"化学泵"时认为:这个特殊的化学泵是由超平衡的氢原子及石墨、金刚石两个特殊的表面结构所组成的。不难看出,化学泵模型已比较清楚地回答了激活的低压成长金刚石的热力学机制。

图 7.48 是化学泵模型的两种示意图。在热丝激活氢分子从而产生充足的超平衡氢原子或其他自由基时,其石墨和金刚石两相稳定性的变化正是来源于平衡氢原子或其他自由基等激活的高能粒子作用于石墨与金刚石的表面结构。

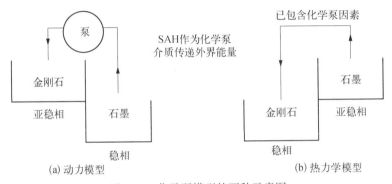

图 7.48 化学泵模型的两种示意图

它的热力学稳定性发生了很大的变化。在 1 200 K 的碳体系实验中,超平衡氢原子有效地刻蚀着石墨,在石墨的表面增加了能量,起到了化学泵传输的作用。也就是说,超平衡氢原子把石墨的能量水平"泵升"到一个新高度,促成了金刚石变成稳定相。表明超平衡氢原子作为化学泵介质传递外界能量,使得碳原子能够从能量较低的石墨相转移到能量较高的金刚石相,从而实现了激活的低压气相生长金刚石时,石墨同时被刻蚀。

下面看一下热丝法中 $CH_3COCH_3-H_2$ 为反应气体沉积的示意过程,如图 7.49 所示。从反应气体中可以看出,通过 W 丝的加热,促使反应气体离解、活化,其中氢气是必不可少。根据现在的实验分析看,其作用有三点:一是离解的原子态氢有助于 CH_3COCH_3 的离解,以便产生活性的甲基团—CH_3;二是原子态氢的存在有利于稳定金刚石的 sp^3 键,不利于形成石墨的 sp^2 键;三是用原子态的氢对生成的石墨可起到刻蚀的作用。

现列举两种纳米金刚石薄膜形成的机理。图 7.50 描述的是一个理想化的可能机理之一。之所以称为理想的主要原因是石墨的表面上不一定只是 6 个碳原子的原子簇。而气相中,主要是甲烷、乙炔等,而不是 6 个碳的环己烷。由于氢原子

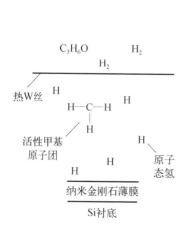

图 7.49　热丝法沉积纳米金
刚石薄膜的过程

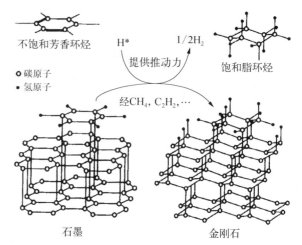

图 7.50　低压下生长纳米金刚石的一种
可能的热力学耦合机理

具有强的反应活性,易与石墨表面的碳原子发生反应生成甲烷、乙烯、乙炔、甲基、乙基等碳氢化合物。这些化合物又可在金刚石表面上释放出氢分子,从而形成金刚石表面的原子簇并逐渐长大。因为金刚石表面上的碳原子是饱和的 sp^3 键构型,不易与氢原子反应,与此同时超平衡氢原子的存在,形成不饱和的 sp^2 键构型的石墨晶核也不太可能,这就是相反过程不易发生。整个耦合的过程是单向的。

过程继续进行,即可累积形成越来越大的金刚石晶体。与此同时,在低压合成金刚石的过程中,另一种可能的机制是生成石墨,其在氢原子的刻蚀作用下转变成金刚石,其转变过程如图 7.51 与图 7.52 所示。

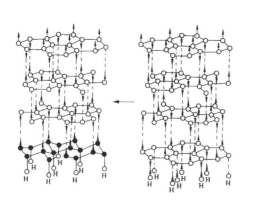

图 7.51　在氢原子的作用下,石墨
结构转化成金刚石结构

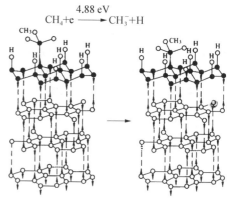

图 7.52　甲基团与金刚石结构的石墨
相互作用转化成金刚石

从其转变图中可知,石墨原来是一个六边形的格子,在等离子体中,由于大量高能活性粒子的作用发生"扭曲",因而形成具有金刚石的结构(图 7.51),再与生成的 CH_3 甲基反应,逐步脱氢,最后将生成的石墨转变成金刚石(图 7.52)。

热丝 CVD 生长金刚石薄膜的 C－H 体系中,其非平衡热力学耦合模型反应过程可简要地表示为

$$C_{(gra)} = C_{(dia)} \tag{7.30}$$

$$\Delta G_1 > 0 \quad (T, p \leqslant 10^5 \, Pa)$$

式中,ΔG_1 为反应式(7.30)的 Gibbs 自由能的增量,在恒温恒压下,$\Delta G_1 > 0$,反应式(7.30)向左进行;$\Delta G_1 < 0$,反应式(7.30)向右进行。下标 gra 表示石墨,dia 表示金刚石。同时有氢原子 H^* 缔合成氢分子的反应:

$$H^* = 0.5H_2 \tag{7.31}$$

$$\Delta G_2 < 0 \quad (T \ll T_e, p \leqslant 10^5 \, Pa)$$

式中,H^* 为超平衡氢原子,相当于 T_e(氢原子激活温度)下的平衡浓度,对衬底而言,大大超过平衡浓度。当式(7.30)与式(7.31)发生热力学耦合时,令耦合系数 $x = v_2/v_1$,v_2、v_1 分别为式(7.31)与式(7.30)的速度,此时,耦合反应式(7.30)与式(7.31):

$$C_{(gra)} + xH^* = C_{(dia)} + 0.5xH_2 \quad (T, p \leqslant 10^5 \, Pa) \tag{7.32}$$

$$\Delta G_3 = \Delta G_1 + x\Delta G_2 < 0 \quad (\text{若 } x \text{ 不是太小})$$

在耦合反应式(7.32)中:

当超平衡 H^* 浓度足够大时,其 H^* 缔合反应速率 v_2 就不会太小,相应地可使反应式(7.30)以速率 v_1 向右进行。

当 $\Delta G_3 < 0$,表明耦合反应式(7.32)向右进行,即由石墨与超平衡 H^* 反应生成金刚石分子与氢分子,这已经在文献中用石墨和超平衡氢原子反应转化成金刚石所证实[59,60]。

反应式(7.32)也适合以碳氢化合物气体为碳源的气相生长过程,同样也被国内众多研究学者所证实[61]。

若只考虑 H^* 对石墨的激活效应,反应式(7.32)可改写成

$$C_{(gra)} + x(H^* - 0.5H_2) = C_{(dia)} \quad (T, p \leqslant 10^5 \, Pa) \tag{7.33}$$

$$\Delta G_3 = \Delta G_1 + x\Delta G_2 < 0 \quad (\text{若 } x \text{ 不是太小})$$

称式(7.33)左边为激活石墨,用 $gra^*(H)$ 表示。

7.4.4.2　强磁场作用原理

在纳米金刚石沉积过程中,强磁场起到了细化晶粒的作用,同时使晶粒分布更加均匀。为此,我们对强磁场作用原理作了以下初步探索。

假设在非晶中形成半径为 r 的球形金刚石晶体核心,在没有外磁场时,自由能的变化主要由 3 部分组成:体积自由能 ΔG_V、表面能 σ 以及应变能 ε, 总的自由能变化可以表示为

$$\Delta G = \frac{4}{3}\pi r^3(\Delta G_V + \varepsilon) + 4\pi r^2 \sigma \qquad (7.34)$$

在加上磁场后,由磁场引进的能量变化可以表示为

$$\Delta G_M = \frac{1}{2}H^2(\mu_2 - \mu_1)\frac{4}{3}\pi r^3 \qquad (7.35)$$

式中,H 为磁场强度,μ_1 和 μ_2 分别为非晶和晶化相的磁导率。在这种情况下,体系总的自由能变化为

$$\Delta G = \frac{4}{3}\pi r^3\left[\Delta G_V + \varepsilon - \frac{1}{2}H^2(\mu_2 - \mu_1)\right] + 4\pi r^2 \sigma \qquad (7.36)$$

成核的临界半径 r_c 通过令自由能对核心半径的微分 $\dfrac{\mathrm{d}\Delta G}{\mathrm{d}r} = 0$ 得

$$r_c = \frac{-2\sigma}{\Delta G_V + \varepsilon - \frac{1}{2}H^2(\mu_2 - \mu_1)} \qquad (7.37)$$

$\Delta G_V < 0$, $\mu_2 > \mu_1$, σ 和 ε 均>0, r_c 不能为负数,因此,当新相几何固定,即 ε 恒定时,μ_2 越大,临界半径 r_c 越小。因此在磁场下,形成的新相磁导率越大,临界晶核越小;外加磁场越大,临界晶核也越小。因此在强磁场下晶化相中含有磁性相时,有助于提高成核率从而得到晶粒细小的组织。

7.4.5　小结

本章介绍了自行设计的适应强磁场腔体的热丝 CVD 装置,其中包括腔体设计(适应强磁场腔体)、热丝材质设计(前期采用 Ta 丝,后期采用 W 丝)、热丝结构设计(先后采用多根直热丝平行的排列栅状结构和螺旋丝结构)、水冷却系统设计(在原有基础上进一步改进)、直流偏压设计(实验中采用加偏流法)、真空系统设计(独立的氢气管路和丙酮管路)、电控设计(前期采用交流电源,后期强磁场下采

用直流电源)、气源设计(丙酮作碳源,由氢气携带)及测温(主要测量衬底温度)和停水与电源系统自动保护设计(实验中一旦停水,系统自动鸣笛警报)。

通过进一步改善实验装置(主要有直流电源替换交换电源、采用中间固定螺旋热丝结构),成功地在强磁场下制备得到纳米金刚石薄膜,并对不同强磁场对纳米金刚石薄膜的性能影响进行了初步研究。研究结果表明,随着磁场强度的增强,纳米金刚石膜的晶粒有逐渐细化趋势。并对纳米金刚石薄膜的生长机理及强磁场作用原理方面进行了初步探索。

参 考 文 献

[1] Yoshimoto M, Yoshida K, Maruta H, et al. Epitaxial diamond growth on sapphire in an oxidizing environment[J]. Nature, 1999, 399: 340 – 341.

[2] Gruen D M, Liu S, Krauss A R, et al. Fullerenes as precursors for diamond film growth without hydrogen or oxygen additions[J]. Applied Physics Letters, 1994, 64(12): 1502 – 1504.

[3] Zhou D, Gruen D M, Qin L C, et al. Control of diamond film microstructure by Ar additions to CH_4/H_2 microwave plasmas[J]. Journal of Applied Physics, 1998, 84(4): 1981 – 1989.

[4] Zhou D, McCauley T G, Qin L C, et al. Synthesis of nanocrystalline diamond thin films from an Ar – CH_4 microwave plasma[J]. Journal of Applied Physics, 1998, 8(1): 540 – 543.

[5] Sharda T, Umeno M, Soga T, et al. Growth of nanocrystalline diamond films by biased enhanced microwave plasma chemical vapor deposition: a different regime of growth[J]. Applied Physics Letters, 2000, 77(26): 4304 – 4306.

[6] Yugo S, Kanai T, Kimura T, et al. Generation of diamond nuclei by electric field in plasma chemical vapor deposition[J]. Applied Physics Letters, 1991, 58(10): 1036 – 1038.

[7] Jiang X, Klages C P, Zachai R, et al. Epitaxial diamond thin films on (001) silicon substrates [J]. Applied Physics Letters, 1993, 62(26): 3438 – 3440.

[8] Paul C R, David A H, Larry A C, et al. Theoretical studies of growth of diamond (110) from dicarbon[J]. Journal of Physical Chemistry, 1996, 100: 11654 – 11663.

[9] Yang T S, Lai J Y, Wong M S. Combined effects of argon addition and substrate bias on the formation of nanocrystalline diamond films by chemical vapor deposition[J]. Journal of Applied Physics, 2002, 92(9): 4912 – 4917.

[10] Matsumoto S, Sato Y, Tsutsumi M, et al. Growth of diamond particles from methane-hydrogen gas[J]. Journal of Materials Science, 1982, 17(11): 3106 – 3112.

[11] Gröning O, Küttel O M, Gröning P, et al. Field emission properties of nanocrystalline chemically vapor deposited-diamond films[J]. Journal of Vacuum Science and Technology B, 1999, 17(3): 1064 – 1071.

[12] Karabutov A V, Frolov V D, Pimenov S M, et al. Grain boundary field electron emission from CVD diamond films[J]. Diamond Related Materials, 1999, 18(2 – 5): 763 – 767.

[13] Filik J, Narvey J N, Allan N L, et al. Raman spectroscopy of nanocrystalline diamond: an ab

initio approach[J]. Physical Review B, 2006, 74: 1 - 10.

[14] Feng T, Schwartz B D. Characteristics and origin of the 1.681 eV luminescence center in chemical-vapor-deposited diamond films [J]. Journal of Applied Physics, 1993, 73 (3): 1415 - 1425.

[15] Donato M. G, Faggio G, Messina G, et al. Raman and photoluminescence analysis of CVD diamond films: influence of Si-related luminescence centre on the film detection properties[J]. Diamond Related. Materials, 2004, 13: 923 - 928.

[16] 苏青峰, 夏义本, 王林军, 等. 不同取向金刚石薄膜的红外椭圆偏振光谱特性研究[J]. 红外与毫米波学报, 2006, 25(2): 86 - 89.

[17] 方志军, 夏义本, 王林军, 等. 金刚石薄膜的红外椭圆偏振参量的计算和拟合[J]. 光学学报, 2003, 23(12): 1507 - 1512.

[18] Kuzmany H, Pfeiffer R, Salk N, et al. The mystery of the 1140 cm^{-1} Raman line in nanocrystalline diamond films[J]. Carbon, 2004, 42(5 - 6): 911 - 917.

[19] Birrell J, Gerbi J E, Auciello O, et al. Interpretation of the Raman spectra of ultrananocrystalline diamond[J]. Diamond. Related Materials, 2005, 14: 86 - 92.

[20] Attix, Frank H. Introduction to radiological physics and radiation dosimetry[B]. New York: John Wiley&sons, Inc., 1986: 124 - 158.

[21] 闻立时, 黄荣芳. 气相生长金刚石膜[J]. 薄膜科学与技术, 1990, 3: 72 - 77.

[22] 于弋川, 何建军, 何赛灵, 等. MSM 光探测器直流特性的二维分析[J]. 半导体学报, 2005, 26(4): 798 - 804.

[23] 刘恩科, 朱秉升, 罗晋生, 等. 半导体物理学[M]. 北京: 国防工业出版社, 1994.

[24] Knoll, Glenn F. Radiation detection and measurement[B]. 2ed. New York: JohnWiley&sons, Inc., 1989: 131 - 382.

[25] Jenkins T M, Nelson W R, Rindi A. Monte Carlo transport of electrons and photons[B]. New York: Plenum Press, 1988: 79 - 93.

[26] Tromsona D, Brambillaa A, Foulona F, et al. Geometrical non-uniformities in the sensitivity of polycrystalline diamond radiation detectors[J]. Diamond and Related Materials, 2000, 9(11): 1850 - 1855.

[27] Hecht K. The relation for charge collection and mobility[J]. Zeitschrift Fiir Physik, 1932, 77: 235 - 242.

[28] Noguchi H, Kubota Y, Takarada T. Use of oxygen gas in diamond film growth for improving stress and crystallinity properties of an X-ray mask [J]. Journal of Vaccum Science and Technology B, 1998, 16(3): 1167 - 1173.

[29] Huang B R, Sheu J T, Wu C H, et al. Bilayer SiN$_x$/diamond films for X-ray lithography mask [J]. Japanese Journal of Applied Physics, 1999, 38(4): 6530 - 6533.

[30] Huang B R, Wu C H, Yang K Y. Polycrystalline diamond films for X-ray lithography mask[J]. Materials Science and Engineering B, 2000, 75(1): 61 - 67.

[31] Yang X Q, Ruckman M W, Skotheim T A. X-ray absorption study of diamond films grown by

chemical vapor deposition [J]. Journal of Vacuum Science & Technology A, 1991, 9(3):
1140 - 1144.

[32] Ma Y, Wassdahl N, Skytt P, et al. Soft-X-ray resonant inelastic scattering at the C K edge of
diamond[J] Physical Review Letters, 1992, 69(17): 2598 - 2610.

[33] 褚圣麟.原子物理学[B]. 北京: 高等教育出版社,1995: 158 - 165.

[34] Shah S I, Walls D J. Plasma assisted conversion of carbon fibers to diamond [J]. Applied
Physics Letters, 1995, 67(22): 3355 - 3357.

[35] Sharda T, Soga T, Jimbo T. Growth of nanocrystalline diamond films by biased enhanced
microwave plasma chemical vapor deposition: A different regime of growth[J]. Diamond and
Related Materials, 2001, 10(9 - 10): 1592 - 1596.

[36] Sharda T, Soga T, Jimbo T. Biased enhanced growth of nanocrystalline diamond films by
microwave plasma chemical vapor deposition[J]. Diamond and Related Materials, 2000, 9(7):
1331 - 1335.

[37] Shigesato Y, Boekenhauer R, Emission E. Spectroscopy during direct-current-biased,
microwave-plasma chemical vapor deposition of diamond[J]. Applied Physics Letters, 1993, 63
(3): 314 - 316.

[38] Robertson J, Gerber J, Sattel S, et al. Mechanism of bias-enhanced nucleation of diamond on Si
[J]. Applied Physics Letters, 1995, 66(24): 3287 - 3289.

[39] Lifshitz Y, Lempert G D, Grossman E. Substantiation of subplantation model for diamond like
film growth by atomic force microscopy [J]. Physical Review Letters, 1994, 72 (17):
2753 - 2756.

[40] Jiang X, Schiffmann K. Coalescence and overgrowth of diamond grains for improved
heteroepitaxy on silicon (001)[J]. Journal of Applied Physics, 1998, 83(5): 2511 - 2518.

[41] Sun Z. Morphological features of diamond like carbon films deposited by plasma-enchanced CVD
[J]. J. Noncryst Solids, 2000, 261: 211 - 217.

[42] Cheng Y H, Wu Y P, Chen J G, et al. On the depositionmechanism of α-C: H films by plasma
enhanced chemical vapor deposition[J]. Surf. Coat. Technol., 2000, 135: 27 - 33.

[43] Ferrari A C, Robertson J. Raman and infrared modes of hydrogenated amorphous carbon nitride
[J]. Journal of Applied Physics, 2001, 189(10): 5425 - 5430.

[44] Lee J, Collins R W, Veerasamy V S. Analysis of amorphous carbon thin films by spectroscopic
ellipsometry[J]. J. Non-Crystalline Solids, 1998, 227 - 230: 617 - 621.

[45] Ferrari A C, RobertsonJ. Raman and infrared modes of hydrogenated amorphous carbon nitride
[J]. Journal of Applied Physics, 2001, 89(10): 5425 - 5430.

[46] Ma Z B, Wu Q C, Shu X S, et al. The Raman and infrared spectra of diamond like carbon films
[J]. Vacuum Elctronics, 2000, 5: 1 - 3.

[47] Lee J, Collins R W, Veerasamy V S. Analysis of amorphous carbon thin films by spectroscopic
ellipsometry[J]. Journal of Non-Crystalline Solids, 1998, 227 - 230: 617 - 621.

[48] 奚正蕾,莘海维,张志明,等.常规与纳米金刚石薄膜介电性能的比较[J]. 微细加工技术,

2001, 4: 50 – 55.

[49] Garcia I, Sánchez Olías J, Agulló-Rueda F, et al. Dielectric characterization of oxyacetylene flame-deposited diamond thin films [J]. Diamond and Related Materials, 1997, 6 (9): 1210 – 1218.

[50] Mori T, Mori K, Mizutani T. Effect of magnetic field on growth of functional organic thin films [J]. Thin Solid Films, 1999, 338(1 – 2): 300 – 303.

[51] Mori T, Mori K, Mizutani T. Effect of magnetic field on growth of bianthrone thin films[J]. Thin Solid Films, 2001, 393(1 – 2): 393 – 413.

[52] Sazaki G, Yoshida E, Komatsu H. Effects of a magnetic field on the nucleation and growth of protein crystals[J]. Journal of Crystal Growth, 1997, 173(1 – 2): 231 – 234.

[53] Ma Y W, Watanabe K, Awaji S H, et al. Effect of magnetic field on growth of $YBa_2Cu_3O_7$ films on MgO substrates by metalorganic chemical vapor deposition[J]. Physica C, 2001, 353(3 – 4): 283 – 288.

[54] Awaji S, Ma Y, Chen W P, et al. Magnetic field effects on synthesis process of high-Tc superconductors[J] Current Applied Physics, 2003, 3(5): 391 – 395.

[55] Weissmantel S, Rost D, Reiße G. Magnetic field assisted increase the growth rate and reduction the particulate incorperation in pulse laser deposition boron nitride films[J]. Applied Surface Science, 2002, 197(30): 494 – 498.

[56] 佐佐健介,川森拓,浅井滋生.強磁場による晶出相の 配向と結晶方位の制御[J].日本金属学会志,1997, 16(12): 1283 – 1287.

[57] Cloots R, Rulmont S, Hannay C, et al. Texturing of $DyBa_2Cu_3O_7$ superconducting grains synthesized in situ in a magnetic field[J]. Journal of Applied Physics Letters, 1992, 61(22): 2718 – 2720.

[58] 王季陶,张卫,刘志杰.金刚石气相生长的热力学耦合模型[M] 北京:科学出版社,1998: 60 – 66, 73 – 82, 95 – 100.

[59] Olson D S, Kelly M A, Kapoor S, et al. Sequential deposition of diamond from sputtered carbon and atomic hydrogen[J]. Journal of Applied Physics, 1993, 74(8): 5167.

[60] Ismat Shah S, Walls D J. Plasma assisted conversion of carbon fibers to diamond[J]. Applied Physics Letters, 1995, 67(22): 3355 – 3357.

[61] 苟清泉,冉均国,郑昌琼.金刚石薄膜和形成机理及原子分子设计[M]//蒋翔六.金刚石薄膜研究进展.北京:化学工业出版社,1991: 57 – 59.

第八章　金刚石膜 α 粒子探测器

8.1　CVD 金刚石膜粒子探测器的研制

金刚石作为辐射探测器的原因是它具有独特的电学、物理学和化学性能。金刚石是一种抗辐照性能强的宽禁带（5.5 eV）半导体，本征电阻率高（$>10^{11}$ $\Omega \cdot cm$），电子和空穴迁移率快[约 2 100 和约 1 800 $cm^2/(V \cdot s)$]和击穿电场强度高（约 10^7 V/cm），因此非常适合在电子学和辐射探测器领域的应用。它的宽禁带和高热导率[20 $W/(cm \cdot K)$]使其成为能够在高温下工作的理想探测器材料[1]。金刚石探测器已经被证明可以探测各种辐射，从可见和紫外波长范围[2,3]到 X 射线和 γ 辐射[4,5]。对于 α、β 和 γ 辐射来说，金刚石也是一种热释光（TL）材料[6]。对离化辐射的探测被证明为热释光和光致发光剂量计、闪烁计数器和离化室（光电导探测器）[7]。由于强的抗辐照性能和化学惰性，金刚石在对加速器和其它苛刻环境下产生的重带电粒子和高能最小离化粒子探测方面比其它固体材料具有更加重要的优势[8]。

金刚石是第一个用作核辐射探测器的半导体材料，它在 1956 年就开始被用作核粒子探测器，然而天然金刚石高的价格、高的缺陷浓度、低的可再生性和小面积等方面的限制，使其很难真正实现辐射探测器。随着 20 世纪早期生长多晶金刚石的 CVD 技术的出现，人们又开始焕发了对 CVD 金刚石辐射探测器的潜在兴趣。原则上可以通过控制生长参数来控制 CVD 金刚石膜质量，同时 CVD 金刚石膜也可大面积生长，甚至可高达 5 in（1 in = 2.54 cm）以上。从这些方面看，CVD 金刚石辐射探测器应该具有更强的商业应用潜力[9]。但不幸的是，CVD 金刚石膜通常存在很高的缺陷浓度，禁带中载流子的俘获和被俘获机制严重降低了探测器性能。

一般来说，固体探测器性能取决于探测器材料本身，RD42 组的研究结果也表明 CVD 金刚石探测器性能取决于 CVD 金刚石膜质量。CVD 金刚石膜生长过程中，可能会发生结构缺陷（主要是位错）和杂质的掺杂，使其具有高浓度的体缺陷，从而在禁带中引入深能级[10]，如第二章所讨论。深能级的俘获和被俘获机制强烈地影响了探测器的稳定性、重复性和电流/电荷信号的响应速度和强度。正是因为这些原因，直到目前 CVD 金刚石膜作为探测器材料还没有实现商业化应用。最近研究者发现，利用快中子或 β 粒子等预辐照金刚石后，电活性缺陷浓度大大降低，可极大地提高器件性能[11]。另外，金刚石晶粒具有强烈的各向异性，（100）方向的金刚石具有最佳的热学、光学和电学性质，因此（100）定向金刚石将克服任意取向的多晶金刚石缺陷多、晶界乱、表面光洁度不高以及均匀性和电学性能差等缺点[12,13]。

本章详细讨论了 CVD 金刚石膜的预处理工艺,并制备出 CVD 金刚石探测器,研究了探测器对 5.9 keV [55]Fe X 射线和 5.5 MeV [241]Am α 粒子的电流/电荷响应,详细分析了金刚石薄膜质量(特别是晶粒尺寸)对探测器性能的影响,获得了很好的结果。

8.1.1　CVD 金刚石粒子探测器的结构和工作原理

CVD 金刚石膜的电阻率很高(大于 10^{11} Ω·cm),因而辐射探测器的结构非常简单,不需制作反向 p-n 结,在金刚石两面镀上两层金属电极以形成 MDM 结构即可,也可在制作共面栅或叉指电极。该器件的物理机理非常直接,和辐射源(粒子或光子)种类无关。当一束高能粒子或射线(能量高于金刚石禁带宽度 5.5 eV)照射金刚石层时,由于电磁相互作用,将在金刚石中产生大量的电子-空穴对,这些自由电荷在外加电场作用下分别向两边电极迁移、分离,并在器件电极上产生瞬时电流信号,这些电流信号经过读出电子学系统进行数据采集和处理,即可得到所需的探测器信号,如图 8.1 所示。

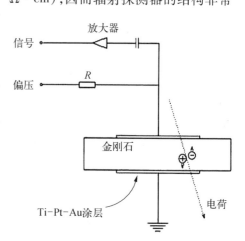

图 8.1　CVD 金刚石探测器工作原理示意图

8.1.2　CVD 金刚石膜的预处理

CVD 金刚石探测器是一种高灵敏度弱信号器件,其性能主要取决于薄膜质量。因此在制备探测器前,我们对 CVD 金刚石膜预处理进行了一系列的探索,以改善薄膜质量,形成的主要预处理工艺有退火和表面氧化。研究表明:

1) 采用浓 H_2SO_4+50%H_2O_2(HNO_3)的表面氧化处理工艺可以消除薄膜表面的非金刚石相,降低探测器表面漏电流。

2) 500℃ Ar 气氛中退火后,薄膜中氢含量减少,电阻率提高。这是制备 CVD 金刚石探测器至关重要的步骤,可极大降低器件漏电流,改善器件性能。

8.1.2.1　表面氧化处理

正如前面所言,化学气相沉积获得的金刚石薄膜中总是不可避免地存在非金刚石相。更重要的是由于 C 原子周期性被破坏,使薄膜表面存在大量 C 原子的悬挂键,这些悬挂键具有很强的活性,它们总会有一些相互连接形成 C=C 键。图8.2给出了石墨相在薄膜表面的形成过程,同样在晶界处也存在类似情况。

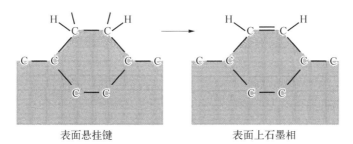

表面悬挂键　　　　　　　　　　　　　表面上石墨相

图 8.2　CVD 金刚石膜表面形成石墨相过程

由于石墨是电的良导体,石墨相的存在使 CVD 金刚石膜电阻率急剧降低。除去 CVD 金刚石膜表面石墨相的常用方法有以下几种。

1）采用浓 H_2SO_4 和 H_2O_2 或 HNO_3 的混合溶液来氧化石墨相。反应方程式为

$$C + 2H_2SO_4 + H_2O_2 =\!=\!= CO_2 \uparrow + SO_2 \uparrow + 3H_2O$$

或　　　$$C + H_2SO_4 + 2HNO_3 =\!=\!= CO_2 \uparrow + SO_2 \uparrow + 2NO_2 \uparrow + 2H_2O$$

2）采用 H_2SO_4 和 $KMnO_4$ 溶液的混合溶液来氧化石墨相。反应方程式为

$$C + 2H_2SO_4 + 4KMnO_4 =\!=\!= 2K_2SO_4 + 3CO_2 \uparrow + 4MnO_2 + 2H_2O$$

我们选择浓 H_2SO_4 和 H_2O_2 或 HNO_3 按 1∶1 比例的混合液作为氧化剂,原因是反应过程中产物是气体和水,没有引入金属阳离子。如果选择 H_2SO_4 和 $KMnO_4$ 的溶液作氧化剂,钾离子和二氧化锰会吸附在薄膜表面造成污染。将样品放入氧化剂中浸泡 10 min,在最初的几分钟内反应非常激烈,可以观察到有大量气体生成,然后慢慢减少直至停止。从 CVD 金刚石膜表面 SEM 图(如图 8.3 所示)看出,氧化处理后薄膜的晶形更为清晰,原来黑色的表面变为灰白,即表面石墨被腐蚀。

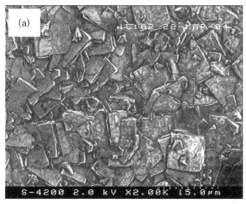

图 8.3　CVD 金刚石膜表面氧化前后的 SEM 图:(a) 氧化前;(b) 氧化后

　　CVD 金刚石膜氧化前后的暗电流-电压曲线如图 8.4 所示。从图中可以看出，经过表面氧化处理后，暗电流降低了两个数量级。这主要是因为表面氧化腐蚀了表面石墨相和其它污染物，提高了薄膜表面质量，从而降低了表面漏电流。

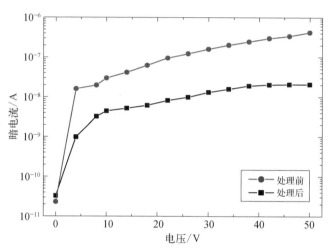

图 8.4　表面氧化处理对 CVD 金刚石膜电阻率的影响

8.1.2.2　退火处理[14]

　　将样品在 Ar 气保护气氛中 500℃ 下退火 45 min，考虑到温度上升会导致 CVD 金刚石膜和硅衬底的热应力，所以在退火过程中尽量确保系统的升温和降温缓慢进行，整个退火过程大约 6 h。

　　样品退火前后的消光系数随波长变化曲线如图 8.5 所示。由于高温生长系统中存在大量的氢和少量的氧，CVD 金刚石膜中不可避免地存在 O—H 键、C—H 键、C＝O 键和 C＝C 键，它们分别与图中 λ 在 3.0 μm、3.3~3.6 μm、4.2 μm 和 5.7 μm 处的吸收峰对应，退火后这些吸收峰明显减弱甚至消失。退火后 k 值在 10^{-9}~10^{-16} 数量级。根据吸收系数(α)和消光系数(k)的关系式 $\alpha = 2\omega k/c = 4\pi k/\lambda$ 可知，经退火在 $\lambda = 3.0$ ~ 12.0 μm 范围内 α 值为 10^{-5}~10^{-12} cm^{-1}，表明 CVD 金刚石膜具有很好的红外透过性。图 8.6 给出了金刚石薄膜退火前后折射率的变化，从图中可以看出退火后折射率平均值上升，更接近天然金刚石的折射率($n = 2.42$)。

　　CVD 金刚石膜内以 C—C 键结合的 C 原子周期性排列中，无论是 C＝C、C—H 还是 C＝O 键都会造成晶格畸变，蕴藏着较高的畸变能，使薄膜内存在较大的内应力。在高温退火过程中它们将慢慢释放畸变中多余的能量，同时引起薄膜结构重建，O 和 H 原子会沿晶界大量逸出，使 C＝C、C—H 和 C＝O 键有可能向 C—C 单键转化，薄膜自由能降低。另外，由于晶界处的结构比晶粒内部结构疏松，非金刚石

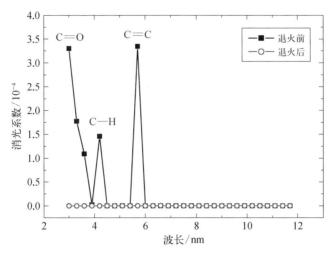

图 8.5 退火对金刚石薄膜消光系数的影响

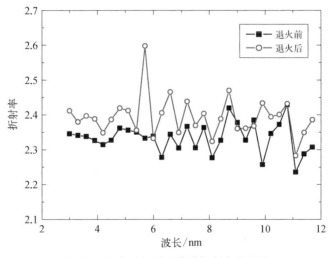

图 8.6 退火对金刚石薄膜折射率的影响

相和杂质原子(H、O 等)通常聚集在晶界处。它们使电导率的通路增加而使材料发生电能损耗,使得金刚石薄膜的介电常数增加。晶体内部的杂质原子周围形成了一个很强的弹性应力场,化学势较高;而晶界处结构疏松,化学势较弱。退火明显改善了 CVD 金刚石膜质量,提高了薄膜光学性质。

图 8.7 给出了 CVD 金刚石膜退火前后的 I-V 特性(电极为金的点电极),表明退火后薄膜电阻率明显改善,即 CVD 金刚石膜质量明显提高,进一步肯定了前面的结论。同时也可以看出金与金刚石没有很好地形成欧姆接触。

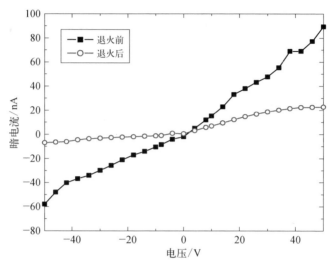

图 8.7　退火对 CVD 金刚石膜电阻率的影响

8.1.3　CVD 金刚石探测器的制备及其读出电子学系统

　　半导体探测器应该具有良好的欧姆接触电极,从而避免空间电荷和外界电注入等效应的影响,提高探测器信噪比和灵敏度。1989 年,F. Fang 等[15] 报道了用"Si/SiC/金刚石"渐变能级结构实现金刚石与金属的欧姆接触,使长期困扰人们的金刚石与金属欧姆接触问题取得了重大突破。1992 年,V. Venkatesan 等[16] 用 Ti、Ta、W 等金属作过渡层,再在其上蒸镀 Au 形成金刚石的欧姆接触,同时他们还报道了用 B 离子注入,再蒸镀 Ti、Au 形成欧姆接触的方法。目前,一般使用 Ti－Pt－Au 三层金属实现金刚石与金属的欧姆接触[17,18]。

　　为了简化金属电极及器件制备工艺,我们提出了 Cr/Au 双层电极,并通过退火工艺实现了金刚石与金属的欧姆接触[19]。Cr 在一定条件下(如 400~600℃退火等)能与金刚石形成金属碳化物过渡层,碳化物的形成具有重掺杂作用,表现出低电阻,从而有利于欧姆接触。同时,这种中间层的形成,也极大地改善了电极附着力,提高了器件制备合格率和使用寿命。但 Cr 较高的电阻率($\rho = 12.5 \times 10^{-6} \; \Omega \cdot cm$)不利于信号收集,即影响探测器的高速响应。Au 具有较低的电阻率($\rho = 2.2 \times 10^{-6} \; \Omega \cdot cm$)和好的物理化学稳定性,被广泛应用在高性能器件电极制备中,且各种制备和加工工艺成熟。Cr/Au 双层电极制作工艺:首先 CVD 金刚石膜生长面上真空蒸镀(或电子束溅射)约 50 nm 厚 Cr 层,接着真空蒸镀约 150 nm 厚 Au 层,最后在 Ar 气氛中 450℃退火 45 min。Si 衬底作为背电极和机械支撑。

图 8.8 和图 8.9 分别给出了两个 CVD 金刚石膜样品与 Au、Cr/Au 接触电极在退火前后的 I-V 曲线。Cr/Au 电极比 Au 具有更好的线性关系及正负对称性,即 Cr/Au 电极更有利于与金刚石形成欧姆接触。退火后,电极接触得到明显改善,表现出欧姆特性。同时,退火使 CVD 金刚石膜电阻率增加,如图 8.9(a) 中电阻率提高了三个多数量级(这里退火前的电流是实际值除以 1 000 所得),但对于高质量的 CVD 金刚石膜[图 8.9(b)],退火后电阻率略有提高。这是因为退火改善了 CVD 金刚石膜质量,电阻率增加,质量较差的薄膜中含有更多的 H,退火工艺对其作用非常明显;另一方面,改善了电极接触性能,降低了电极与金刚石的接触势垒,电阻率降低,这也正是退火有利于 Cr/Au 电极与 CVD 金刚石膜形成欧姆接触的原因。

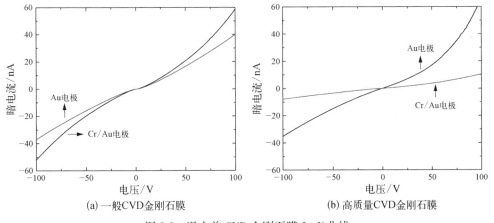

(a) 一般CVD金刚石膜 (b) 高质量CVD金刚石膜

图 8.8 退火前 CVD 金刚石膜 I-V 曲线

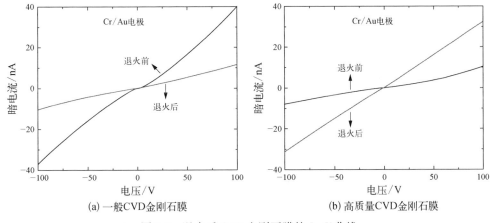

(a) 一般CVD金刚石膜 (b) 高质量CVD金刚石膜

图 8.9 退火后 CVD 金刚石膜的 I-V 曲线

图 8.9 同时表明 Si 衬底与 CVD 金刚石膜也形成了欧姆接触,因此在制备探测器时,不须剥离 Si 衬底形成自支撑膜。这一方面简化了器件制备工艺,尤为重要的是保证 CVD 金刚石膜的完整性和机械性能。因为 CVD 金刚石膜在沉积过程中,由于晶格失配等方面的因素,使膜内及膜与衬底间存在极大的应力,而且 CVD 金刚石膜本身是多晶结构,在外力作用下很容易破裂。在金刚石沉积前,将在 Si 衬底上形成约 4 nm 厚的连续 SiC 层[20],因此 CVD 金刚石膜与 Si 衬底的欧姆接触特性可归因于"Si/SiC/金刚石"渐变能级结构。

根据以上分析和讨论,本部分主要对 HFCVD 法生长的(100)定向、(100)织构、(110)织构和任意取向四个 CVD 金刚石膜进行表面氧化与退火等预处理后,制备出 Cr/Au 为顶电极、Si 衬底作背电极和机械支撑的三明治结构(Cr/Au‐金刚石‐Si)探测器,通过退火处理获得欧姆接触电,并将器件封装在 Cu 暗盒中进行引线,连接到外部读出电子学系统,如图 7.26 所示。

CVD 金刚石探测器输出信号经 Ortec 系列 142IH 电荷灵敏前置放大器、575A 线性成形放大器(增益 = 12k;成形时间 = 3 μs)输入 Trumppic‐2k 多道脉冲分析器,进行数据采集和处理,以此系统测试并研究了探测器的脉冲高度分布(PHD)和电荷收集效率。辐射源(5.9 keV ^{55}Fe X 射线和 5.5 MeV ^{241}Am α 粒子)在室温下大气中置于离探测器 1 cm 处。同时引入 Keithley 4200‐SCS 半导体性能表征系统在线测量了无辐照和 X 射线及 α 粒子辐照下的 CVD 金刚石探测器的电流信号。

8.1.4　CVD 金刚石探测器性能研究

8.1.4.1　CVD 金刚石探测器暗电流特性

图 8.10 给出了四个 CVD 金刚石探测器暗电流‐电压关系曲线。从图中可以看出,探测器直到 100 V(即电场强度 50 kV/cm)都具有 I‐V 线性关系,且正负方向对称,也就是器件直到 50 kV/cm 都是欧姆接触。SC 在大约 100 V 后,暗电流偏离直线明显上升,表明器件在约 100 V 以上已经不是欧姆接触。另外,探测器暗电流大小次序为 SA>SB>SC>SD,在‐100 V 时其值分别为 20.5 nA、10.5 nA、6.5 nA 和 3.2 nA。暗电流主要是 CVD 金刚石膜中存在的大量晶界引起的,沿着晶界提供了分流路径,随着金刚石晶粒的增大,晶界相应减少,暗电流降低。

探测器 SC 在相对较低的外加电场下暗电流就偏离线性关系,这可能是由于 SC 的金刚石晶粒是任意取向的,因此存在更多杂乱的晶界,它们充当导电沟道,在较高电场强度下,这些杂乱的晶界导电性明显增强甚至表现出隧道电流行为,即暗电流呈指数增加。定向或织构化的 CVD 金刚石膜虽然也存在大量的晶界,如样品 SA 和 SB,由于晶粒细小,它们包含了更多的晶界。金刚石晶粒的取向性会导致晶

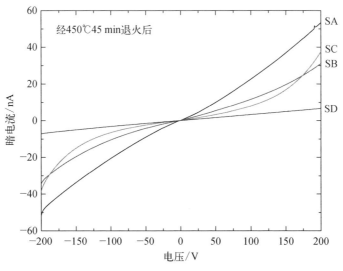

图 8.10 CVD 金刚石膜暗电流-电压曲线

界也具有取向性,因此在较高电场强度下仍表现出较好的 $I\text{-}V$ 特性。探测器暗电流-电压特性表明,暗电流大小强烈地依赖于金刚石晶粒取向性。

8.1.4.2 CVD 金刚石 X 射线探测器[21]

本节主要研究 CVD 金刚石探测器对 5.9 keV ^{55}Fe X 射线的电流和电荷响应,详细探讨了薄膜质量(特别是金刚石晶粒尺寸)对探测器性能的影响,获得了性能优异的 CVD 金刚石 X 射线探测器。

1. 光电流-电压特性

当 X 射线照射 CVD 金刚石探测器时,将在金刚石有效灵敏体积内产生大量的自由载流子(电子-空穴对),它们在外加电场作用下分别向两极迁移并逐渐分离,从而在电极上产生电流信号。由于 CVD 金刚石膜的多晶特性,薄膜中存在大量的载流子陷阱中心,它们在载流子被收集前会俘获载流子,从而降低探测器可收集到的电信号。因此探测器光电流特性的差别可归因于 CVD 金刚石膜不同的微结构,尤其是晶粒尺寸,它们强烈地影响了探测器的电子学性能[22]。静态光电导器件的性能可以利用暗电流和光电流来表征。

图 8.11 显示了 CVD 金刚石探测器对 5.9 keV ^{55}Fe X 射线的光电流响应,这里的光电流是指净光电流,也就是 X 射线辐照下所测得的总电流 I_{total} 减去暗电流 I_{dark},即 $I_{\text{ph}} = I_{\text{total}} - I_{\text{dark}}$。从图中可以看出:在较低的电压下,光电流与外加电压呈近似线性关系。四个探测器在正向偏压下光电流在高达 150 V 的外加电压下都具

有线性关系,在负偏压条件下光电流在较低的外加电压下也具有线性关系,但在较高的负偏压下光电流偏离线性并表现出不同的特性。探测器 SA、SB 和 SC 具有相似的光电流行为:约−50 V 以上光电流开始变得平缓,但探测器 SC 的变化非常弱。与之相反的是探测器 SD 在较高的偏压下,光电流增幅略有变大。

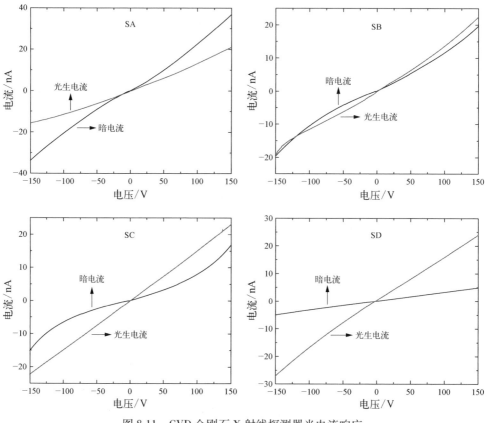

图 8.11　CVD 金刚石 X 射线探测器光电流响应

如果忽略光子在金刚石中的量子效应和光反射,则在恒定电场和欧姆接触条件下,恒定电荷发生引起的电流理论表达式为[23]

$$I_{ph} = q \frac{E_{dep}}{\varepsilon_p} \frac{\mu\tau E}{L} \tag{8.1}$$

其中,q 是电子基本电量;ε_p 是在金刚石中生成一个电子-空穴对的平均能量(约 13.2 eV);$\mu\tau$ 是光生载流子迁移率和寿命乘积;E 是外加电场强度;L 是电极间距,即探测器厚度;E_{dep}(keV/s)是单位时间沉积的能量,也就是吸收光子数 N_{abs} 和它们能量 E_{phot} 的乘积,即

$$E_{\text{dep}} = N_{\text{abs}}E_{\text{phot}} \tag{8.2}$$

在 20 μm 厚的金刚石中光学吸收效率:

$$\eta_{\text{abs}} = N_{\text{abs}}/N_0 \approx 0.1 \tag{8.3}$$

N_0 表示发射光子数,因此可以认为光子几乎全部穿过金刚石薄膜,即 5.9 keV X 射线在整个金刚石厚度方向均匀离化。因此:

$$I_{\text{ph}} = q\,\frac{\eta_{\text{abs}}N_0 E_{\text{phot}}}{\varepsilon_{\text{p}}}\,\frac{\mu\tau E}{L} \tag{8.4}$$

假设

$$N_0\,\frac{E_{\text{phot}}}{\varepsilon_{\text{p}}} = F_0 \tag{8.5}$$

则 F_0 表示单位时间入射光子数,它已经考虑了光子能量的作用。根据式(8.4)和式(8.5)可以推导出光生载流子和收集模型光电流:

$$I_{\text{ph}} = qF_0\eta_{\text{abs}}\mu\tau E/L \tag{8.6}$$

从式(8.6)可以看出,光电流应该与外加电压呈线性关系,但在高的偏压下载流子将受到晶界和其它缺陷的强烈散射,即 μ 和 τ 表现出强烈的电场依赖性,从而使探测器光电流偏离线性关系。CVD 金刚石膜 SA、SB 和 SC 都具有较小的晶粒尺寸,这意味着存在更多的晶界。因为晶界是载流子陷阱中心(缺陷和杂质)富集的地方,它们能够俘获自由载流子,降低探测器的光电流灵敏度和效率。探测器 SD 以其极大的晶粒尺寸和极少的晶界,表现出了极强的光电流。它们在较高负偏压下表现出的相反行为可能与 CVD 金刚石膜织构、晶粒尺寸和空穴导电特性有关,在高的偏压下,暗电流和光电流都非常高。图 8.11 显示探测器 SB 和 SC 在较高的偏压(尤其是负偏压)下,暗电流的增加严重偏离了线性关系,呈现指数增长,因此光电流也必将偏离线性关系,即表现为增幅减慢。而探测器 SA 和 SD 的暗电流在整个电压范围内都表现出较好的线性特性,这可能归功于 CVD 金刚石膜的高取向性。虽然探测器 SA 的暗电流在较高电压下仍具有线性,但由于其晶粒细小,因此严重限制了光电流的收集,也表现出和探测器 SB 与 SC 相似的光电流特性。而探测器 SD 的光电流特性可归功于金刚石定向生长和大晶粒尺寸,另外从负电压向正电压扫描时需要一定的时间,由于金刚石中存在载流子俘获中心,它们随辐照时间的增加将逐渐被填充,即极化效应或启动效应,从而使光电流也偏离线性关系,表现为增幅略微加大。

为了更清楚地研究 CVD 金刚石膜的微结构对探测器性能的影响,表 8.1 给出了 4 个 CVD 金刚石 X 射线探测器在 ±100 V($E = 50$ kV/cm)情况下的暗电流和光电流值。定义探测器光电流与暗电流的比值为探测器信噪比(SNR)。图 8.12 为探测器信噪比随金刚石晶粒尺寸的变化关系,从图中可以看出,探测器信噪比几乎随着晶粒尺寸的增加呈线性递增。随着金刚石晶粒的增加,薄膜内晶界和陷阱中心密度相应减少,从而降低了探测器暗电流,提高了光响应和信噪比。另外,当对探测器顶电极施加负偏压时,器件的信噪比也略高于正偏压工作条件,这主要归功于薄膜的空穴导电性,因为在顶电极负偏压工作条件下,探测器信号主要来源于空穴电流,而 CVD 金刚石膜一般具有空穴导电特性。对于(100)定向的 CVD 金刚石 X 射线探测器 SD 来说,在 50 kV/cm 工作电场下信噪比可高达 5 以上,表现出非常好的探测性能。

表 8.1　CVD 金刚石 X 射线探测器在±100 V 时的暗电流和光电流值

探测器	性　　能	SA	SB	SC	SD
偏压 100 V	暗电流/nA	22.6	11.6	8.0	3.3
	光电流/nA	13.2	13.7	15.0	15.9
	信噪比	0.584	1.181	1.875	4.818
偏压 -100 V	暗电流/nA	-20.5	-10.5	-6.5	-3.2
	光电流/nA	-11.5	-11.5	-14.9	-16.8
	信噪比	0.561	1.095	2.292	5.250

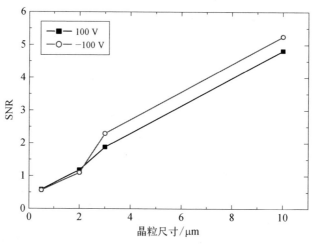

图 8.12　CVD 金刚石 X 射线探测器信噪比
与金刚石晶粒尺寸的关系

2. 光电流-辐照时间演化特性

为了更深入研究载流子的俘获效应,我们研究了 X 射线辐照下光电流的时间依赖性,如图 8.13 所示,测量时探测器顶电极施加 -100 V 的偏压,连续测量 30 min。经过几分钟稳定后,光电流随辐照时间先较快增加,后增幅变缓并逐渐趋向饱和。因为辐射探测器测量的是非常微弱的信号,外界的细微变化都足以改变探测器信号,因此,一开始光电流的降低可能是由实验中的一些不稳定因素引起的,如辐射通量、偏压和信号的统计涨落等。光电流-辐照时间特性进一步证明了 CVD 金刚石探测器 SD 具有最好的性能,并表现出典型的光电流随辐照时间的演化进程。

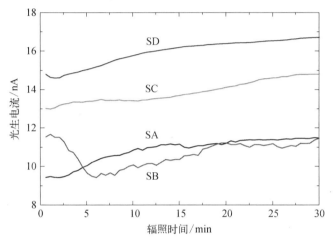

图 8.13　CVD 金刚石 X 射线探测器光
电流随辐照时间的演化曲线

　　CVD 金刚石膜的多晶特性使薄膜中存在大量的陷阱中心(缺陷和杂质),它们在载流子被收集前会俘获自由载流子,从而降低输出信号幅度。随着辐照时间的延长,金刚石薄膜中的陷阱中心逐渐被 X 射线产生的自由载流子所填充而减少,一定时间后(约 20 min),有效陷阱中心数目将处于平衡状态,也就是陷阱中心对自由载流子的俘获和被俘获概率达到动态平衡,这时辐照产生的载流子可以完全被收集,因此光电流趋向于饱和并达到最大值。这种载流子俘获效应被称为极化效应,也被称为金刚石中体电荷的积累效应[24],由于它和启动效应具有相同的物理过程和产生机制,因此当经过一定时间辐照使器件达到稳定后,再进行测量时这种极化效应即为启动效应,有利于提高 CVD 金刚石探测器的探测性能。30 min 连续辐照后,CVD 金刚石探测器 SA、SB、SC 和 SD 的光电流分别达到 11.5 nA、11.5 nA、14.8 nA 和 16.7 nA,与光电流-电压测量结果能很好地吻合。

3. 脉冲高度分布

　　从上面的分析,我们发现金刚石晶粒尺寸极大地影响了探测器性能,探测器 SD 具有最好的薄膜质量和器件性能,而探测器 SB 的电学性能介于 SA 和 SC 之间且综合性能比较接近,并且薄膜 SB 和 SD 都具有(100)织构。因此下面我们主要分析 CVD 金刚石探测器 SB 和 SD 对 X 射线的脉冲高度分布情况,讨论金刚石晶粒尺寸和探测器工作电压对器件性能的影响。

　　图 8.14 给出了 CVD 金刚石探测器 SB 和 SD 在不同工作电压下对 5.9 keV X 射线的脉冲高度分布谱(PHD),数据获取时间为 600 s,测量时对探测器背电极施加偏压,顶电极接地输出信号。探测器脉冲高度分布峰或最大值都从底部噪声中分离出来,并远在噪声阈值之上,因此探测器具有非常高的记数效率和低的探测限制。虽然两个探测器的信号峰都能很好地从噪声中分离出来,也就是噪声和 PHD 峰之间形成了明显的深谷,很显然探测器 SD 具有更高的 PHD 峰和更低的深谷,也就意味着具有更高的记数效率和更高的信噪比,很好地支持了光电流结果。

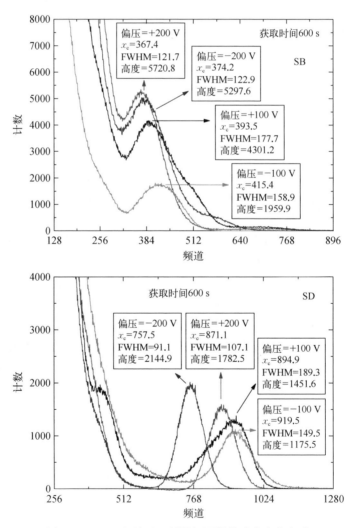

图 8.14　CVD 金刚石 X 射线探测器脉冲高度分布谱

探测器能量分辨率 ε 定义为半高宽(FWHM, ΔE)与全能峰的比值,即 $\varepsilon = \Delta E/E$。利用微机多道谱仪的数据分析软件 MAESTRO-32 进行峰的标度,如图 8.14 所示,并计算了 CVD 金刚石 X 射线探测器在不同电压下的能量分辨率(表 8.2)。探测器 SD 的能量分辨率远远好于 SB,探测器背电极施加负偏压时,可以获得更好的能量分辨率,并且随着偏压的增加,能量分辨率得到明显改善,探测器 SD 在 -200 V 时可获得 12.03% 的能量分辨率。虽然 CVD 金刚石 X 射线探测器的能量分辨率不高,即 PHD 峰较宽,不适合在光谱测量方面的应用,但当人们对粒子能量分辨率不是很感兴趣或者辐射源的种类已知的条件下,CVD 金刚石探测器可以作为 X 射线辐射监视器或剂量仪。特别是在医学方面,如 X 射线和 γ 剂量测定,金刚石相对于其它固体探测器有其独特的优势,因为它具有和人体组织等效的原子序数(金刚石原子序数 $Z = 6$,接近人体有效原子序数 $Z \approx 7.4$)[25]。同时,金刚石又没有毒性,因此非常适合活体实验,包括体内注入等。

表 8.2　CVD 金刚石 X 射线探测器能量分辨率

背电极偏压/V	100	200	-100	-200
探测器 SB 能量分辨率/%	45.16	33.12	38.25	32.84
探测器 SD 能量分辨率/%	21.15	12.29	16.26	12.03

实验过程中,探测器背电极施加负电压,而顶电极接地并连接到电荷灵敏前置放大器的输入端时,探测器信号主要来源于电子电流。因为电子在金刚石中比空穴具有更高的载流子迁移率,即具有更高的迁移速度,因此在运动过程中不容易发生离散效应和损失,有利于提高器件能量分辨率。同时随着电场强度的增加,载流子运动速度相应增加,也降低了载流子的离散效应和损失,有利于改善器件能量分辨率。另外,从图中还可以看出偏压的增加也使探测器计数率相应提高,并且负偏压下计数率高于正偏压。

探测器 SB 和 SD 除了薄膜本身的差别外,结构及其它参数都相同,因此能量分辨率的差别主要来自 CVD 金刚石膜微结构上的差别。通常,半导体探测器的能量分辨率和探测性能主要是由半导体材料的质量所决定[26,27]。因此,CVD 金刚石 X 射线探测器 SD 好的探测性能可直接归因于高的薄膜质量,尤其是大的晶粒尺寸对探测器性能具有更大的作用。晶粒尺寸的大小可直接解释探测器能量分辨率的改善和信噪比的提高,这是因为载流子陷阱中心(缺陷和杂质)主要富集在晶界处,而晶粒内较少,也就是载流子俘获和复合主要是发生在晶界处。

4. 电荷收集效率和距离

金刚石的电子学性质可以通过测量探测器在带电粒子或光子辐照下的响应

特性进行评估,通常使用电荷收集效率(η)和电荷收集距离(δ)来定性地表征 CVD 金刚石探测器性能。设探测器体内具有均匀一致的离化效应,电荷收集效率(η)定义为:收集到的电荷数 Q_c 与粒子(射线)离化所产生的总电荷数 Q_0 的比值,即

$$\eta = Q_c / Q_0 \tag{8.7}$$

如果所产生的所有自由电荷都被收集,则探测器的电荷收集效率 η 为 1。然而由于金刚石灵敏体积内大量缺陷和杂质的存在,严重降低了载流子平均自由程,限制了电荷收集和探测性能。

图 8.15(a)和(b)分别给出了 CVD 金刚石探测器 SB 和 SD 背电极施加±100 V($E = 50 \, kV/cm$)偏压时对 5.9 keV X 射线的电荷收集效率谱。从图中可以看出,在 100 V 偏压下 CVD 金刚石 X 射线探测器 SB 和 SD 的平均电荷收集效率分别为 19.0% 和 45.1%,而−100 V 偏压下平均电荷收集效率分别为 17.9% 和 44.4%,如表 8.3 所列。低的电荷收集效率可能部分是由薄膜厚度的不均匀性引起的电场在材料中横向伸展造成的,另外还有薄膜多晶特性引起的几何不均匀性[28]。很明显,探测器 SD 的电荷收集效率远远高于 SB,其最大电荷收集效率可高达 80% 以上。CVD 金刚石膜的多晶特性使得晶界处的缺陷和杂质浓度远高于晶粒内部[29],它们严重地影响了器件电子学性能。探测器性能的提高主要是由薄膜质量特别是晶粒尺寸引起的,晶粒越大,则晶界和载流子陷阱中心(缺陷和杂质)就越少,因此载流子被俘获概率也越小,这就意味着更多的光生载流子可以被电极所收集。同时,晶粒尺寸越大,暗电流越小,探测器噪声也越小。因此,如何获得高质量,特别是大晶粒或单晶 CVD 金刚石膜是提高探测器性能的关键。

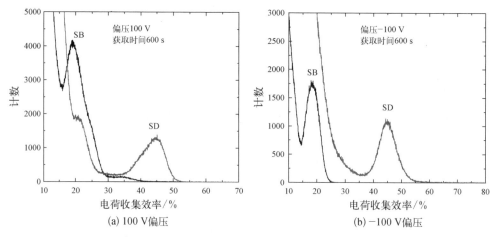

图 8.15　CVD 金刚石 X 射线探测器电荷收集效率谱

表 8.3　CVD 金刚石 X 射线探测器性能参数

探测器	背电极偏压/V	$\eta/\%$	$\delta/\mu m$	$\mu\tau/(\mu m^2/V)$
SB	100	19.0	3.8	0.76
	−100	17.9	3.58	0.72
SD	100	45.1	9.02	1.80
	−100	44.4	8.88	1.78

　　定义电荷收集距离(CCD)δ 为自由载流子被陷阱中心俘获前的平均迁移距离。对于厚度为 L 的平行板探测器,粒子(或射线)离化产生的一个电子-空穴对在外电路中引起的电荷可表示为 $q_c = ex/L$, x 是电子和空穴在外加电场作用下分离的总距离,平均迁移距离 CCD 为

$$\delta = (\mu_e + \mu_h)\tau E \tag{8.8}$$

其中,μ_e 和 μ_h 分别是电子和空穴迁移率,τ 是迁移率加权寿命。假设 $\mu_e = \mu_h = \mu$,即

$$\delta = \mu\tau E \tag{8.9}$$

根据 Hecht 理论[30]可知,η 和 δ 具有强烈的内在联系:

$$\eta = \frac{\delta}{L}\left[1 - \frac{\delta}{4G}\left(1 - e^{-\frac{2G}{\delta}}\right)\left(1 + e^{\frac{2(G-L)}{\delta}}\right)\right] \tag{8.10}$$

G 为入射粒子(或射线)在探测器中的射程。假设电场强度在整个材料中均匀分布,对于 5.9 keV X 射线来说,它几乎能完全穿过 20 μm 厚的金刚石层,并且 L 远大于 $\mu\tau E$,因此式(4.10)可简化为

$$\eta = \delta/L \tag{8.11}$$

δ 和 η 这两个参数包含了探测器材料的重要性质,如载流子速度、迁移率和缺陷浓度等,因此辐射探测器对 CVD 金刚石膜质量具有特别高的要求。事实上,金刚石探测器的辐射响应对所用的金刚石质量极端敏感,从这点考虑,δ 和 η 这两个参数也被认为是表征材料质量的指示器。

　　根据式(8.11)可得探测器的 δ 值,并由式(8.9)计算出 CVD 金刚石膜的 $\mu\tau$ 乘积,均列于表 8.4 中。可见探测器在背电极正偏压时,可以获得更高的电荷收集效率,这主要归功于 CVD 金刚石膜的空穴导电性。CVD 金刚石探测器 SD 具有更高的电荷收集效率和距离,以及更高的 $\mu\tau$ 乘积。$\mu\tau$ 乘积与光电流数据都说明薄膜质量越高,其值也越大,所以提高 CVD 金刚石膜质量可增大探测器的 δ 值,改善其性能。正如前所述,CVD 金刚石膜质量在衬底边较差,故可以通过生长厚膜,然后通过化学腐蚀和抛光方法除去衬底和近衬底边质量较差的金刚石以提高 $\mu\tau$ 乘积,增强 CVD 金刚石探测器的探测能力。

8.1.4.3　CVD 金刚石 α 粒子探测器

通过 CVD 金刚石 X 射线探测器的研究,我们知道探测器 SD 具有最好的探测性能。本节主要研究了四个 CVD 金刚石探测器对 5.5 MeV ^{241}Am α 粒子的辐照响应,进一步探讨薄膜质量(特别是晶粒尺寸)对器件性能的影响,结果表明对于 α 这种短射程粒子,CVD 金刚石膜质量对器件性能影响更大。探测器 SD 也具有最佳的探测性能,由于其机理和 X 射线探测器相同,因此这里重点研究 CVD 金刚石 α 粒子探测器 SD 的性能[31,32]。

1. 净电流-电压特性

图 8.16 给出了四个 CVD 金刚石探测器在 α 粒子辐照下的净电流 I_{net} 随外加电压变化曲线,这里的净电流指的是 α 粒子辐照下的总电流 I_{total} 减去暗电流 I_{dark},即 $I_{net} = I_{total} - I_{dark}$。从图中可以看出,在正负方向净电流都随着外加电压的增加而增加。在高达 150 V 的正偏压和较低负偏压(−50 V)条件下表现出线性关系。但在更高的负偏压条件下,虽然探测器 SC 和 SD 的净电流仍表现出线性增长,但探测器 SA 的净电流却偏离线性,表现为增幅减小并趋向于饱和。而探测器 SB 的净电流在 −50 V ~ −125 V 偏压范围内也表现出类似的饱和趋势,但在 −125 V 以上净电流突然增加,这可能是由于在高的偏压下辐照总电流的指数增加所引起的。

当 α 粒子照射 CVD 金刚石探测器时,在金刚石中将产生大量自由载流子(电子-空穴对),它们在外加电场作用下,分别向各自电极迁移,从而在电极上引起瞬时信号,其净电流满足公式:

$$I_{net} = q \frac{E_{dep}}{\varepsilon_p} \frac{\mu\tau E}{L} \tag{8.12}$$

其中参数与 X 射线光电流参数相同,假设 $M = q \dfrac{E_{dep}}{\varepsilon_p}$,则上式可简化为

$$I_{net} = M \frac{\mu\tau E}{L} \tag{8.13}$$

对于同一个器件来说,M 和 L 是一定的,而 $\mu\tau$ 乘积也应该恒定,因此,净电流应该正比于外加电场。然而 CVD 金刚石膜中存在大量晶界,在高场强度下晶界对载流子(尤其是空穴)具有很强的散射作用,使 $\mu\tau$ 乘积表现出强烈的电场依赖性,并由薄膜质量所决定,受到缺陷浓度的制约。因此在高的负偏压条件下净电流随外加电场的变化偏离线性关系,表现为净电流降低,特别是当晶界浓度较大(即晶粒较小)时,如探测器 SA 和 SB 这种现象更为明显。

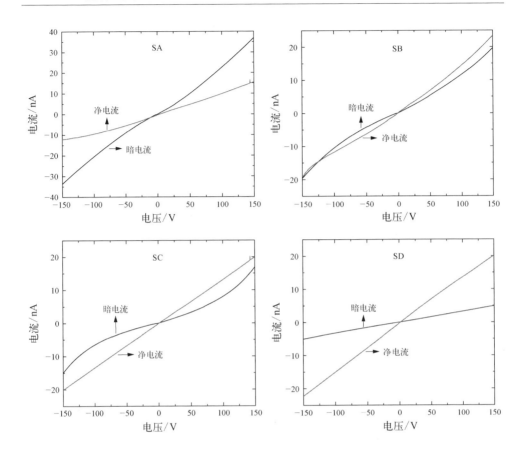

图 8.16 CVD 金刚石 α 粒子探测器的净电流 I_{net} 随偏压变化曲线,这里的净电流是指 α 粒子辐照下的总电流 I_{total} 减去暗电流 I_{dark},即 $I_{net} = I_{total} - I_{dark}$

α 粒子入射金刚石时非常容易受到各种效应的影响,如离化、碰撞和散射。如果考虑空气层和电极层对粒子的吸收,5.5 MeV α 粒子在 CVD 金刚石膜中的射程仅为 14 μm 左右[33]。我们所用的 CVD 金刚石膜厚度为 20 μm,因此 α 粒子主要在薄膜近生长面被吸收,辐射产生的载流子在向背电极迁移过程中会经历较长的距离,通常 CVD 金刚石膜在近衬底边晶粒小质量差,即比生长面含有更多的缺陷和杂质,导致载流子在衬底边被陷阱中心俘获的概率大大增加。由于未掺杂的 CVD 金刚石膜具有 p 型导电,因此对于 α 这种短射程粒子来说,空穴和电子对输出信号贡献的不同地位显得尤为突出。

为了研究 CVD 金刚石膜晶粒尺寸对 α 粒子探测器性能的影响,我们根据图 8.16 中 ±100 V 偏压下探测器的电流值,并定义探测器净电流与暗电流的比值为探测器信噪比(SNR),如表 8.4 所列。根据表 8.4 数据绘出探测器信噪比与金刚石晶粒尺寸的关系曲线,如图 8.17 所示。

表 8.4　CVD 金刚石 α 粒子探测器在±100 V 时的暗电流和净电流值

探测器	性　　能	SA	SB	SC	SD
偏压 100 V	暗电流/nA	22.6	11.6	8.0	3.3
	净电流/nA	9.9	14.5	13.1	13.6
	信噪比	0.438	1.25	1.638	4.121
偏压−100 V	暗电流/nA	−20.5	−10.5	−6.5	−3.2
	净电流/nA	−9.5	−11.7	−13.4	−15.0
	信噪比	0.463	1.114	2.062	4.688

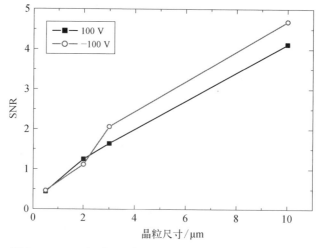

图 8.17　CVD 金刚石 α 粒子探测器信噪比与晶粒尺寸关系

　　从图中可以看出,随着金刚石晶粒的增大,探测器信噪比几乎线性增加,这是因为对于相同厚度的 CVD 金刚石膜,晶粒越大,则晶界越少,因此晶界对载流子的散射等效应也减小。同时,随着晶粒的增大,薄膜中陷阱中心(缺陷和杂质)减少,对载流子的俘获概率也相应减小。因此,晶粒越大,探测器信噪比越高。当金刚石晶粒较小时,外加电压极性对器件信噪比影响不大,但晶粒较大时,负偏压下 CVD 金刚石 α 粒子探测器的信噪比明显高于正偏压下的信噪比。当对探测器顶电极施加正偏压时,电子迁移距离较短,很快被收集,而空穴要迁移更长的距离且要经过高陷阱中心浓度的衬底面。当对探测器顶电极施加负偏压时,空穴只在生长面附近迁移较短的距离就能被收集。因此,顶电极负偏压时空穴受到晶界或陷阱中心的散射和俘获概率大大降低,使器件信噪比较高。

2. 净电流-辐照时间特性

　　为了深入研究陷阱中心对载流子的俘获效应,我们测试了 CVD 金刚石 α 粒子探测器顶电极施加−100 偏压时,净电流随 α 粒子辐照时间在 30 min 内的演化过程,如图 8.18 所示。其演化曲线与 X 射线辐照下的光电流演化曲线基本相似,这是因为 CVD 金刚石辐射探测器的工作机理相同,而和辐射源种类无关。

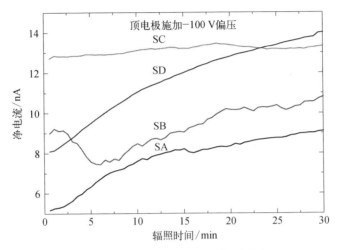

图 8.18　CVD 金刚石 α 粒子探测器净
电流随辐照时间的演化曲线

CVD 金刚石膜的多晶特性使晶界处存在各种缺陷和杂质,引入的陷阱中心会俘获在电场驱动下向电极漂移的载流子,从而引起极化效应。辐照开始初期,大量的陷阱中心不断地被载流子填充而减少,致使净电流随着辐照时间的增加而不断增大。一段时间后,被俘获的载流子数与释放的载流子数将达到动态平衡,此时光电流也趋向饱和。从图中也可以看出,α 粒子辐照 30 min 时,净电流还远没有达到饱和状态,因此与 X 射线探测器相比,CVD 金刚石 α 粒子探测器要获得稳定的净电流需要更长的辐照时间。这可能是因为 α 粒子在金刚石中的短射程引起的,离化主要发生在生长面,从而导致整个薄膜厚度方向的离化不均匀性和载流子迁移距离大,因此陷阱中心的有效填充概率小,这就需要更长的时间使载流子的俘获-去俘获达到平衡,即净电流达到饱和。

从前面的讨论我们知道,极化效应和启动效应具有相同的产生机制和本质,可以相互转化。如果将 CVD 金刚石 α 粒子探测器进行一定时间的预辐照,将大大提高器件稳定性和灵敏度,因此,有必要对其进行预辐照来提高探测性能。

3. α 粒子辐照前后的暗电流特性

图 8.19 显示了 CVD 金刚石探测器在未辐照和 2 小时 α 粒子辐照后的暗电流

变化情况。经过辐照后,暗电流略有增加($I_{\text{Dark2}} > I_{\text{Dark1}}$),$I_{\text{Dark1}}$ 和 I_{Dark2} 分别表示探测器在辐照前与辐照后的暗电流。

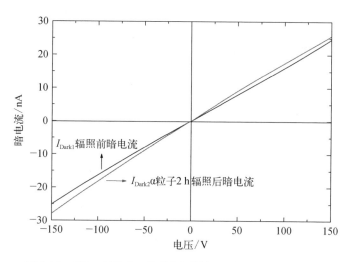

图 8.19　CVD 金刚石 α 粒子探测器辐照前后的暗电流特性

当高能粒子碰撞金刚石时,原子可能发生碰撞位移,产生替位原子。如果一个粒子替位金刚石点阵中的一个原子并且替位原子又有足够的能量,它就会替代其它邻近的原子。这种现象在重粒子或高能粒子情况下尤为重要,撞击过程中会转移大量的动量给击出原子。然而,Campbell 等[34]认为二次原子对于金刚石的损伤问题类似于离子注入对金刚石的影响:在生长过程中引入的间隙和空穴是不可移动的,同时由注入而引入的损伤在较低温度下 ($T < 320\ \text{K}$) 是固定的,那么金刚石中由于辐照损伤产生的本征缺陷(空位和间隙)在室温下也应该是稳定的。因此只有启动效应而不是辐照损伤才能够解释在经过 α 粒子辐照后暗电流有所增加的现象。移走辐射源后,被浅能级陷阱中心(约小于 1 eV)[35]俘获的载流子在外加电场作用下将重新被释放出来,从而引入额外电流,而深能级的陷阱中心仍将保持启动状态[36]。深能级陷阱中心在室温下的稳定性对于改善器件探测性能非常重要,我们可以在探测器工作前,通过各种预辐照使器件处于启动状态,并且这种启动效应在室温无光照条件下可保持一个月以上,从而极大地提高了 CVD 金刚石探测器的工作稳定性和灵敏度。

4. 脉冲高度分布

CVD 金刚石膜的多晶特性和大的电子-空穴对产生能量使探测器收集的信号幅度较小,因此 CVD 金刚石 α 粒子探测器的脉冲高度分布峰比较宽,能量分辨率也较差(典型值为 50%)[37],使其不适合光谱学应用。但人们对粒子或射线能量不感兴趣,辐射源种类又已知的条件下,CVD 金刚石膜是很好的 α 粒子监视器。另外,脉冲高度峰明显高于电子学噪声阈值,也就是在脉冲高度峰和底部噪声之间形成了明显的谷,因此 CVD 金刚石探测器可以用作高探测效率和高信噪比的计数器[38]。利用 MAESTRO – 32 数据处理软件对谱线进行寻峰,探测器在背电极 100 V 和–100 V 偏压下,能量分辨率分别为 38.4% 和 25.0%,较好的能量分辨率主要归功于我们所制备的高质量特别是大晶粒尺寸 CVD 金刚石膜,其晶粒尺寸与膜厚之比达到了 50%,远高于文献报道的约 10% ~ 20%。探测器背电极施加负偏压时,主要输出电子电流信号,晶界等缺陷对电子比空穴的散射作用小,因此探测器信号损失小,能量分辨率好。

5. 电荷收集效率和距离

薄膜的多晶特性严重影响了其电子学输运性质,使 CVD 金刚石 α 粒子探测器的电荷收集效率强烈地依赖于金刚石质量,与传统的硅基探测器相比,具有较低的电荷收集效率。

由于 5.5 MeV 的 α 粒子不能完全透过 CVD 金刚石膜,因此电荷收集效率 η 和收集距离 δ 的关系可由式(8.10)得到,其中 G 为入射粒子在材料中的穿透深度,约为 14 μm。因此 η 和 δ 主要由 μ 和 τ 决定,也就是受到陷阱中心的限制,反之,η 和 δ 的行为也提供了缺陷和杂质的相关信息。根据式(8.10)可得到如图 8.20 所示的电荷收集效率和收集距离之间的关系曲线,并获得了相应的电荷收集距离分别为 4.23 μm 和 9.25 μm。由式(8.9)计算得到了 CVD 金刚石膜的 $\mu\tau$ 乘积,均列于表

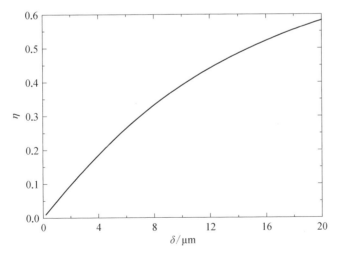

图 8.20 CVD 金刚石 α 粒子探测器电荷收集
效率和收集距离之间的关系曲线

8.5 中。经过预辐照后,探测器性能得到了明显提高。经过 β 粒子预辐照 48 h 后,CVD 金刚石 α 粒子探测器与 X 射线探测器的 $\mu\tau$ 值基本接近(约 $1.8\ \mu m^2/V$),说明 β 粒子预辐照 48 h 后基本上填满了薄膜中陷阱中心,使探测器处于启动状态,有效提高了器件探测性能。

表 8.5　CVD 金刚石 α 粒子探测器性能参数

CVD 金刚石 α 粒子探测器	$\eta/\%$	$\delta/\mu m$	$\mu\tau/(\mu m^2/V)$
预辐照	19.38	4.23	0.85
^{90}Sr β 粒子预辐照 48 h	36.91	9.25	1.85

图 8.21 所示的平均电荷收集效率随辐照时间的变化曲线。随着辐照时间的延长,探测器电荷收集效率从 19.4% 提高到了 31.4%,并且一开始电荷收集效率增加很快,接着增速放慢并趋向稳定,与净电流随辐照时间的变化趋势相一致。因此,在 CVD 金刚石 α 粒子探测器工作前,为了获得高的探测效率和灵敏度及稳定的探测性能,必须对探测器进行合适的预辐照来使器件处于启动状态。

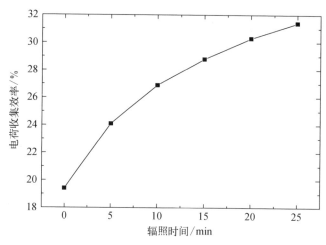

图 8.21　CVD 金刚石 α 粒子探测器电荷收集
效率随辐照时间的变化曲线

　　人们对高能粒子探测的兴趣主要因为在探测器中所沉积的能量与材料厚度成正比,从式(8.10)可知,电荷收集距离随金刚石层厚度的增加而增加。然而对于短程入射粒子(如 α 粒子)来说,能量沉积在材料表面十几微米处,因此为了提高 CVD 金刚石 α 粒子探测器的电荷收集效率应该尽量降低金刚石层厚度。同时,薄的金刚石层也可减小极化效应,也就是材料性质的不均匀性改变,它主要由短程粒子沿入射面局域化陷阱中心填充作用所引起。但为使 5.5 MeV α 粒子的能量能够全部沉积在探测器内,就必须使薄膜厚度≥15 μm。

8.1.5 CVD 金刚石微条阵列探测器[39]

为了提高 CVD 金刚石探测器的一维空间分辨率,1995 年,F. Borchelt 等[40]提出了 CVD 金刚石微条阵列探测器(micro-strip detectors)。进入 21 世纪以来,CERN 已经在这方面取得了一些很好的结果[41]。

8.1.5.1 CVD 金刚石微条阵列探测器的制备

利用 HFCVD 法获得了 300 μm 厚的自支撑且两面抛光的 CVD 金刚石膜,用 LDG-2A 型离子束蒸发台,在金刚石膜上下面分别蒸镀 Cr/Au 复合电极,厚度分别为 50/200 nm,生长表面用 MJB6 型光刻机光刻出条宽和间距均为 25 μm 的微条阵列电极,衬底表面作背电极使用,如图 8.22 所示。电极制备完成后,将样品置于氮气气氛中 450℃条件下退火 30 min。再利用金丝球将阵列电极与对应的印刷电路板引脚相焊接,从而制成 CVD 金刚石微条阵列探测器,图 8.23 给出了探测器芯片和线路板结构图。

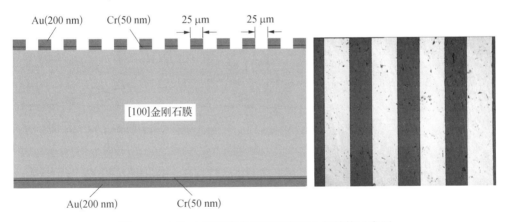

图 8.22 CVD 金刚石微条阵列探测器电极结构示意图

8.1.5.2 CVD 金刚石微条阵列探测器的性能表征

本节研究了 CVD 金刚石微条阵列探测器在不同偏压下对 5.5 MeV α 粒子的响应,获得了探测器平均电荷收集效率和能量分辨率随外加电压的变化曲线,如图 8.24 和 8.25 所示。随着外加电场的增加,电荷收集效率先增加后趋向于饱和,这种变化趋势和公式(8.10)相一致。在电场为 20 kV/cm(600 V)条件下,CVD 金刚石

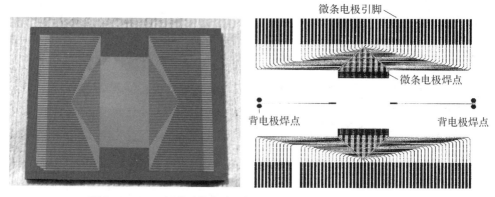

图 8.23   CVD 金刚石微条阵列探测器芯片和线路板结构示意图

微条阵列探测器的平均电荷收集效率可高达 46.1%。与单元探测器相比,电荷收集效率有明显提高,这主要可归功于硅衬底和近衬底面质量较差的 CVD 金刚石膜被抛光掉的原因,极大地改善了整个薄膜质量。

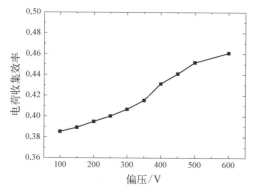

图 8.24   CVD 金刚石微条阵列探测器电荷
收集效率随偏压的变化曲线

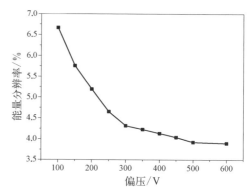

图 8.25   CVD 金刚石微条阵列探测器
能量分辨率随偏压的变化

但电场的增强并不能像电荷收集效率那样改善探测器的另一个重要性能——能量分辨。事实上,电荷收集效率的提高伴随着脉冲高度峰的弱化,因此,高的电场并不总是可以提高探测器的能量分辨率。从图 8.25 可以看出,一开始能量分辨率随电场快速改善,但当电场 ≥10 kV/cm 时能量分辨率变化很慢并趋向于稳定。在电场为 20 kV/cm(600 V)条件下,CVD 金刚石微条阵列探测器的能量分辨率为 3.9%,明显优于单元探测器。这主要是因为电极的微条化使电场强度在整个金刚石中分布更均匀,另外衬底面质量较差的金刚石层被抛光掉,有利于提高探测器能量分辨率。

8.1.6 小结

CVD 金刚石膜经过退火和表面氧化等预处理后,薄膜质量明显提高。经过退火后 Cr/Au 双层电极实现了金属电极与金刚石的欧姆接触,这主要可归功于退火过程中碳化物过渡层的形成。$I-V$ 特性表明器件性能强烈地依赖于金刚石取向程度,即织构化的 CVD 金刚石膜优于任意取向金刚石。

CVD 金刚石探测器的性能强烈地依赖于薄膜质量和微结构,特别是晶粒尺寸[42],随着金刚石晶粒尺寸的增加,探测器计数效率、信噪比、电荷收集效率和能量分辨率等性能明显提高。β 粒子预辐照使探测器处于启动态后,CVD 金刚石探测器的电荷收集效率和工作稳定性得到了明显改善,α 粒子电荷收集效率从 19.38% 提高到了 36.91%。随着外加电压的增加,CVD 金刚石探测器能量分辨率和计数率增加,并且在背电极负偏压下具有更好的能量分辨率和更高的计数率,而背电极正偏压下,探测器具有更高的电荷收集效率,这主要与电子或空穴对探测器信号的不同贡献有关。CVD 金刚石探测器的多晶特性和空穴导电特性对 α 粒子探测器影响更大。

根据 ANSYS 模拟结果和实际工艺条件,在 300 μm 厚的自支撑 CVD 金刚石膜上制备了电极条宽和间距均为 25 μm 的微条阵列 α 粒子探测器。20 kV/cm 电场下电荷收集效率和能量分辨率分别为 46.1% 和 3.9%。微条阵列探测器性能明显优于单元探测器的主要原因是电极的微条化使电场强度在整个金刚石中分布更均匀,有利 CVD 金刚石膜质量的提高。

8.2 CVD 金刚石膜/硅为基板的
微条气体室研制

基板性能是决定微条气体室(MSGC)探测器性能最关键的因素,尤其是基板表面性能,选择合适的基板可有效克服空间电荷积累效应和基板不稳定性,提高探测器性能。本章成功制备了两种 MSGC 基板:类金刚石(DLC)膜/D263 玻璃基板和 CVD 金刚石膜/Si 基板。

利用 ANSYS 软件模拟了电极几何尺寸和工作电压等因素对探测器电场分布的影响,优化器件设计。并以 CVD 金刚石膜/Si 为基板研制了 MSGC 探测器(阳极微条宽度 7 μm,阴极微条 100 μm,间距 200 μm),用 5.9 keV ^{55}Fe X 射线分析了探测器在不同工作条件下的性能。当 CH$_4$ 浓度 10%、漂移电压 -1 100 V、阴极电压 -650 V 时,MSGC 能量分辨率可达 12.2%,上升时间为纳秒级。同时,利用激光掩模打孔法成功研制了气体电子倍增器(GEM),并形成 MSGC+GEM 改善 MSGC 探测器性能,最大计数率可高达 10^5 Hz,能量分辨率 18.2%。

8.2.1　微条气体室探测器的工作原理

微条气体室探测器以其独特的性能,可以在高计数率和高空间分辨率下工作[42]。它显示出很多优点,已在实验上得到初步应用,成为新一代高能物理实验中高分辨率和高计数率径迹探测器的候选者,并正在发展用于 X 射线成像探测器[43,44]。MSGC 结构非常简单,它由漂移电极、阳极和阴极微条三个电极组成。阳极和阴极微条都在同一平面上,是通过微电子加工工艺的方法将金属电极热蒸发到基板上,然后利用光刻技术制作出阴阳极交错排列的微条电极。一般,电极厚度 100~500 nm、阳极宽度 7 μm、阴极宽度 100 μm、相邻阳极之间的中心间距(即微条间距)200 μm,基板为 0.3~0.6 mm 厚的绝缘或微电导平板。漂移极与阴阳极平面间隔(即漂移区)为 3~5 mm,充以工作气体(如 Ar+CH$_4$、Ar+DME 等)。

探测器工作时,漂移电极加几千伏的负高压(如−1 800 V),阴极加负几百伏的电压(如−650 V),阳极接地输出信号。X 射线或带电粒子由探测窗口射入,在室内使气体产生初电离,原初电子在漂移电场的作用下向阳极运动。由于阴极和阳极微条间隙很小,且阳极很窄,在靠近阳极附近区域电力线非常密集,电场强度可高达 10^5 V/cm 以上(一般气体在大气压下的雪崩阈值电场~10^4 V/cm[45]),因此电子在此区域发生雪崩放大。雪崩产生了大量次级电子和正离子,这些正离子和电子在电场作用下向各自的收集电极作漂移运动,分别在阴阳微条电极上产生感生电荷并输出脉冲信号[46]。

MSGC 的结构使得电子倍增过程既发生在阳极附近,又发生在阴极附近,电子和正离子都能很快被收集,大大提高了气体探测器性能。但由于电子迁移速度是正离子的 1 000 倍,而且雪崩在更靠近阳极附近发生,场强从阳极到阴极不断减弱,因此正离子的收集远跟不上电子,从而在基板上造成空间电荷积累,改变工作电场,造成极间放电和基板不稳定性等一系列问题。

8.2.2　微条气体室探测器基板的研究

研究表明,基板性能是决定 MSGC 探测器性能最关键的因素,尤其是基板表面性能,电阻率是其中最重要的参数,选择合适的基板可有效克服探测器在高辐射剂量、高计数率条件下空间电荷积累效应和基板不稳定性[47],世界上很多实验室对此进行了大量的研究[48]。

MSGC 基板一般选用绝缘或微电导材料,如塑料、玻璃、石英等,而且应尽量薄、面积大,因为漏电流与表面电阻有关,薄的基板可以同时减小电阻和漏电流,能量损耗、散射和光损耗也越少。为了防止雪崩放大产生的大量正离子在基板表面积累及基板不稳定性,采用低电阻率基板是避免电荷积累的一种有效方法。根据经验[49],20℃下电阻率在 $10^9 \sim 10^{12}\ \Omega \cdot cm$ 最佳,对于室温下体电阻率在 $10^9 \sim 10^{12}\ \Omega \cdot cm$ 的基板,抵消的正离子可达 $10^6\ mm^{-2} \cdot s^{-1}$。很多玻璃具有这一电阻率要求。

可采用以下几种方法来改善基板性能,提高 MSGC 稳定性:① 选择合适基板,如 Schott S8900 电子导电型玻璃[50];② 通过离子注入改变基板表面电阻率,但因技术原因,难以大面积应用[51];③ 在基板上镀膜,进行表面改性[52]。采用玻璃基板上蒸镀半导体材料或 DLC 膜等(如图 8.26 所示)来改善表面电阻率获得稳定的 MSGC 基板,这方面工作已经取得了巨大成功。

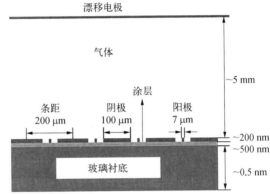

图 8.26 基板表面改性的 MSGC 截面图

DLC 膜与 CVD 金刚石膜一样都具有许多优异的性能,如电学、热学和物理化学稳定性及高抗辐照强度等,完全满足 MSGC 探测器对基板的要求,具有诱人的发展前景。其电阻率可以通过调节工艺参数,很方便地控制在 $10^9 \sim 10^{12}\ \Omega \cdot cm$。CERN – PPE – GDD 工作组与瑞士两家公司合作采用在绝缘基板上镀 100 nm 厚、具有理想电阻率的 DLC 膜和 CVD 金刚石膜,并进行了一系列实验,结果显示电阻率具有优良的时间稳定性,探测器的性能优良[53]。

8.2.2.1 DLC 膜/D263 玻璃基板[54]

采用射频等离子体化学气相沉积法(RFPCVD)在 D263 玻璃基片上沉积 DLC 膜。用具有光学平整度的 D263 玻璃基片(长×宽×厚 = 2.0 cm×2.0 cm×0.05 cm),基片在沉积前进行如下清洗:去离子水超声清洗 2 min,丙酮超声清洗 15 min,去离子水超声清洗 2 min 并烘干,然后立即放入反应室。碳源为高纯 CH_4,反应气体 CH_4:Ar = 1:2,反应压强 1.3 Pa,射频频率 13.56 MHz,负偏压 950 V,基片负偏压 200 V,基片温度由水冷控制,膜厚约 1 μm。并制备了如图 8.27 所示的 4 种不同结构,进行样品电学性能分析,其中 Au 为面电极,Cr 或 Al 为点电极,点电极半径 0.45 mm,采用 HP 4140B 微电流仪测试其电学特性。

MSGC 是在基板上光刻阴阳极微条交互排列的图形,电极厚度约 200 nm,阳极微条宽 7 μm,因此对基板表面平整度要求较高。基板表面粗糙度将直接影响微条电极形貌,甚至出现微条断裂[55]。微条均匀性的微小变化将改变电场分布,使 MSGC 工作时出现极端效应,如端末放电等现象,造成探测器无法正常工作。因此保证基板材料有较好的平整度是非常重要的。

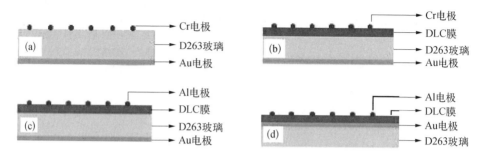

图 8.27　四种结构样品示意图:

(a) Au+玻璃+Cr;(b) Au+玻璃+DLC+Cr;(c) Au+玻璃+DLC+Al;(d) 玻璃+Au+DLC+Al

　　碳材料中 sp^2 和 sp^3 杂化成分的比例是决定其多样性的主要因素,含有高 sp^3 杂化成分的非晶碳称为类金刚石(DLC),一般含氢非晶碳中 sp^3 含量较少[56]。DLC膜的 Raman 光谱如图 8.28 所示,它有两个特征峰:D 峰和 G 峰,分别对应 sp^3 和 sp^2 杂化。其中位于 1 589.61 cm^{-1} 的 G 峰认为是石墨相引起的,具有 E_{2g} 模式,而 1 336.89 cm^{-1} 处的 D 峰认为是金刚石相引起的,归因于无序晶格 k 矢量转换规则的破坏[57]。sp^2 杂化决定薄膜的电学性质,而 sp^3 杂化成分决定了 DLC 膜的机械性能。从 Raman 光谱中峰的强度还可以看出,D 峰强度是 G 峰的一倍多,而 sp^2 杂化对 Raman 响应是 sp^3 杂化的 75 倍,因此在 D263 玻璃上沉积出的 DLC 膜具有非常高的 sp^3 杂化含量,是一种高品质的 DLC 膜。

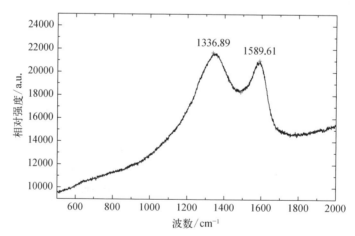

图 8.28　DLC 膜的 Raman 光谱(1 336.89 cm^{-1}
为 D 峰,1 589.61 cm^{-1} 为 G 峰)

　　DLC 膜的基本电子结构主要由两部分组成:一方面是 sp^3 和 sp^2 杂化的强 σ 键构成了价带中占有的成键态(σ)和导带中空的反键态(σ^*),带宽约 5 eV;另一方

面是 sp^2 和 sp^1 杂化的 π 键构成了占有的 π 态和未占有的 $π^*$ 态,它们位于 $σ~σ^*$ 带隙内,因此决定了材料的有效禁带宽度。整个原子结构应该是 σ 键和 π 键的混合网络,其中 π 键上的价电子提供了导电载流子,因此 DLC 膜是一种典型的电子导电型材料,而电子导电型材料有助于提高 MSGC 的工作稳定性和降低电荷积累效应[58]。

图 8.29 给出了四个样品的 I-V 曲线,样品(a)与(b)或(c)比较,很明显,D263 玻璃在低场下就表现出非常不稳定的电阻率。电阻率先随电压急剧增加,然后在 $2.4×10^9 ~ 1.7×10^{10}$ $Ω·cm$ 呈波浪形周期变化。在电场作用下,碱金属离子快速向玻璃表面迁移,从而导致表面电阻率的下降,内部由于载流子的减少而使电阻率增加。DLC 膜/D263 玻璃(b)和(c)表现了非常好的 I-V 特性,电阻率分别稳定在 $7.2×10^9$ $Ω·cm$ 和 $3.3×10^{10}$ $Ω·cm$。同时,(b)和(c)曲线也揭示出样品(b)的电阻率只是(c)的 1/4,并且具有更好的线性,因此 Cr 比 Al 更适合在DLC 膜上制作电极。主要原因可能是 Cr 与 DLC 膜在界面处形成了 Cr 碳化物中间过渡层,有利于欧姆接触,这种化学键的形成也提高了电极与薄膜间的结合力,有利于 MSGC 的电极制作和光刻。图 8.29(d)是 DLC 膜的 I-V 曲线,电流随电压线性变化,其电阻率在 10^4 V/cm 高场(MSGC 工作电场强度)下稳定在 $5.2×10^{11}$ $Ω·cm$。

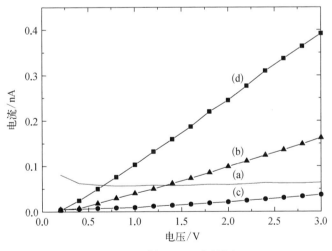

图 8.29　样品 I-V 曲线图

对于 MSGC 探测器来说,基板电容及稳定性对于器件的时间响应和工作稳定性也有很大影响,因此我们对样品进行了 C-F 曲线分析(如图 8.30 所示)。比较(a)、(b)、(c)曲线可知:经过 DLC 膜改性后,电容值减小且更加稳定,同时(b)的电容值远低于(c),这也说明 Cr 作为电极材料比 Al 更有优势。

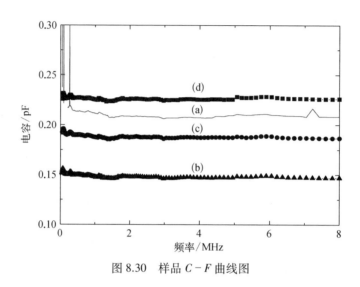

图 8.30　样品 $C-F$ 曲线图

DLC 膜/D263 玻璃用作 MSGC 基板时,取决于 DLC 膜的性能,因此它完全满足 MSGC 基板的最佳要求[59]。

8.2.2.2　CVD 金刚石膜/硅基板[60]

采用 HFCVD 法在硅衬底上制备 CVD 金刚石膜,沉积前对 n 型(111)单晶硅(20 mm×20 mm×0.5 mm)进行预处理:① 用氢氟酸溶液(10%)超声清洗 15 min,去除表面的氧化硅、灰尘和其他可溶性物质;② 放入含有金刚石粉末(0.5 μm)的丙酮悬浊液超声 30 min,提高成核密度;③ 去离子水超声清洗 10 min。沉积 CVD 金刚石膜的工艺条件见表 8.6。随后在氮气气氛中 500℃ 退火 45 min 改善薄膜质量,在样品正反两面蒸镀 Au 电极并退火后测试其 $I-V$、$C-F$ 特性。

表 8.6　HFCVD 法沉积薄膜的工艺条件

	时间/h	碳源浓度/%	气压/kPa	基板温度/℃
成核	2	2	4.0	680
生长	48	0.8	4.0	760

图 8.31 给出了 CVD 金刚石膜的 Raman 光谱,在 1 332 cm^{-1} 附近出现一个强烈的金刚石特征峰,同时在 1 400~1 600 cm^{-1} 处有一个较弱的非金刚石相宽带,没有发现 1 580 cm^{-1} 处的石墨峰,表明 CVD 金刚石膜具有较高的质量。

如前所述,MSGC 探测器制备需要在基板上光刻电极,因此对基板表面平整度要求很高。采用 HFCVD 制备出的金刚石薄膜表面粗糙度较大,必须进行抛光。目前国际上较为流行的抛光方法有:机械抛光、化学辅助机械抛光、离子束抛光、阴

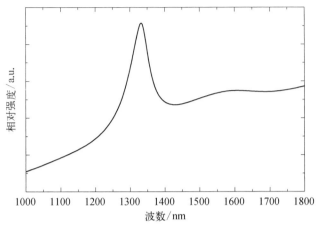

图 8.31　CVD 金刚石膜 Raman 光谱

离子刻蚀、漂浮抛光、电火花烧蚀、激光抛光、热化学抛光等[61]。本实验采用热化学法对薄膜表面进行抛光。热化学抛光以碳原子在热金属中的扩散，金刚石转化为石墨和金刚石的氧化为基础。热化学抛光速率比较高，但随着抛光时间的延长，由于碳在金属中的积累，抛光速率下降。加热金属板的温度要求在 750~950℃，随着抛光温度的升高，抛光速率增加。同时热化学抛光也受周围气氛的影响，抛光 CVD 金刚石膜应该在真空、氢气或惰性气体中进行，950℃时在真空中的抛光速率（7 μm/h）大于在其他气氛中的抛光速率（氢气中 0.5 μm/h），但抛光表面质量比在氢气中的差。因此采用热化学抛光时，应先在真空中抛光，然后再在氢气中进行抛光[62]。

图 8.32 给出了 CVD 金刚石膜/硅基板的 I-V 曲线。由图可知，退火后薄膜电阻率明显上升。HFCVD 法制备的金刚石薄膜中一般含有大量晶界，其结构比晶粒内部疏松，生长过程中含有的石墨相和杂质原子（H、O）通常聚集在晶界处，其中部分氢饱和了金刚石中碳的悬挂键，另一部分则处于电激活状态，从而使样品的电阻率不高[63]。在 500℃退火 45 min 后，大量杂质排出，且处于电激活状态的氢原子转变为非激活状态的氢，碳原子重构，sp^3 杂化键增多，电阻率增大，退火后电阻率约为 $2.9×10^{10}$ Ω·cm。图 8.33 表明 CVD 金刚石膜/硅基板介电常数具有很好的稳定性且电容值小，有利于降低 MSGC 输出电容，减小电子学噪声，提高探测器信噪比。

CVD 金刚石膜以高抗辐照强度和合适的电阻率等优异性能完全满足 MSGC 基板的最佳要求，同时硅衬底既可作为机械支撑又可作为背电极，对其施加一定的负偏压可以进一步削弱电荷积累效应，因此是一种理想的 MSGC 探测器基板[64]。

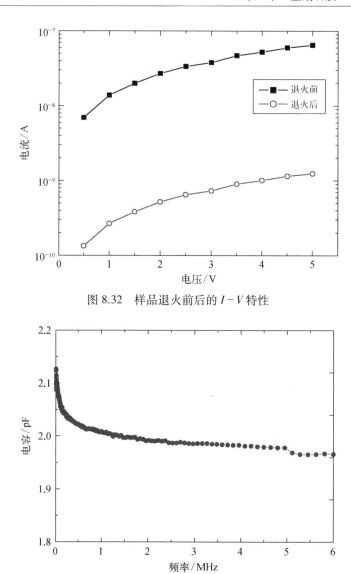

图 8.32　样品退火前后的 I-V 特性

图 8.33　样品退火后的 C-F 曲线

8.2.3　CVD 金刚石膜/硅为基板的微条气体室探测器研制

8.2.3.1　微条气体室探测器电极研究

MSGC 微条电极受高电场下雪崩产生的高能粒子的不断撞击,被激活蒸发、击穿、化学腐蚀和老化而导致断路的概率非常大。作为电极材料,主要应考虑以下几点: ① 电阻率低,保证信号传输能力好;② 抗放电能力强;③ 弹性好、附着力强,制作的微条电极表面光洁度好。但实验表明[65]，电极材料的低电阻率和高抗放电能力是矛盾的，电极放电随电极电阻率降低而增加。电阻率较低的 Au ($\rho = 2.2 \times 10^{-6}\,\Omega \cdot cm$) 在强电场下容易产生放电，导致电极材料一定程度的蒸发，甚至断裂；而电阻率较高的 Cr ($\rho = 12.5 \times 10^{-6}\,\Omega \cdot cm$) 表现出较好的抗放电能力，高电压下也不易受损伤。但较高的电阻率限制了电子收集和信号传输速度，特别是在长微条和快电子情况下。同时考虑到 Cr 与 DLC 膜及 CVD 金刚石膜能形成中间化合物过渡层，结合性好且抗放电性强。我们采用 Cr/Au 复合电极，改善电极传输信号的能力。Cr/Au 复合电极的制作方法是：第一步，在基板上真空蒸镀 50 nm 厚 Cr 层；第二步，在 Cr 层上真空蒸镀 150 nm 厚 Au 层；第三步，用光刻技术在 Cr/Au 层上刻蚀出所需的电极图形。

为提高 MSGC 气体增益，需要在电极间施加高压，但电压过高易引起电极放电，特别是在使用 Au 等低电阻率材料时。为克服这个困难，除在微条电极上沉积钝化膜保护以外[66]，改进电极形状也是一个有效的措施。实验表明，不同形状的电极会导致不同的放电临界电压，并对气体增益产生影响，高的放电临界电压和气体增益是我们选择的目标。V. Mack 等[67]用 COSMOS 程序计算了不同电极形状时阴极与阳极末端的最大电场强度，在相同条件下，阳极末端的最大电场强度高于阴极末端的电场强度，这表明阳极末端比阴极末端更容易产生放电现象，但在实验中却观察到阴极末端先产生放电。究其原因是 COSMOS 程序计算只是作了简单的静电学模拟，不能准确地预测 MSGC 的工作情况，必须在分析中考虑电动力学过程。表 8.7 列出了采用三种不同微条电极形状所获得的阴极放电临界电压和气体增益[68]。很明显，采用 1#设计形状的电极能够获得最高的阴极放电临界电压，同时也能得到最大的气体增益。

表 8.7 阴极放电临界电压和相应增益

编 号	0#	1#	2#
阴极放电临界电压/V	−455±5	−485±5	−475±5
气体最大增益/V	1 700	3 300	2 700

8.2.3.2 微条气体室探测器工作气体研究

原则上，所有气体均会发生雪崩倍增，因而任何气体均可作为工作气体。但通常希望工作气体有低的工作电压、高的倍增因子、好的正比性、高的计数率响应、快速恢复时间及长的寿命等。这些要求有些互相冲突，例如低工作电压往往限制倍增因子的增大。惰性气体中的雪崩倍增过程与复杂分子气体相比，可在低得多的电场中发生，因为在多原子气体分子中，有许多非电离能损的模式消耗了电子的能量。此外,惰性气体化学性能稳定,不会腐蚀金属电极,所以工作气体通常以惰性气体为主。为提高气体电离和倍增效应,在同样入射能量下得到更强的电信号,应选用电离粒子小及较低电离能的气体。大量实验表明,在各种气体中,电离能 W 基本上是一个常数,为 30 eV 左右。由表 8.8 可知,Kr 气和 Ar 气的 W 均较小,但 Kr 气价格昂贵,故我们选择 Ar 气作为工作气体。

表 8.8　几种气体的电离能 W[69]　　　　　　　　（单位：eV）

气　　体	W（α 粒子）	W（X,γ 射线）
He	46.0±0.5	41.5±0.4
N_2	36.39±0.04	34.6±0.3
O_2	32.3±0.1	31.8±0.3
Ne	35.7±2.6	36.2±0.4
Ar	26.3±0.1	26.2±0.2
Kr	24.0±2.5	24.3±0.4
CH_4	29.1±0.1	27.3±0.3
C_2H_4	28.03±0.05	26.3±0.3

以纯 Ar 气为工作气体,在探测器进入永久放电之前,其倍增因子不能超过 $10^3 \sim 10^4$。这是因为处于激发态的惰性气体能通过发射光子回到基态。对 Ar 气而言,其发射出的光子最小能量为 11.6 eV,远远高于构成阴极金属成分的电离电位(例如对于 Cu 为 7.7 eV),因此能从阴极表面上引出光电子。这种光电子能引起新的雪崩,而且是在原初雪崩之后很短时间内发生。另外 Ar$^+$ 向阴极迁移,能与阴极上的一个电子中和,能量平衡的结果或是发射一个光子,或是在阴极表面产生次级发射,生成另一个电子。这两种过程引起的滞后虚假雪崩,即使在中等倍增因子情况下,其概率也足够高到引起永久放电,无法获得性能稳定的气体室探测器。而多原子分子有极其独特的性能,尤其是当分子含有 4 个以上原子时,具有不产生辐射的激发态,主要是转动能级和振动能级,这些能级能吸收能量范围很宽的光子[70]。例如 CH_4 可以吸收从 7.9 eV 到 14.5 eV 能量范围的光子,这个范围正好覆盖了由 Ar 原子发射的光子能量,这是大多数碳氢化合物与醇类有机化合物家族以及像 CF_3Br、CO_2、BF_3 和其它一些非有机化合物等的共同特性。这些分子或是通过弹性碰撞,或是解离成更简单的基团耗散掉过剩的能量而不发生次级发射。同时多原子电离形成的正离子在阴极上被中和时,也不易观察到次级发射。这些基团或是重新复合成较为简单的分子(解离过程),或是形成较大的复合体(聚合过程)。将这种多原子分子加入惰性气体中有利于吸收光子和抑制次级发射,使探测器在放电之前能获得>10^6 的倍增因子,称之为淬灭气体。

在气体探测器中,除了正离子和电子的复合,还存在正离子和负离子的复合。负离子是由中性气体分子吸附了电子而形成的,负离子的形成减少了自由电子,而且正离子-负离子的复合系数通常比正离子-电子的复合系数大几个数量级。因此,负离子的存在对探测器的电信号有严重的不利影响。O_2、H_2O 及卤素等气体由于电子附着系数较高,容易吸附电子变成负离子,因此被称作"负电性气体",探测器的工作气体中应尽量排除一切负电性气体。惰性气体和碳氢化合物气体的电子附着系数都很低,电子能在这些气体中自由移动而不易被吸附。

但多原子有机气体的使用对探测器寿命有很大影响,尤其在探测高通量辐射时,多原子有机气体分子的解离是雪崩的基础,如果探测器密封的话,这种解离过程将很快消耗掉这些分子。若倍增系数为 10^6,假定在每个事例中可探测到 100 个离子对,则在每个事例中要解离 10^8 个分子。在一个 10 cm^3 的典型探测器中,工作在正常的大气压下,充以 90:10 的惰性气体和淬灭气体的混合气,则大约可能有 10^{19} 个多原子有机分子,因此这种探测器在探测 10^{10} 个计数后操作特性将会有本质的变化。同时多原子有机气体分子解离的产物是液体或固体聚合物,在阴极和阳极表面沉积,沉积的程度与这些产物与阴极和阳极材料的亲和性有关。这些沉积物将使探测器经受高通量辐照后(约 $10^7 \sim 10^8$ cm^{-2} 计数)工作特性发生变化,即探测器的老化效应。另外,探测器面积大,气体窗口薄,也很难做到气体真正密封。

根据以上的分析,我们选择 Ar+CH_4 作 MSGC 探测器工作气体,并采用流气式供气方式以防止气体耗尽和纯度降低,提高探测器的寿命和性能。

8.2.3.3　微条气体室探测器制备

根据以上讨论及 ANSYS 模拟结果,我们最终设计并制备了 MSGC 探测器芯片,如图 8.34 所示,相关工艺和参数如下。

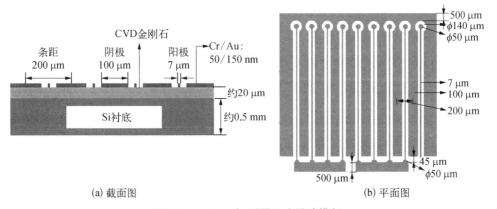

(a) 截面图　　　　　　　　　　(b) 平面图

图 8.34　MSGC 探测器芯片设计模版

1）基板。本实验利用 HFCVD 法在 20 mm×20 mm×0.5 mm 硅片上沉积金刚石薄膜,热化学抛光和表面处理后,CVD 金刚石膜/硅基板厚度为 20 μm/0.5 mm。

2）电极制备。本实验采用 LDG‑2A 型离子束镀膜机溅射 Cr,主要工艺条件为:基板加热温度为 200~230℃;充 Ar 前本底真空度 3×10⁻⁴ Pa;充 Ar 压力0.3 Pa;溅射速率 1.2 nm/s,Cr 层厚度 50 nm,接着用真空镀膜机热蒸发 150 nm 厚 Au 层。

3）光刻。采用 MJB6 型光刻机光刻电极。光刻工艺经过涂胶、前烘、曝光、显影、后烘、刻蚀和去胶七个步骤。采用正胶光刻、等离子法干蚀电极,获得阴阳极交错排列的探测器芯片:阴极宽 100 μm 共 101 条,阳极宽 7 μm 共100 条;相邻阳极中心间距为 200 μm;阳极末端为圆形,φ50 μm。具体步骤流程如图 8.35所示。

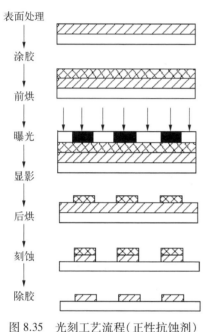

图 8.35　光刻工艺流程(正性抗蚀剂)

4）键合。本实验采用热压键合,即在外热和加压下,用硅铝丝将芯片上的电极引线和印刷电路板上相应的引线连接起来。

5）封装。采用环氧板作 MSGC 探测器室壁材料,网眼为 150 μm 的不锈钢网作为漂移电极,利用环氧树脂胶进行黏结,将键合好的 MSGC 芯片密封成一个流气式探测器,透明聚酯薄膜作探测器窗口,漂移区高度为5 mm。

8.2.4　微条气体室探测器性能研究[71]

8.2.4.1　微条气体室信号读出电子学系统

MSGC 探测器具有灵敏面积大、读出信号数目大等特点,使读出电路变得非常复杂,并且 MSGC 的高计数率对电荷灵敏前置放大器的高速要求很高。解决方法是制作与 MSGC 相应的集成化前置放大器和使用延迟线技术,但各有弊端,综合采用逐丝读出和延迟线技术可缓解这些矛盾,即阴极微条连在一起并通过一个保护电阻与负电位相连,而阳极微条(512 条)分成 128 组,每组 4 条。

MSGC 探测器读出信号经 Ortec 142IH 电荷灵敏前置放大器和 575A 线性成形放大器(成形时间 3 μs,增益 10k)输入 Ortec Trump‑PCI‑2K 多道脉冲幅度分析器进行数据采集、处理和分析(如图 7.26 所示)。采用 5.9 keV ⁵⁵Fe X 射线测量了探测器的能谱响应和脉冲信号,⁵⁵Fe 是测量气体探测器性能非常有用的放射源,实验中放射源室温下置于大气中,距离探测器窗口 1 cm。

8.2.4.2 结果与讨论

图 8.36 显示了 MSGC 探测器对 5.9 keV ^{55}Fe X 射线的脉冲高度分布谱,其中探测器工作条件为:漂移极电压(HV1)－1000 V,阴极电压(HV2)－500 V,阳极为 0 V 进行信号输出,工作气体 Ar+10%CH$_4$,气压 101.0 kPa,温度 13℃。

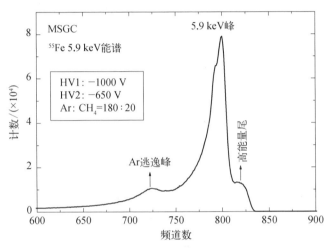

图 8.36　MSGC 探测器对 5.9 keV ^{55}Fe X 射线的脉冲高度分布

从脉冲高度分布谱中可以看出,信号峰明显地与底部噪声分离,探测器具有很高的信噪比。在 799 道和 725 道出现两个特征峰,分别对应 5.9 keV X 射线的全能峰和 3.2 keV Ar 逃逸峰。全能峰(光子峰)平均脉冲高度正比于 X 射线的光子能量,逃逸峰的平均脉冲高度正比于入射 X 射线光子与探测气体特征线光子的能量差,是由退激发时放出的特征 X 射线未在探测器中再次发生相互作用而逸出探测器体积之外形成的[72]。通常使用全能峰的半高宽(FWHM)与峰位 E 的比值来表征探测器的能量分辨率,FWHM 满足:

$$\mathrm{FWHM}^2 = 236^2 \{ (F + \delta_{se}^2) w/E_x + \delta_g^2 + \delta_e^2 w^2 / (ME_x)^2 \qquad (8.14)$$
$$+ 0.228^2 [1 - \exp(-L/\lambda_a)]^2 \}$$

其中,F 为法诺因子;δ_{se} 为电子雪崩响应函数;w 为产生一对电子-离子对所需能量;δ_g 为与几何尺寸不均一相关的函数;δ_e 为几何敏感区;L 为漂移距离;λ_a 为电子黏滞长度。此式表明探测器能量分辨率主要由五项因素决定:第一项是离化效应;第二项是雪崩倍增效应;第三项是几何尺寸效应;第四项是噪声效应;最后一项是由电负性气体引起的杂质吸附效应。

使用 Oretec MAESTRO-32 MCA 软件对脉冲高度分布谱进行自动标度和寻峰,得到 MSGC 能量分辨率为 13%,优于 A. Oed[73] 报道的 16%。这是因为我们在实验中为了提高能量分辨率和简化电子学系统,采取了并条输出的办法,选择 25 组阳极微条中的几组相连进行测试。从理论上讲,可以进一步保证某一组阳极微条损坏不会影响整个探测器信号的输出,改善能量分辨率,但同时我们牺牲了 MSGC 的空间分辨率。另外,能谱中出现了与 J. E. Bateman 等[74] 报道相同的背景噪声脉冲和一个高能量尾,这可能是由墙效应和阴极热点引起的。

计数率是探测器单位时间内记录的脉冲数目。由于 MSGC 阴阳极间距极小,阳极附近雪崩产生的正离子漂移至阴极仅几十微秒,收集时间约 20~40 ns,和 MWPC 相比有更高的计数率能力(≥10^6 Hz)。MSGC 输出的脉冲信号数目与被探测的辐射强度成正比,直接记录单位时间内的脉冲数目可以获得核辐射强度。粒子和探测器的相互作用是一个随机过程,并非任何时刻都有信号从探测器输出。另一方面,信号数据的转换、读取和记录过程需要较长时间。前一信号的处理过程没有结束不能处理下一信号,以免造成混乱,产生系统死时间。死时间越长,可能丢失的有用事例就越多,系统记录数据的效率就越低。我们在测试过程中设定有效测试时间为 300 s,由于死时间为 25%,实际测试时间约为 375 s。由图 8.36 可知,MSGC 在上述情况下对 5.9 keV X 射线的计数率 ≥10^3 Hz。

8.2.5　气体电子倍增器(GEM)的研制

8.2.5.1　气体电子倍增器

气体电子倍增器(gas electron multiplier,GEM)由于结构简单、性能卓越、兼容性强等优点,自 1997 年 F. Sauli[75] 发明以来,就成为研究者关注的热点。如图 8.37 所示,GEM 主要由漂移电极、GEM 复合膜和印刷电路板(PCB)读出电极三层组成,由窗口、PCB 板、进气口和出气口密闭成一个流气式气体室,工作气体通常是惰性气体和淬灭气体的混合,如 Ar+CH₄等。

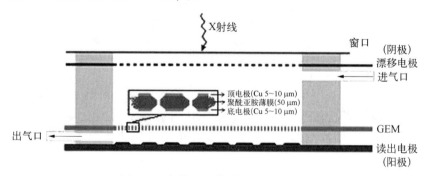

图 8.37　气体电子倍增器结构示意图

GEM 复合膜如图 8.37 中间的小图所示,它是在 50 μm 厚的聚酰亚胺薄膜上下镀铜电极,并通过光刻技术在其上蚀刻出大小一致、分布均匀的微孔(孔径 70 ~ 140 μm,孔间距 140 ~ 240 μm)。GEM 工作时,在漂移电极、GEM 复合膜上下电极和 PCB 读出电极上分别加上不同的电压(电压依次升高),通常漂移电极加负高压,PCB 接零电位输出信号。其工作原理与 MSGC 探测器相似,只是雪崩放大发生在 GEM 微孔中。由于 GEM 微孔通道直径很小,漂移电极和读出电极之间的电力线在通道中非常密集,从而产生高强度双级电场(图 8.38),进入微孔的原初电子在这个电场中获得足够大的能量去离化更多中性气体原子,从而发生雪崩放大。放大后的电子在收集区电场作用下继续向下漂移,并在读出电极上产生信号。

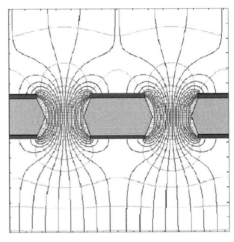

图 8.38　GEM 微孔电场示意图

GEM 和其它微结构气体探测器(MPD)相比,最大区别在于气体雪崩放大发生在微孔通道中,而不是阴阳极间,电子放大阶段和信号读出阶段是分开的,不存在其它 MPD 中读出电极在雪崩放大或放电过程中遭到损坏的问题,而且同样能达到高的分辨率和气体增益。另外,GEM 读出结构的设计也具有更大灵活性。基于此特性,研究者们将 GEM 作为初级放大,引入其它 MPD 中形成两级放大气体探测器系统(如 MSGC+GEM),如图 8.39 所示。

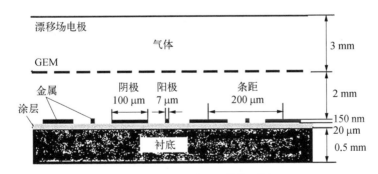

图 8.39　MSGC+GEM 的截面图

由于 GEM 的增益,MSGC 自身的增益和工作电压可大大降低,从而避免因放电引起探测器的损坏,而放电现象是目前气体雪崩放大微结构探测器所面临的最严重问题。此外 GEM 本身就具有强的防放电损伤能力,这是由 GEM 结构所决定的：GEM 的雪崩放大发生在微孔中，一方面，GEM 是一个多级器件，离子反馈在孔中得到抑制；另一方面，由于双级强电场产生于微孔中，在远离孔轴的地方发生的雪崩放大会得到抑制，电子雪崩放大都将被限制在几十微米的孔中，即使在高增益下也能有效防止放电。GEM 的引入，可使 MSGC 气体增益提高两三个数量级，同时可以有效防止放电现象的发生。

GEM 作为一种新型辐射探测器，引起了世界许多实验室的高度重视，并取得了突破性进展，但国内还没有开展这方面的研究。本节主要通过对 GEM 复合膜制备工艺的系统研究，成功地制备出了 2 cm×2 cm 的 GEM，并组装到 MSGC 探测器中，其中漂移区和收集区高度分别为 2 mm 和 3 mm，以改善 MSGC 探测器性能。

8.2.5.2　GEM 复合膜的制备

在 GEM 复合膜制备前，我们选择聚酰亚胺薄膜和聚酯薄膜进行电学和稳定性方面的测试，表明聚酰亚胺薄膜具有非常好的电学性能和化学稳定性。但由于聚酰亚胺抗腐蚀性好，耐酸、碱（强碱除外）和有机溶剂，很难通过光刻腐蚀方法在它上面刻蚀出大小一致、分布均匀的微孔。通过比较三种镀铜薄膜上制备均匀分布微孔的方法：光刻腐蚀法、激光打孔法和激光掩模打孔法，我们发现采用激光掩模打孔法效果最好。

激光掩模打孔法是指先用激光在一个铜板上打出符合要求且平列规则的微孔，然后再用这铜板作为掩模板附在镀铜薄膜表面，最后用光斑较大的激光逐行扫描打孔。激光掩模打孔法所用的紫外预电离 XeCl 准分子激光器波长为 308 nm，脉宽为 25 nm，输出单脉冲能量 100~150 mJ，脉冲重复频率为 1~100 Hz 可调。激光器输出的激光束先经过一光阑选择，挡住光斑中不均匀部分，让光斑中均匀部分透过，以使到达样品的光能量在各个地方尽量一致。由于激光器出射光斑为竖长方形，为了尽可能多地利用能量，我们采用水平放置的焦距为 $f = 200$ mm 的柱透镜来聚焦照射，出射光斑为正方形，大小为 4 mm×4 mm。

图 8.40 是激光掩模打孔法制得的 GEM 复合膜光学显微镜图，微孔非常均匀整齐。激光掩模打孔法制备 GEM 复合膜有如下优点：① 可制得均匀的铜掩膜板，铜导热性能和机械性能比薄膜要好得多，容易制备符合要求的微孔；② 对铜层电极无损伤，由于铜掩膜板作用，激光不会直接打在 GEM 铜层上，且不会出现飞溅所造成的表面不平整现象；③ 成品率高，先镀铜后打孔不会出现上下铜层的连接现象，成品率可达 100%。

8.2.5.3　MSGC+GEM 探测器系统的性能研究

图 8.41 和图 8.42 分别显示了 MSGC+GEM 探测器测试系统和 5.9 keV X 射线

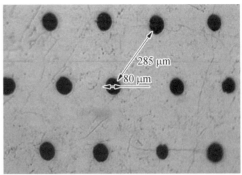

图 8.40 激光掩模打孔法制得的 GEM 复合膜正反面光学显微镜照片

脉冲高度分布谱,其中探测器工作条件为:漂移电压 $-1\,500\,V$,GEM 上电极 $-400\,V$,下电极 $0\,V$,读出电极 $438\,V$,工作气体 $Ar+10\%CH_4$。阴极加正电压主要是受实验条件限制。信号峰明显的与底部噪声分离,探测器具有较高的信噪比。在 614 和 1245 道处出现两个特征峰,其中低道数对应能量为 $3.2\,keV$ 的 Ar 逃逸缝,而高道数对应能量为 $5.9\,keV$ 的 X 射线全能峰。使用 MAESTRO – 32 MCA 软件对脉冲高度分布谱进行标定后,计算得能量分辨率为 37.1%。

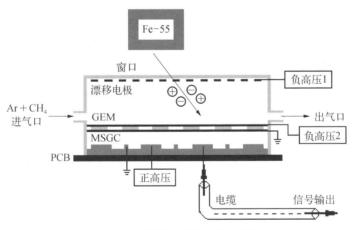

图 8.41 MSGC+GEM 工作示意图

1. 漂移电场和收集电场对 MSGC+GEM 探测器系统性能的影响

GEM+MSGC 气体探测器系统性能除了与自身结构有关外,主要依赖于工作气体[76]和工作电压[77]。图 8.43 和图 8.44 分别显示了计数率随漂移电场和收集电场强度的变化曲线。随着漂移区电场的增加,计数率先增大后减小,上升沿比较陡,下降沿较为平缓。X 射线与气体分子发生碰撞离化出原初电子,原初电子在漂移

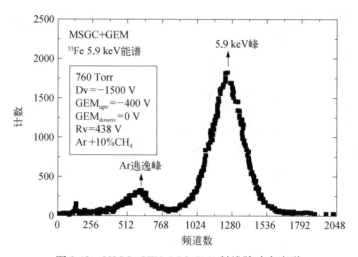

图 8.42　MSGC+GEM 5.9 keV X 射线脉冲高度谱

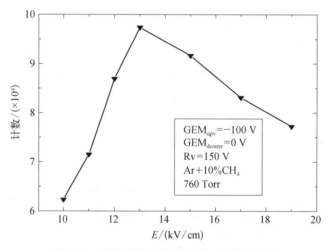

图 8.43　全能峰计数率随漂移区电场的变化

区电场的作用下加速,沿着电力线进入 GEM 微孔。在这个过程中,电场越强,复合损失的原初电子越少,且电子在电场的作用下可得到更大的能量,从而进入微孔发生雪崩放大时可产生更多的二次电子。但当电场继续增大时,漂移区的电力线会过多地终止于 GEM 的上电极,而没有通过 GEM 微孔,也就是说会有一部分原初电子沿电力线运动被 GEM 上电极收集,导致可发生雪崩放大的原初电子数减少,出现图 8.43 所示计数率先升后降的现象。

　　图 8.44 表明计数率随收集区电场的增加而不断增大,并逐渐趋向饱和,可高达 10^5 以上。随着电场的增加,雪崩放大后的电子受电场力作用增强,在向下漂移

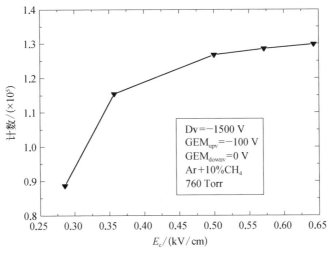

图 8.44　全能峰计数率随收集区电场的变化

过程中被复合的概率降低。当电场继续增大,复合损失可忽略不计,电子基本被全部收集,所以计数率呈现饱和现象。

2. ΔGEM 电场对 MSGC+GEM 探测器系统性能的影响

当电子由漂移区进入 GEM 微孔后,因微孔中的强双级电场而发生雪崩放大,从而实现电子倍增效果。改变 GEM 上电极电压($-100 \sim -550$ V)和相应漂移电极电压($-1\,200 \sim -1\,650$ V),可得到在全能峰计数率随 ΔGEM 电场的变化,如图 8.45

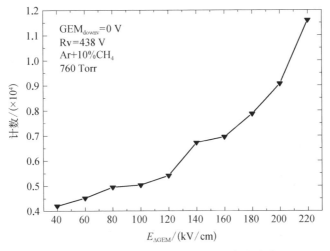

图 8.45　全能峰计数率随 ΔGEM 电场的变化

所示。随着 $E_{\Delta GEM}$ 的增加,计数率也不断增加,且增幅加快。从理论上讲,随着 ΔGEM 电场的增加,GEM 微孔中的双级电场也相应增加,原初电子在更强的电场下可获得更多的能量,当它与气体原子发生碰撞时就能产生更多的离子对,即更多的次级电子。由于雪崩效应是一个电了产生多个电子,再由新产生的电子继续产生更多电子的簇射反应,因此电场的增加可能导致雪崩效应的明显增强,且增幅加速,直至探测器击穿。

3. 工作气体对 MSGC+GEM 探测器系统性能的影响

图 8.46 和 8.47 分别给出了 5.9 keV X 射线全能峰计数率和能量分辨率随 Ar+CH₄ 混合气体中 CH₄ 比例的变化曲线。混合气体中 CH₄ 的作用是吸收 Ar 原子发射的光子和抑制多级发射,而 Ar 原子的多级发射所带来的最直接影响就是出现一些别的能量的粒子。由于这些粒子数目不多,且能量分布范围较大,因此不会在谱线中出现很明显的峰,而只是使连续谱的部分出现差异。由于多级发射过程很复杂,且具有一定的随机性,因此谱线的变化也出现随机性。

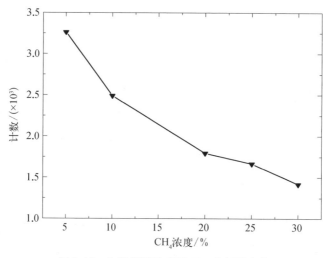

图 8.46　全能峰计数率随 CH₄ 比例的变化

随着混合气体中 CH₄ 含量的增加,全能峰计数率有明显的下降现象。这是因为随着 CH₄ 含量的增加,其对雪崩效应的抑制作用不断增强,雪崩产生的电子-正离子对不断减少,计数率随之下降。随着混合气体中 CH₄ 含量的增加,探测器能量分辨率改善。原因是 CH₄ 浓度低时其淬灭机制弱,Ar 可发生多级散射,从而产生不同能量的粒子,恶化能量分辨率。随着 CH₄ 浓度的升高,淬灭作用得到增强,因多级散射而产生的不同能量的粒子减少,从而提高了探测器的能量分辨率。当甲烷浓度为 30% 时,探测器能量分辨率可达 18.2%,接近目前所报道的最好能量分辨率

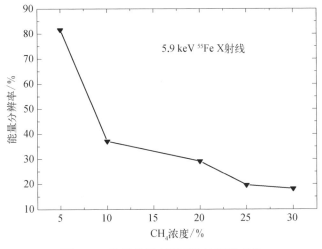

图 8.47　能量分辨率随 CH_4 浓度的变化

$17\%^{[78]}$，而一般 GEM+MSGC 探测器能量分辨为 $20\%\sim30\%^{[79,80]}$。但 $Ar-CH_4$ 混合气体中 CH_4 含量的增加虽然提高了探测器能量分辨率，但也降低了计数率。因此，究竟采用何种比例的工作气体将取决于实际探测目的。

8.2.6　小节

本章成功地获得了两种 MSGC 理想基板：DLC 膜/D263 玻璃基板和 CVD 金刚石膜/Si 基板。利用 ANSYS 软件模拟了电极几何尺寸和工作电压等因素对探测器电场分布的影响，优化 MSGC 设计。结果表明：① 漂移电极的电压变化对电场分布的影响不大；② 电场强度随阴极电压的减小而减小。

利用现代光刻技术在 CVD 金刚石膜/Si 基板上成功地制备了 MSGC 探测器，该探测器对 5.9 keV X 射线具有很好的信噪比和能量分辨率。一定范围内随着阴极电压的上升，探测器计数率上升，能量分辨率逐渐改善并趋于稳定；随着漂移电压的上升，计数率先降低后上升，并出现计数率平台，能量分辨率先迅速改善后又小幅度变坏并趋于稳定；多原子气体的猝灭效应使得电子散射现象减弱和气体增益降低，随着工作气体中 CH_4 含量上升，探测器计数率逐渐减小，能量分辨率先改善后变差。当 CH_4 浓度 10%、漂移电压 $-1\,100$ V、阴极电压 -650 V 时，MSGC 具有较好的能量分辨率（12.2%）和较快的上升时间（毫秒级）。

利用激光掩模打孔法成功研制了气体电子倍增器（GEM），并将其组装到 MSGC 中作为初级放大改善 MSGC 探测器性能，探测器系统计数率可高达 10^5 Hz，能量分辨率 18.2%。

参 考 文 献

[1] Foulon F, Pochet T, Gheeraert E, et al. CVD diamond films for radiation detection[J]. IEEE Trans. Nucl. Sci., 1994, 41: 927 – 932.

[2] Vaitkus R, Inushima T, Yamazaki S. Enhancement of photosensitivity by ultraviolet irradiation and photoconductivity spectra of diamond thin films [J]. Appl. Phys. Lett., 1993, 62: 2384 – 2386.

[3] Plano M A, Zhao S, Gardinier C F, et al. Thickness dependence of the electrical characteristics of chemical vapor deposited diamond films[J]. Appl. Phys. Lett., 1994, 64: 193 – 195.

[4] Kania D R, Pan L S, Bell P, et al. Absolute X-ray power measurements with subnanosecond time resolution using type IIa diamond photoconductors [J]. J. Appl. Phys., 1990, 68: 124 – 130.

[5] Spielman R B. Diamond photoconducting detectors as high power z-pinch diagnostics[J]. Rev. Sci. Instrum., 1995, 66: 867 – 870.

[6] Rebisz M, Guerrero M J, Tromson D, et al. CVD diamond for thermoluminescence dosimetry: optimisation of the readout process and application[J]. Diamond and Related Materials, 2004, 13: 796 – 801.

[7] keddy R J, Nam T L. Diamond radiation detectors [J]. Radiat. Phys. Chem., 1993, 41: 767 – 773.

[8] Borchel F T, Dulinski W, Gan K K, et al. First measurements with a diamond microstrip detector[J]. Nucl. Instr. and Meth. A, 1995, 354: 318 – 327.

[9] Souw E K, Meilunas R J. Response of CVD diamond detectors to alpha radiation[J]. Nucl. Instr. and Meth. A, 1997, 400: 69 – 86.

[10] Bruzzi M, Menichelli D, Sciortino S, et al. Deep levels and trapping mechanisms in chemical vapor deposited diamond[J]. J. Appl. Phys., 2002, 914: 5765 – 5774.

[11] Bruzzi M, Menichelli D, Pini S, et al. Improvement of the dosimetric properties of chemical-vapor-deposited diamond films by neutron irradiation [J]. Appl. Phys. Lett., 2002, 81: 298 – 300.

[12] Wang L J, Xia Y B, Zhang M L, et al. The influence of deposition conditions on the dielectric properties of diamond films[J]. Semicon. Sci. Tech., 2004, 19: 35 – 38.

[13] Zhang M L, Gu B B, Wang L J, et al. X-ray detectors based on (100) – textured CVD diamond films[J]. Physics Letters A, 2004, 332: 320 – 325.

[14] Wang L J, Xia Y B, Shen H J, et al. Infrared optical properties of diamond films and electrical properties of CVD diamond detectors[J]. J. Phys. D: Appl. Phys., 2003, 36: 2548 – 2552.

[15] Fang F, Hewett C A, Fernandes M G, et al. Ohmic contacts formed by ion mixing in the Si-diamond system[J]. IEEE Trans. Electron Devices, 1989, 36: 1783 – 1786.

[16] Venkatesan V, Das K. Ohmic contacts on diamond by B ion implantation and Ti-Au metallization [J]. IEEE Electron Device Lett., 1992, 13: 126 – 128.

[17] Krasilnikov A V, Amosov V N, Kaschuch Y A. Natural diamond detector as a high energy particle spectrometer[J]. IEEE Tran. Nucl. Sci., 1998, 45: 385 – 389.

[18] Chen Y G, Oqura M, Yamasaki S, et al. Investigation of specific contact resistance of ohmic contacts to B-doped homoepitaxial diamond using transmission line model[J]. Diamond and Related Materials, 2004, 13: 2121 – 2124.

[19] Zhang M L, Xia Y B, Wang L J, et al. Response of chemical vapor deposition diamond detectors to X-ray[J]. Solid State Communications, 2004, 130: 425 – 428.

[20] Iakoubovskii K, Adriaenssens G J. Optical detection of defect centers in CVD diamond[J]. Diamond and Related Materials, 2000, 9: 1349 – 1356.

[21] Zhang M L, Xia Y B, Wang L J, et al. Effects of microstructure of films on CVD diamond X-ray detectors[J]. Sensors and Actuators A: Physics, 2005, 230: 415 – 418.

[22] Zhang M L, Xia Y B, Wang L J, et al. Effects of the film microstructures on CVD diamond radiation detectors[J]. Journal of Crystal Growth, 2005, 277(1 – 4): 382 – 387.

[23] Tromson D, Brambilla A, Foulon F, et al. Geometrical non-uniformities in the sensitivity of polycrystalline diamond radiation detectors [J]. Diamond and Related Materials, 2000, 9: 1850 – 1855.

[24] Souw E K, Meilunas R J. Response of CVD diamond detectors to alpha radiation[J]. Nucl. Instr. and Meth. A, 1997, 400: 69 – 86.

[25] Vatnitsky S, Jaervinen H, Application of a natural diamond detector for the measurement of relative dose distributions in radiotherapy[J]. Phys. Med. Biol., 1993, 38: 173 – 184.

[26] Kaneko J, Katagiri M, Ikeda Y, et al. Development of a synthetic diamond radiation detector with a boron doped CVD diamond contact[J]. Nucl. Instr. and Meth. A, 1999, 422: 211 – 215.

[27] Kaneko J H, Tanaka T, Tanimura Y, et al. Measurement of behavior of charge carriers and investigation into charge-trapping mechanisms in high-purity type-IIa diamond single crystals grown by high-pressure and high-temperature synthesis [J]. New Diamond Front. Carbon Technol., 2004, 14: 299 – 311.

[28] Bergonzo P, Brambilla A, Tromson D, et al. CVD diamond for radiation detection devices[J]. Diamond Rel. Mat., 2001, 10: 631 – 638.

[29] Manfredott C I, Fizzotti F, Polesello P, et al. Study of polycrystalline CVD diamond by nuclear techniques[J]. Phys. Status Solidi A, 1996, 154: 327 – 350.

[30] Hecht K. Zum mechanismus des lichtelektrischen Primärstromes in isolierenden Kristallen[J]. Z. Phys., 1932, 77: 235 – 245.

[31] Zhang M L, Xia Y B, Wang L J, et al. CVD diamond devices for charged particle detection[J]. Semiconductor Science and Technology, 2004, 20: 78 – 81.

[32] Gu B B, Wang L J, Zhang M L, et al. Investigation of chemical-vapor-deposition diamond alpha-particle detectors[J]. Chinese Physics Letter, 2005, 21: 2051 – 2053.

[33] Bergonzo P, Brambilla A, Tromson D, et al. CVD diamond for nuclear detection applications [J]. Nucl. Instr. and Meth. A, 2002, 476: 694 – 700.

［34］　Campbell B, Choudhury W, Mainwood A, et al. Lattice damage caused by the irradiation of diamond[J]. Nucl. Instr. and Meth. A, 2002, 476: 680-685.

［35］　Pini S, Bruzzi M, Bucciolini M, et al. High-bandgap semiconductor dosimeters for radiotherapy applications[J]. Nucl. Instr. and Meth. A, 2003, 514: 135-140.

［36］　Adam W, Bauer C, Berdermann E, et al. Review of the development of diamond radiation sensors[J]. Nucl. Instr. and Meth. A, 1999, 434: 131-145.

［37］　Tromson D, Brambilla A, Foulon F, et al. Geometrical non-uniformities in the sensitivity of polycrystalline diamond radiation detectors [J]. Diamond and Related Materials, 2000, 9: 1850-1855.

［38］　Zhang M L, Xia Y B, Wang L J, et al. CVD diamond photoconductive devices for detection of X-rays[J]. Journal of Physics D: Applied Physics, 2004, 37: 3198-3201.

［39］　Zhang M L, Xia Y B, Wang L J, et al. Performance of CVD diamond alpha particle detectors [J]. Solid State Communications, 2004, 130: 551-555.

［40］　Borchelt F, Dulinski W, Gan K K, et al. First measurements with a diamond microstrip detector [J]. Nucl. Instr. and Meth. A, 1995, 354: 318-327.

［41］　Adam W, Berdermann E, Bergonzo P, et al. (RD 42 Coll.) Performance of irradiated CVD diamond micro-strip sensors[J]. Nucl. Instr. and Meth. A, 2002, 476: 706-712.

［42］　Bouhali O, Udo F, van Doninck W, et al. Operation of micro strip gas counters with Ne-DME gas mixtures[J]. Nucl. Instr. and Meth. A, 1996, 378: 423-438.

［43］　Schmidt B. Microstrip gas chambers: recent developments, radiation damage and long-term behavior[J]. Nucl. Instr. and Meth. A, 1998, 419: 230-238.

［44］　Ochi A, Tanimori T, Nishi Y, et al. Use of a microstrip gas chamber conductive capillary plate for time-resolved X-ray area detection[J]. Nucl. Instr. and Meth. A, 2002, 477: 48-54.

［45］　诺尔.辐射探测与测量[M]. 李旭,译.北京: 原子能出版社,1988: 267-307.

［46］　Bouhali O, Udo F, van Doninck W, et al. Operation of microstrip gas counters with DME-based gas mixtures[J]. Nucl. Instr. and Meth. A, 1998, 413: 105-118.

［47］　张明龙,夏义本,王林军,等.一种适合微条气体室探测器的理想衬底材料[J].高能物理与核物理,2004, 4: 408-411.

［48］　Boimska B, Bouclier R, Capeans M, et al. Progress with diamond over-coated microstrip gas chambers[J]. Nucl. Instr. Meth. A, 1998, 404: 57-70.

［49］　Cicognani G, Feltin D, Guerard B, et al. Stability of microstrip gas chambers with small anode-cathode gap on ionic conducting glass[J]. Nucl. Instr. and Meth. A, 1998, 416: 263-266.

［50］　Barr A, Bachmann S, Boimska B, et al. Construction, test and operation in a high intensity beam of a. small system of micro-strip gas chambers[J]. Nucl. Instr. and Meth. A, 1998, 403: 31-56.

［51］　Bellazzini R, Brez A, Latronico L, et al. Substrate-less, spark-free micro-strip gas counters[J]. Nucl. Instr. and Meth. A, 1998, 409: 14-19.

［52］　张明龙,夏义本,王林军.微条气体室(MSGC)性能改进方案[J].核电子学与探测技术,

2003, 2: 113 - 116.

[53] Bouclier R, Capeans M, Hoch M, et al. High rate operation of micro-strip gas chambers[J]. IEEE Trans. Nucl. Sci., 1996, 43: 1220 - 1226.

[54] 夏义本,王林军,张明龙,等.一种微条气体室探测器复合基板的制造方法[P].中国, 200410016260.4, 2004.

[55] Tanimori T, Nishi Y, Ochi A, et al. Imaging gaseous detector based on micro-processing technology[J]. Nucl. Instr. and Meth. A, 1999, 436: 188 - 195.

[56] Teo K B K, Ferrari A C, Fanchini G, et al. Highest optical gap tetrahedral amorphous carbon [J]. Diamond and Related Materials, 2002, 11(3 - 6): 1086 - 1090.

[57] Meenakshi V, Sayeed A, Subramanyam S V. Conductivity and structural studies on disordered amorphous conducting carbon films[J]. Mater. Sci. For., 1996, 223 - 224: 307 - 310.

[58] Bouclier R, Million G, Ropelewski L, et al. Performance of gas microstrip chambers on glass substrata with electronic conductivity[J]. Nucl. Instr. and Meth. A, 1993, 332: 100 - 106.

[59] Zhang M L, Xia Y B, Wang L J, et al. The electrical properties of diamond-like carbon film/ D263 glass composite for the substrate of micro-strip gas chamber[J]. Diamond and Related Materials, 2003, 12(9): 1544 - 1547.

[60] 王林军,夏义本,张明龙,等.一种微条气体室探测器基板的制造方法[P].中国, 200410016257.2, 2004.

[61] 张恒大,刘敬明,宋建华,等.CVD 金刚石膜的抛光技术[J].表面技术,2001, 30(1): 15 - 18.

[62] 蒋中伟,张竞敏,黄文浩.金刚石热化学抛光的机理研究[J].光学精密工程,2002, 10: 50 - 55.

[63] Mainwood A. CVD diamond particle detectors[J]. Diamond and Related Materials, 1998, 7: 504 - 509.

[64] 杨莹,夏义本,王林军,等.微条气体室(MSGC)基板材料的研究[J].功能材料,2004, 35 (3): 360 - 362.

[65] Angelini F, Bellazzini R, Brez A. Operation of MSGCs with gold strips built on surface -treated thin glasses[J]. Nucl. Instr. and Meth. A, 1996, 383: 461 - 469.

[66] Barr A, Boimska B, Bouclier R. "Diamond" over-coated microstrip gas chambers for high rate operation[J]. Nucl. Phys. B, 1998, 61B: 315 - 320.

[67] Mack V, Brom J M, Fang R, et al. Factors influencing the performances of micro-strip gas chambers[J]. Nucl. Instr. and Meth. A, 1995, 367: 173 - 176.

[68] Boulogne I, Daubie E, Defontaines F, et al. Aging tests of MSGC detectors[J]. Nucl. Instr. and Meth. A, 2003, 515: 196 - 201.

[69] 王芝英.核电子技术原理[M].北京: 原子能出版社,1989: 25 - 304.

[70] Prendergast E P, Agterhuis E H, Kuijer P G, et al. Properties of CF_4 and isobutane for use in microstrip gas counters[J]. Nucl. Instr. and Meth. A, 1997, 385: 243 - 247.

[71] Zhang M L, Xia Y B, Wang L J, et al. Energy resolution in X-ray detecting micro-strip gas

chamber fabricated on CVD diamond films[J]. Proc. SPIE, 2004, 5774: 91 - 94 (ISTP).

[72] 王临洲, 李黎力. 正比例室一些特性的研究[J]. 核技术, 1984(1): 26 - 31.

[73] Oed A. Properties of micro-strip gas chambers (MSGC) and recent developments[J]. Nucl. Instr. and Meth. A, 1995, 367: 34 - 40.

[74] Bateman J E, Connolly J F, Derbyshire G E, et al. Energy resolution in X-ray detecting micro-strip gas counters[J]. Nucl. Instr. and Meth. A, 2002, 484: 384 - 395.

[75] Sauli F. A new concept for electron amplification in gas detectors[J]. Nucl. Instr. and Meth. A, 1997, 386: 531 - 534.

[76] Bondar A, Buzulutskov A, Sauli F, et al. High- and low-pressure operation of the gas electron multiplier[J]. Nucl. Instr. and Meth. A, 1998, 419: 418 - 422.

[77] Benlloch J, Bressan A, Capeans M, et al. Further developments and beam tests of the gas electron multiplier (GEM)[J]. Nucl. Instr. and Meth. A, 1998, 419: 410 - 417.

[78] Kim H K, Jackson K, Hong W S, et al. Application of the LIGA process for fabrication of gas avalanche devices[J]. IEEE Trans. Nucl. Sci., 2000, 47: 923 - 927.

[79] Bressan A, Buzulutskov A, Ropelewshi L, et al. High gain operation of GEM in pure argon[J]. Nucl. Instr. and Meth. A, 2000, 423: 119 - 124.

[80] Maia J M, Veloso J F C A, Dos Santos J M F, et al. Advances in the micro-hole & strip plate gaseous detector[J]. Nucl. Instr. and Meth. A, 2003, 514: 364 - 368.

第九章 粒子探测器读出
电路电子系统
——微机多道谱仪的建立

本章主要通过对辐射探测器读出电子学系统的讨论,设计并建立了适用于 CVD 金刚石探测器和微条气体室探测器的通用读出电子学系统——微机多道谱仪。这一系统对其它气体室探测器和半导体探测器测试及核辐射测量也具有重要的应用价值,同时也是一种非常有效的新型半导体材料性能表征手段。

大多数的辐射探测器是电探测器,探测器输出的电信号中包含了粒子的物理信息,读出电子学的主要功能是抽取粒子探测器输出电信号的某些特征,转换为能够反映粒子特性的数据,并进行读取、存储和显示。粒子通过探测器时使探测器产生电离、激发或光电转换等过程,输出信号的电荷量往往正比于粒子在探测器中所沉积的能量。但粒子与探测器的相互作用是一个随机过程,探测器的输出信号也有一定的随机性,表现为:

1)由入射粒子能量损失的随机性造成的信号幅度的随机性;

2)由粒子出现时间的随机性造成的信号间隔的随机性;

3)由粒子在探测器单元中穿越径迹的不同造成的信号宽度(或形状)的随机性。

因此,读出电子学系统必须考虑信号的随机性,使其能够处理的信号范围尽可能宽,并能够根据随机信号的统计分布正确处理绝大多数的探测器信号[1]。虽然辐射探测器的研究已经取得了令人瞩目的成果,但性能测试和表征等方面也具有特殊性,而且国内也没有普遍适合不同类型探测器的读出电子学系统。

产生于气体室探测器或半导体探测器的信号是一个电流脉冲,其电荷量 Q_D,电流脉冲的持续时间一般为 $10^{-9} \sim 10^{-5}$ s,这主要取决于探测器的电阻和电容,即和探测器的类型与大小有关。由于探测器输出信号比较小,这就需要通过放大器对信号放大后才能进行数据处理,因此放大器的性能显得非常重要。放大后的信号经过成形送入模-数转换器(analog to digital converter, ADC),将模拟信号转化为数字信号并传输到计算机辅助多道分析器(CAMCA)进行数据储存和处理,就能得到核辐射事件的能量谱、计数率、探测效率和增益;如对探测器进行双端输出或引入位置灵敏分析器就可得到位置灵敏谱;引入快放大器和时幅转换器就能进行时间谱的测量。

9.1　前置放大器

电子学线路由电阻、电容、晶体管和集成电路等元器件组成,元器件中的载流子随机运动或载流子数量的涨落会在线路输出端产生随机涨落的无用信号,即噪声。另外,不同的电子学系统也会产生空间电磁场干扰别的系统。因此,为了减少测量误差,必须尽量减小噪声和干扰对信号的影响,也就是提高电子学系统的信噪比。由于探测器输出信号幅度很小,在对信号进行处理的电子学线路中,首先必须将探测器输出的电荷收集起来,同时为了降低噪声和干扰及方便操作,信号应经过初步放大并转换成适于通过电缆传递到后续电子设备的电压或电流信号,这就需要一个紧靠探测器的体积不大的前置放大器。在使用固有能量分辨好的探测器时,前置放大器本身的噪声必须很小,才能正常放大微弱的电信号并分辨出它们的微小差别;在需要分析信号的时间信息时,前置放大器要能准确地保留粒子的时间信息,以便确定核事件发生的时间、位置或粒子种类。

前置放大器是最紧接探测器的电子学仪器,其性能的好坏将直接影响系统的测量精度。在信号处理方面的作用和特点主要有以下几点:① 提高系统的信噪比;② 减少外界干扰的相对影响;③ 合理布局,便于调节和使用;④ 实现阻抗转换和匹配。根据探测器输出信号成形方式的特点,前置放大器可以分为电压灵敏前置放大器、电流灵敏前置放大器和电荷灵敏前置放大器三大类[2]。

9.1.1　电压灵敏前置放大器

电压灵敏前置放大器如图 9.1 所示。探测器输出的电流信号用 $I_d(t)$ 来表示,t_w 为信号持续时间,考虑到探测器的极间电容 C_d,放大器输入电容 C_a,及连线分布电容 C_s,则放大器输入端的总电容 $C_i = C_d + C_s + C_a$。 假定放大器输入电阻很大,可忽略其并联作用,则输入电流 $I_d(t)$ 在输入电容上积分为输入电压信号 V_i,幅度值为

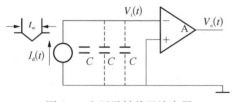

图 9.1　电压灵敏前置放大器

$$V_{in} = \frac{\int_0^{t_w} I_d(t)\,dt}{C_i} \propto Q \qquad (9.1)$$

通过电压放大器后的输出幅度 $V_{ou} \propto V_{in} \propto Q$, 即输出电压幅度与电荷量 Q 成正比。所以设计电压放大器时,在其输入端总电阻足够大时,不论探测器电流脉冲的形状如何,只要它们所携带的电荷量 $Q = \int_0^{t_w} I_d(t)\,dt$ 相等,则放大器输出电压信号的幅度也相等。

电压灵敏前置放大器的主要问题是输入端总电容 C_i 的不稳定导致输出电压幅度 V_{ou} 不稳定,难以同时满足较高的准确性、稳定性、信噪比和能量分辨率。

9.1.2　电流灵敏前置放大器

电流灵敏前置放大器是对探测器输出电流信号直接进行放大,它通常是一个并联反馈电流放大器,如图 9.2 所示。这类前置放大器输入电阻较小,时间响应较好。但因相对噪声较大,主要适用于时间测量系统。

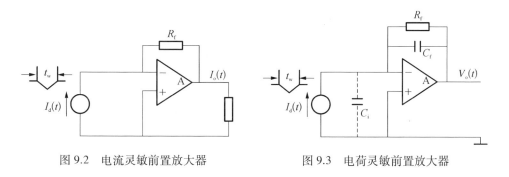

图 9.2　电流灵敏前置放大器　　　　　　　图 9.3　电荷灵敏前置放大器

9.1.3　电荷灵敏前置放大器

电荷灵敏前置放大器是带有电容负反馈的电流积分器,如图 9.3 所示。由于引入反馈电容 C_f,这时从放大器输入端来看,加反馈后输入端总电容 $C = C_i + (1 + A_o)C_f$,A_o 为开环增益,C_i 是不考虑 C_f 时输入端总电容。当 A_o 很大时,$(1 + A_o)C_f \gg C_i$,主要是 C_f 起作用,可以认为输入电荷 Q 都积累在 C_f 上,输出信号电压幅度近似等于 C_f 上的电压,即

$$V_{ou} \approx \frac{Q}{C_f} = \frac{\int_0^{t_w} I_o(t)\,\mathrm{d}t}{C_f} \tag{9.2}$$

因为 C_f 为常量,所以 V_{ou} 只与总电荷量 Q 有关。由于反馈电容可以足够稳定,输入电容 C_i 的影响可以忽略,输出电压幅度 V_{ou} 有很好的稳定性,因此这种电荷灵敏前置放大器常与高能量分辨率探测器连接。为了释放 C_f 上不断积累的电荷量,并稳定反馈的直流工作点,需要采取一些措施,如附加一个阻值较大(约 $10^9\ \Omega$ 量级)的反馈电阻 R_f 与 C_f 并联,R_f 常称为泄放电阻,可使 C_f 上的电荷逐渐放掉。

我们在探测器读出电子学系统中采用电荷灵敏前置放大器作为信号初级放大,是由于它具有输出增益稳定、信噪比高等优点。

1. 变换增益稳定性

当探测器将正比于射线能量 E 的一定电荷量 Q 输入电荷灵敏前置放大器时输出电压幅度 V_{ou},定义变换增益为 $A_{cq} = V_{ou}/Q$。在电荷灵敏前置放大器的实际电路中,反馈电容跨接于放大器的反相输入端之间,起着负反馈作用,放大器采用高增益宽带运算放大器,通常输入阻抗很高,输出阻抗很小,开环增益 A_o 很大。而输出幅度 $V_{ou} = Q/C_f$,则变换增益 $A_{cq} = V_{ou}/Q = 1/C_f$ [3]。

当 A_o 足够大时,电荷变换增益 A_{cq} 仅与反馈元件——电容 C_f 有关,而与 A_o 和 C_i 稳定性无关,因此只要采用高稳定精密的反馈电容,即可得到稳定变换增益。

2. 输出稳定性

电荷灵敏前置放大器的输出幅度 V_{ou} 的基本表达式为

$$V_{ou} = A \cdot V_{in} = \frac{A_o Q}{C_i + (1 + A_o) C_f} \tag{9.3}$$

根据放大器开环增益 A_o 和输入电容 C_i 的可能变化及其对输出稳定性的影响,可以算出输出的相对变化值:

$$\frac{dV_{ou}}{V_{ou}} = \frac{(C_i + C_f) dA_o}{[C_i + (1 + A_o) C_f] A_o} - \frac{dC_i}{C_i + (1 + A_o) C_f} \tag{9.4}$$

令 $F = \dfrac{C_f}{C_i + C_f} \approx \dfrac{C_f}{C_i}$,则 $A_o F$ 表示反馈深度,设 $A_o \gg 1$, $A_o F \gg 1$,则

$$\frac{dV_{ou}}{V_{ou}} = \frac{1}{A_o F} \frac{dA_o}{A_o} - \frac{1}{A_o F} \frac{dC_i}{C_i} \tag{9.5}$$

由上式可见,要提高输出稳定性,减小相对变化量,对电荷灵敏前置放大器来说,要求 $A_o F$ 足够大,因一般 C_f 取得较小,所以反馈系数 F 值也较小,此时放大器开环增益 A_o 必须很高。

3. 输出噪声小

由于前置放大器的噪声在测量系统中起着主要作用,为了提高测量精确度,必须设法减小噪声,提高信噪比,这一性能指标对前置放大器电路是非常重要的。一般降噪主要采取以下方式:① 输入级采用低噪声器件,目前低温运用的结型场效应晶体管具有最低的噪声,在常温下,结型场效应晶体管的噪声比双极晶体管小得

多,所以一般采用低噪声场效应晶体管作输入级放大管;② 低温运用,探测器与场效应晶体管都工作在液氮(77 K)低温状态,可以显著改善谱仪系统的噪声性能;③ 采用合适的反馈电容 C_f,若 C_f 大则噪声大,而 C_f 过小,则反馈深度相应较小,会使输出幅度稳定性变坏,这两者都将使能量分辨率降低,所以实际上 C_f 常取 0.1 到几皮法(pF),并要求温度稳定性好。为此常选用高压陶瓷零温度系数电容器作为反馈电容;④ 反馈电阻 R_f 和探测器负载电阻 R_d,常通过实验选用低噪声电阻,阻值一般在 $10^9 \sim 10^{10}$ Ω。可采用真空兆欧合成膜电阻或金属膜电阻,并处于低温工作,以降低其热噪声。

4. 输出脉冲上升时间快且稳定

通常希望前置放大器在时间上能有较快的响应,要求输出信号的上升时间越小越好。在能谱测量系统中,如果前置放大器输出信号的上升时间不稳定,即表示前沿在变化,通过 CR 成形电路时信号幅度值也相应变化,可能导致系统分辨率降低。

上述电荷灵敏放大器的主要指标为具体电路的设计明确了要求。但应该注意各项指标的性能高低,需要结合具体物理实验的需要,全面权衡考虑,因为实际上有些指标是互相牵制、制约的。

美国 EG&G Ortec 公司的 142IH 型电荷灵敏前置放大器具有许多优越的性能指标:真空工作;低噪声,$0 \sim 100$ pF = 27 eV/pF、$100 \sim 1\,000$ pF = 34 eV/pF;快上升时间,0 pF 时<20 ns、100 pF 时<50 ns;灵敏度 45 mV/MeV Si;能量范围 $0 \sim 100$ MeV Si;动态输入电容 10 000 pF;$0 \sim \pm 7$ V 积分非线性<±0.05%;$0 \sim 50$℃ 温度不稳定性介于 $\pm 10^{-4}$/℃;增益 $\geqslant 40\,000$ 等。142IH 型电荷灵敏前置放大器是一种经济型、通用型器件,可广泛用于 X 射线、低能和高能 γ 谱仪及 α 和其它带电粒子谱仪,同时可与半导体辐射探测器、气体辐射探测器和低增益光电倍增管共用。它可调节探测器电容至 2 000 pF,因此是高分辨率谱仪应用的理想选择,能同时满足微条气体室和 CVD 金刚石探测器的要求。

9.2　线性成形放大器

探测器输出信号经前置放大器初步放大后,其输出脉冲幅度和波形并不适合后面测量设备的要求。所以还需对信号进行线性放大和成形,在放大和成形过程中必须严格保持探测器输出的有用信息,尽可能减少失真。这就需要线性成形放大器来完成,它可在测量室内通过电缆与前置放大器相连,便于操纵调节。放大器的设计必须解决两个问题:一是把小信号放大到需要的幅度;二是改造信号形状,即滤波成形,目的是放大有用的信号,降低噪声和提高信噪比,以适合于后续电路的测量,在这个过程中尽可能不损失有用的信息。

9.2.1　放大器

放大器通常由一个高增益的运算放大器和一个反馈网络组成。实际上,放大器的很多指标在很大程度上取决于单元放大指标的优劣,理论上要改善放大节的性能,首要问题是提高负反馈深度 A_0F。反馈系数 F 因具体需要而确定,因此尽可能增加放大节的开环放大倍数 A_0 是十分必要的,一般在 $10^2 \sim 10^4$ 量级。

但无反馈放大器能获得最低的噪声,因此不能用负反馈来改善放大器的信噪比。为了降低噪声,除了对输入级器件作严格挑选外,在电路接法上也需要注意。如图 9.4 所给出的两种接法对噪声的影响。V_i 为输入端信号,V_n 为输入端噪声。对于反相端接法的信号和噪声的放大倍数分别为

$$A_{s-} = \frac{R_f}{R}, \ A_{n-} = 1 + \frac{R_f}{R} \tag{9.6}$$

对于同相端接法的信号和噪声的放大倍数分别为

$$A_{s+} = 1 + \frac{R_f}{R}, \ A_{n+} = 1 + \frac{R_f}{R} \tag{9.7}$$

$$\frac{A_{s-}}{A_{n-}} = \frac{R_f}{R + R_f}, \ \frac{A_{s+}}{A_{n+}} = 1 \tag{9.8}$$

由式(9.8)可知,对于指标性能一样的运算放大器,同相接法的信噪比性能要比反相接法好。因此对于输入级来讲,一般总是希望接同相放大器。

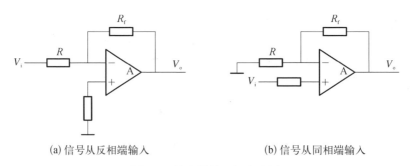

(a) 信号从反相端输入　　　　　　　　　　(b) 信号从同相端输入

图 9.4　放大器输入级电路图

9.2.2　滤波成形电路

信号经过放大器放大后还要经过滤波成形电路的处理。滤波成形电路的主要

任务是抑制系统噪声,使系统信噪比最佳,并使信号形状满足后续分析测量设备的要求。滤波成形电路设计必须符合下列要求:① 通过滤波成形后,输入和输出应严格保持线性关系;② 提高放大器信噪比;③ 减小输入脉冲宽度、堆积和基线变化,提高电路的计数率响应;④ 成形后的最后输出波形应适合后续电路要求;⑤ 滤波成形电路应尽可能简单,且参数可调。

图 9.5(a)为接在电荷灵敏前置放大器后面由 C_1R_1 微分电路和 R_2C_2 积分电路所组成的滤波成形电路,虚线以前的为前置放大器部分。C_1R_1 微分电路放在放大器的输入端,用来消除输入脉冲的叠加现象并使宽度变窄,提高电路计数率容量,R_2C_2 积分电路一般放在电路最后或较后部分,使输出波形有一个较平坦的顶部,更适合于分析测量系统的要求。中间加的放大器起隔离作用,减小滤波成形电路之间的相互影响。各点波形如图 9.5(b)所示。由于微分电路及积分电路是线性电路,所以有关幅度的信息通过滤波成形电路后并没有损失。CR – RC 滤波成形电路中的 CR 微分电路可以滤去噪声的低频成分,RC 积分电路可以滤去高频成分,因此适当选择时间常数可以提高信噪比[4]。

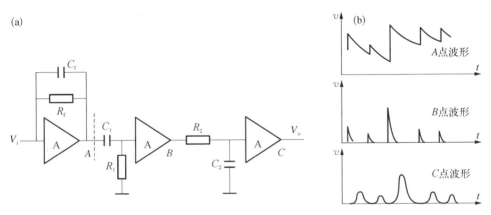

图 9.5 CR – RC 滤波成形电路(a)及各点波形(b)

9.2.3 堆积拒绝电路

在低计数率条件下,测量系统的分辨率主要取决于探测器中电荷产生及收集的统计涨落、探测器漏电流和放大器噪声等。在计数率达到 1 kHz 以上时,信号基线偏移逐渐严重,且出现随机涨落和分辨率变坏,因此必须考虑信号堆积效应。为了使探测器在高计数率下工作而不使分辨率降低,必须解决在高计数率下峰堆积的问题。首先要能够随时发现峰堆积,通常是设法判别信号的时间间隔是否过小、堆积是否发生,然后把发生峰堆积的信号剔除、不予放大和记录。这样虽然会损失一定的计数,但可以校正,这一技术被称为堆积拒绝。堆积拒绝电路具有对输入信号是否发生堆积和舍弃堆积信号两个方面的功能,能较好地解决高计数率下信号的峰堆积问题,从而有效地改善系统分辨率。

EG&G Ortec 公司的 Oretec 575A 型线性成形放大器具有许多优越的性能指标: 连续可调;脉冲成形的半高宽为 3.3τ;$1.5\ \mu s$ 成形时间的积分非线性介于±0.05%;增益>100 时,$3\ \mu s$ 单极成形噪声<5 μV rms;0~50℃增益漂移<±0.007 5%/℃。

9.3　多道脉冲高度分析器

放大成形后的信号通过模数转换、数据采集、存贮、分析处理及显示等转化为外部数据或图形,这就需要 ADC、脉冲高度分析器、数据获取系统及处理软件。

Oretec Trump – PCI – 2K MCA 是一种插卡式计算机控制多道脉冲高度分析器(MCA),它将 ADC、微处理器、存储器和 PCI 总线接口集成到单个 PCI 插卡,图 9.6 为硬件结构,图 9.7 为 MAESTRO – 32 MCA 模拟程序软件操作界面。它具有很多优异性能: ① 逐步渐近 ADC(2k)和匹配数据存储器($231-1$ 计数/通道);② 死时间短(8 μs);③ 转化增益可计算机选择(512,1024,2048);④ 计算机控制所有 MCA 功能;⑤ MAESTRO – 32 MCA 模拟程序分辨率高、功能强、操作方便,可独立支持 8 个操作单元;⑥ 高精度死时间校正方法(Gedcke Hale 法外推实时间校正和转换时间时钟关闭法);⑦ ADC GATE、PUR 和 BUSY 输入;⑧ 获取数据的实时显示;⑨ 强大的分析功能。

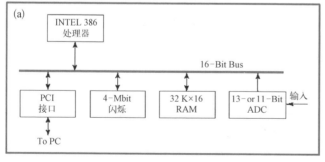

图 9.6　Oretec Trump – PCI – 2K MCA 组成示意图(a)及实物图(b)

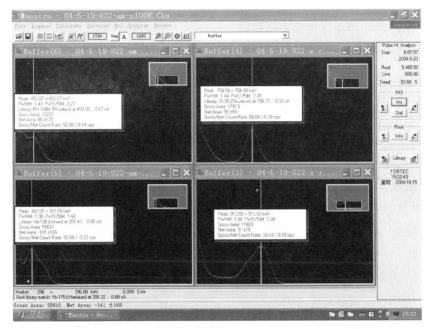

图 9.7 MAESTRO – 32 MCA 模拟程序软件操作界面

9.4 微机多道谱仪的其它组件

9.4.1 高压

为使探测器产生的电信号输出到读出电子学系统,必须对探测器施加合适的正负偏压。CVD 金刚石探测器一般所加偏压为几十到几百伏,而微条气体室探测器必须施加多个高压,其中漂移电极高压约为 2 000 V。另外,高压的稳定性也直接影响到探测器性能的稳定性。Oretec 556 高压可以很好地满足两类探测器的要求,具有如下优异性能:10~3 000 V 正负可调;输出负载 0~10 mA;恒温输出电压调整率≤0.002 5%;0~50℃温度不稳定性介于±50 ppm/℃;外界条件不变,长期漂移<0.01%/h;内置过载及短路保护电路;输出电压重置偏差<0.1%。

9.4.2 机箱、电源及电缆

以上 Oretec 系列组件都是独立的插件式器件单元,我们选择 4001C/4002D 型 NIM,具有±6 V、12 V 和 24 V 的电源箱,提供以上组件的工作电源和插口。由于探测器输出信号弱,因此各组件及探测器间必须选择恰当的连线,Oretec 系列 RG – 62A 93 ohm 电缆线具有很好的屏蔽保护和阻抗匹配,有利于提高信噪比。

9.4.3　示波器和半导体性能表征系统

使用美国 Tektronix 2024 数字示波器进行信号幅度和形状的检测,它具有如下功能/优点:① 高达 200 MHz 带宽,2 GS/s 最大取样速率;② 5 mV/div 及其以上刻度全部达到全带宽采集信号,带宽灵敏度 20 MHz@ 2 mV/div;③ 11 种自动设置,测量过程简单,可减少人为误差;④ 单次捕获按键;⑤ 峰值检测,捕获与观察高频信号成分、偶发毛刺等,可达 12 ns。

另外,我们在研究 CVD 金刚石探测器性能时,引入了美国 Keithely 4200SCS 半导体性能表征系统进行电流信号的在线测量,可进行小电流(分辨率 0.1 fA)或小电压(分辨到 1 μV)测试,并且可以测试电流或电压随时间的变化曲线。

9.5　辐射探测器读出电子学系统——微机多道谱仪的建立

根据辐射探测器特性及以上组件功能,我们建立了适合微条气体室探测器和 CVD 金刚石探测器的读出电子学系统——微机多道谱仪(图 9.8),辐射源如表 9.1 所列。该系统在辐射探测器性能测试和半导体材料性能表征中表现出了非常优良的综合性能。

图 9.8　微机多道谱仪实物图

表 9.1　微机多道谱仪所用辐射源

辐射源	^{55}Fe	^{241}Am	^{60}Co	^{90}Sr
辐射种类	X	α	γ	β
主要能量/keV	5.9	5, 500	1 173, 1 332	546, 2 274

续表

放射性活度/kBq	55.1		109	
表面发射率/s^{-1}(2πSr)		2.54×10^4		2.32×10^4
半衰期/年	2.7	432.5	5.27	28.5

9.6 本 章 小 结

我们自行设计并建立了一套能同时满足 CVD 金刚石膜粒子探测器和微条气体室探测器的通用读出电子学系统——微机多道谱仪,这一系统的建立对开展各类粒子探测器及半导体材料性能的研究具有重要的应用价值和指导意义,弥补了国内在此领域的不足,并为今后研究工作奠定了基础。

参 考 文 献

[1] 谢一冈,陈昌,王曼,等.粒子探测器与数据获取[M].北京:科学出版社,2003:462－463.
[2] 王经谨,范天民,钱永庚,等.核电子学[M].北京:原子能出版社,1984.
[3] 王芝英.核电子技术原理[M].北京:原子能出版社,1989.
[4] 王经瑾,范天民,钱永庚.核电子学(上册)[M].北京:原子能出版社,1983.

第十章　金刚石膜生物传感器及在其它光电声等领域应用

10.1　金刚石基二极管

金刚石基二极管主要在以下方面具有显著的优点。

1）禁带宽度和热导率。金刚石的禁带宽度（5.47 eV）远远高于 Si（1.1 eV）、SiC（3.2 eV）和 GaN（3.44 eV）等半导体材料，这就意味着金刚石基半导体器件能够在高温环境下稳定工作。

2）介质击穿场强。金刚石具有最高的介质击穿理论预算值，其范围是 5～10 MV/cm[1]，而 SiC 和 GaN 的介质击穿场强值分别为 3 MV/cm 和 4.5 MV/cm。

3）载流子迁移率。测量结果表明，本征单晶 CVD 金刚石的电子和空穴迁移率分别为 4 500 cm^2/（V·s）和 3 800 cm^2/（V·s），而 SiC 相应的数值仅为 900 cm^2/（V·s）和 120 cm^2/（V·s）。

4）载流子饱和速率。金刚石中电子和空穴的饱和速率分别为（1.5～2.7）×10^7 cm/s 和（0.85～1.2）×10^7 cm/s。在其他宽禁带半导体材料中，只有 SiC 能够达到与金刚石相当的数值，但金刚石有其独特的优势，即其饱和速率是在 10 kV/cm 左右的电场中达到的，SiC 的饱和速率只有在其击穿电场附近才能达到，这样高的电场在 SiC 器件中是很难实现的。

10.2　金刚石基二极管研究进展

金刚石既是制造低功耗、高功率密度器件的优选半导体材料，也是制造高温和高工作电压肖特基势垒二极管的优良材料。

10.2.1　肖特基势垒二极管

1987 年 Geis 等用化学气相沉积法制备了含硼单晶金刚石薄膜，制备了由 W 元素接触的首个金刚石肖特基二极管[2]，并在 700℃下考察了样品的性能，结果表明该器件具有很高的击穿场强。该课题组的相关人员进一步考察了不同金属元素接触对金刚石肖特基二极管性能的影响，大量的工作表明，使用 Al、Au、Hg 等元素作为掺硼金刚石的表面接触金属，对肖特基二极管的性能有着更积极的作用，退火或者在金刚石表面形成导电碳化物可以使二极管表面形成良好的欧姆接触。

1996 年 6 月,德国乌尔姆大学和美国宾夕法尼亚州立大学成功地研制了金刚石/Si 衬底上的金接触、高整流比的肖特基二极管。该器件在 50℃、±15 V 时,整流比 $I_f/I_r > 10^6$。Gluche. P 等在 Si 衬底上用微波等离子体化学气相沉积,并加交流偏压增加成核密度的方法,外延高度取向的金刚石膜大约 15 μm,再在其上生长 200~300 nm 薄膜,用固态硼源掺杂,得到 P+欧姆接触层[3]。射频溅射 300 nm SiO₂,光刻并通过湿法化学刻蚀形成肖特基窗口,在该窗口内选择生长金刚石膜 480 nm,去除 SiO₂层,射频溅射 Au,光刻并通过湿法化学刻蚀形成接触。

2009 年 N.Tatsumi 等[4]研制出金刚石肖特基势垒二极管,其击穿电场比 SiC(2.4 mV/cm)还高,铂(Pt)肖特基势垒二极管的击穿电场达到 3.1 mV/cm;其反向漏泄电流较低,比 SiC 低 3 个数量级;其正向电流密度较高,达到 3 000 A/cm²;其可在高温下工作,并长期稳定(400℃,1 500 h)。在其 4 个边角上淀积欧姆接触电极 Ti/Pt/Au,中间是不同形状的 Pt 肖特基势垒电极。金刚石肖特基二极管的工作温度可达 800℃,该二极管器件是在掺硼的金刚石表面上淀积了一层硅基的肖特基势垒材料。

10.2.2　金刚石同质结二极管

由于各种金刚石膜的生长技术日臻完善,掺杂的方法也不断进步和提高,使得用 CVD 等方法生长的金刚石膜的电学性质得到稳步提高。已经能生产出室温下电子迁移率达 250 cm²/(V・s)的 p 型金刚石膜;空穴迁移率达 300 cm²/Vs,甚至更高的 p 型金刚石膜,同质外延膜空穴迁移率达 1 400 cm²/(V・s)[5]。2001 年,Koizumi 等成功地研制出同质外延金刚石紫外发光二极管。他们在天然金刚石(111)面上同质外延生长磷掺杂的 p 型和硼掺杂的 n 型金刚石层,形成金刚石 pn 结二极管[6]。在 20 V 的正向偏压下和室温时,观察到了很强的峰值波长为 235 nm(5.27 eV)的紫外光发射,比 GaN 的紫外光发射的能量 3.47 eV(357 nm)高。高的能量、短的波长意味着大容量的数字和信息储存,这对未来金刚石膜在光电器件中的应用是一个重要的里程碑。

10.2.3　金刚石异质结二极管

1. 金刚石基功率二极管

由于高质量的金刚石基同质结在技术上难以有很大的突破,人们试图寻找一种 n 型半导体材料来取代 n 型金刚石薄膜。众所周知,立方氮化硼在结构和性质上与金刚石很相近,晶格失配度很小,为 1.3%。一些文献报道[7,8]称成功制备了立方氮化硼/金刚石薄膜异质结。T. Zimmermann 等[9]研究了一种新颖的金刚石异质结二极管。这是一种高效的整流二极管,其 p 型部分是单晶的金刚石,n 型部分是掺杂氮的超纳米晶金刚石(ultra-nano crystalline diamond,UNCD)层。其衬底采用商用的 Ib 型单晶金刚石,晶面(100),采用 MPCVD 法在衬底上生长高掺杂硼 0.5 μm 的 p+接触层,并且生长了低掺杂硼 0.5 μm 的 p 有源层。最后,采用 MPCVD 法生长 0.5 μm 掺杂氮的薄膜。室温下,I-V 测量表明,整流效果(±10 V)提高了 8 个数量级。这种新颖的材料系统显示出非常好的热稳定性,并且可以一直测量到 1 050℃(真空)。这种二极管势垒的 I-V 特性相当复杂,其异常特性可采用硅和碳化硅"合并二极管"的概念来解释,分别表示 UNCD 晶粒与其他晶粒相关的异质界面特性,掺杂氮的晶粒形成自建势能约 3.8 eV 的金刚石 pn 结,与分布的自建势能约 0.7 eV 的二极管并联。构成了具有较低的正向损耗和较高的击穿电压的器件结构。这是一种新颖的金刚石异质结二极管,也是少有的超高温、稳定的电子器件。

2. 金刚石基发光二极管

当前 LED 产业蓬勃发展,在某些领域,如交通信号灯、标志照明和大面积显示屏中,LED 已经得到广泛应用。很多专家甚至预言半导体照明的时代即将来临。金刚石被认为是颇具潜力的第三代半导体材料,因为它具有 5.47 eV 的超宽带隙,自由激子结合能为 80 meV,因此成为短波段 LED 重点开发的发光材料。金刚石主要应用于紫外 LED。目前对金刚石紫外发光 LED 的研究已取得了一些可喜的进展。2001 年 Hasegawa[10]等报道了利用人工合成的高质量金刚石单晶制备出一种电流注入式电致发光器件,发现其在 2~3 eV 之间有一宽带的发光峰。2001 年,Koizumi 等[11]成功研制出同质外延金刚石紫外发光二极管。他们在天然金刚石(111)面上同质外延生长磷掺杂的 n 型和硼掺杂的 p 型金刚石层,形成金刚石 pn 结二极管。在 20 V 的正向偏压下和室温时观察到了很强的峰值波长为 235 nm(5.27 eV)的紫外光发射,比 GaN 紫外光发射能量 3.47 eV(357 nm)要高。

由于同质外延金刚石发光二极管所需要的金刚石衬底比较昂贵,不适宜大规模生产,所以人们尝试采用异质外延的方法,选用较低廉的材料作衬底(如硼掺杂的 Si),但目前异质外延生长的金刚石薄膜质量远不及同质外延,载流子迁移率也不够高,需进一步提高和发展。特别要指出的是,在各种金刚石膜的制备中,对获得高质量的自然界中不存在的 n 型金刚石半导体薄膜工艺要求较高。Tajani 等[12]和 Nesladek[13]分别于 2004 年和 2005 年报道了他们利用磷掺杂技术制备 n 型体金刚石薄膜的实验进展情况。尽管他们取得了一定的进展,但金刚石薄膜的重复性不是很乐观,这在一定程度上阻碍了金刚石薄膜在光电器件中的应用。于是人们开始尝试将 p 型金刚石和其他 n 型半导体材料集成到同一个器件上,避开金刚石 n

型掺杂困难的问题。2003 年德国科学家 Nebel 等[14] 将 p 型金刚石和 n 型 AlN 两种宽带隙半导体进行集成,成功地获得了第一个异质结二极管。该二极管激发了峰值在 442 nm(2.8 eV)的明亮蓝光和峰值在 258 nm (4.8 eV)的紫外光。除 AlN 外,科学家们也尝试用其他宽带半导体材料与金刚石结合构成光电半导体器件,2003 年,吉林大学研究团队[15] 报道了 ZnO/金刚石异质结透明二极管的研制首次获得成功,该二极管显示出较好的整流特性,但其他特性有待进一步提高。尽管这些金刚石与其他半导体材料复合形成的发光二极管并不完备,但这些新的尝试给我们展示了一条金刚石紫外发光器件研制的新途径,且它的成功制备为我们指出了一个新的发展方向。

10.2.4 金刚石基二极管的应用

1. 大功率开关

金刚石优异的电学性质使其在超高功率开关上有潜在应用价值。金属-本征层-半导体结构肖特基二极管能够弥补二极管漂移区载流子的缺乏,这就使得二极管操作电压高达几千伏,开关损耗可以降低至 1%。由于金刚石有良好的热导性,金刚石基二极管开关可以在高温下工作而不需要冷却装置。

2. LED 应用

2010 年日本研究人员开发出一种能够发出紫外光的金刚石基发光二极管,可作为杀菌灯使用。与传统的水银杀菌灯相比,这种发光二极管的环境兼容性和安全性要高得多。日本产业技术综合研究所发布公告称,该发光二极管采用的是 p‑i‑n 三层结构,能够发出波长为 235 nm 的紫外线。

为了验证该新型发光二极管的杀菌效果,研究人员将其置于大肠杆菌分布的环境。结果发现,布满大肠杆菌的区域只要被紫外线照到,大肠杆菌就会被通通杀死。

传统的杀菌灯含有水银,而水银一旦泄漏将污染环境。可发出紫外线的金刚石发光二极管不仅能够取代水银灯作为杀菌发光二极管使用,而且与荧光物质结合后,还可以作为可视的光源。

3. 激光二极管

目前半导体激光器普遍使用的散热材料是铜热沉,铜的热导率为 4 W/(K·cm),其散热能力有限;而金刚石膜的热导率是目前已知物质中最高的,天然Ⅱa 型金刚石的热导率为 20 W/(K·cm),是铜的 5 倍,同时金刚石的电阻率可达 $10^{15} \sim 10^{16}$ Ω·cm,因此采用既电绝缘又高导热的金刚石作为大功率半导体激光器的热沉是比较理想的,可以起到较明显的散热(和绝缘)效果。

10.3 金刚石在集成电路光刻中的应用

10.3.1 光刻技术面临的挑战

在过去的三十多年里,以集成电路为核心的微电子技术迅速发展,高密度、高速度和超高频器件不断出现,促进了以计算机、网络技术、移动通信技术、多媒体传播等为代表的信息技术的发展。尤其是近十年,按照摩尔规律,单位面积硅片上的晶体管集成度以每三年翻四番的速度增长。能够把集成电路的集成度越做越高,完全得益于微细加工技术的不断进步,特别是光学光刻技术的不断进步。传统的光学曝光技术经历了从接触式曝光、接近式曝光、分步重复投影式曝光到目前的扫描投影式曝光的过程。光学投影光刻的一个发展趋势是混合匹配曝光技术,将365 nm、248 nm 以及 193 nm 投影光刻机进行匹配曝光,由高档的步进机完成图形CD 层曝光,用低档的步进机完成其他层曝光,从而达到既降低生产费用、提高生产效率,又实现对超微图形曝光的目的。

从表 10-1 和表 10-2 可知超大规模集成电路(VLSI)的发展趋势,预计到2010 年开发的 DRAM 的特征尺寸将大大下降,然而光刻技术的分辨率决定着 VLSI图形的最小线宽,所以为了增加 VLSI 的集成度,提高光刻分辨率成为其关键技术[16,18]。

表 10-1 2006 年 ITRS 修订版集成电路技术发展节点(近期)

生 产 年 份	2005	2006	2007	2008	2009	2010	2011	2012	2013
技术节点	80		65			45			32
DRAM 半节距/nm	80	70	65	57	50	45	40	35	32
Flash 半节距/nm	76	64	57	51	45	40	36	32	28
MPU/ASIC 半节距/nm	90	78	68	59	52	45	40	36	32
最大曝光面积/mm²	858	858	858	858	858	858	858	858	858
芯片尺寸(直径,mm)	300	300	300	300	300	300	300	450	450

数据来源: ITRS 2006 update.

表 10-2 2006 年 ITRS 修订版集成电路技术发展节点(远期)

生产年份	2014	2015	2016	2018	2019	2020
技术节点			22		18	
DRAM 半节距/nm	28	25	22	20	18	16
Flash 半节距/nm	25	23	20	18	16	14

续表

生产年份	2014	2015	2016	2018	2019	2020
MPU/ASIC 半节距/nm	28	25	23	20	18	16
最大曝光面积/mm^2	858	858	858	858	858	858
芯片尺寸(直径,mm)	450	450	450	450	450	450

光学曝光机的波长逐渐下降,沿着 436 nm→365 nm→248 nm→193 nm→157 nm→NGL(下一代光刻术)的路线进行。从 436 nm、365 nm 的近紫外(NUV)进入 246 nm、193 nm 的深紫外(DUV)。246 nm 的氟化氪(KrF)准分子激光,首先用于 0.25 μm 的曝光,2000 年 3 月,AMD 公司、Intel 公司相继推出的主频为 1 GHz 的 Athlon、Pentium Ⅲ 微处理器均已采用 0.18 μm 钢连线工艺。后来 Nikon 公司推出 NSR–S204B,用 KrF,使用变形照明(MBI)可做到 0.15 μm 的曝光。ASML 公司也推出 PAS.5500/750E,用 KrF,使用该公司的 AERILAL Ⅱ 照明,可解决 0.13 μm 曝光。但 1999 ITRS 建议,0.13 μm 曝光方案是用 193 nm 或 248 nm+分辨率提高技术(RET);0.10 μm 曝光方案是用 157 nm、193 nm+RET、接近式 X 光曝光(PXL)或离子束投影曝光(IPL)。所谓 RET 是指采用移相掩模(PSM)、光学邻近效应修正(OPC)等措施,进一步提高分辨率。值得指出的是,现代曝光技术不仅要求高的分辨率,而且要有工艺宽容度和经济性,如在 RET 中采用交替型移相掩模(alt PSM)时,就要考虑到它的复杂、价格昂贵、制造困难、检查与修正不易等因素[19,20]。

10.3.2 下一代光刻技术(NGL)

值得指出的是,现代曝光技术不仅要求高的分辨率,而且要有工艺宽容度和经济性,如在 RET 中采用交替型移相掩模(altPSM)时,就要考虑到它的复杂、价格昂贵、制造困难、检查、修正不易等因素。目前,集成电路已经从 20 世纪 60 年代的每个芯片上仅几十个器件发展到现在的每个芯片上可包含约 10 亿个器件,其增长过程遵从摩尔定律的规律,即集成度每 3 年提高 4 倍。这一增长速度不仅导致了半导体市场在过去 30 年中以平均每年约 15% 的速度增长,而且对现代经济、国防和社会也产生了巨大的影响。集成电路之所以能飞速发展,光刻技术的支持起到了极为关键的作用。因为它直接决定了单个器件的物理尺寸。每个新一代集成电路的出现,总是以光刻所获得的线宽为主要技术标志。光刻技术的不断发展从三个方面为集成电路技术的进步提供了保证:其一是大面积均匀曝光,在同一块硅片上同时制作出大量器件和芯片,保证了批量化的生产水平;其二是图形线宽不断缩小,集成度不断提高,生产成本持续下降;其三,由于线宽的缩小,器件的运行速度越来越快,集成电路的性能不断提高。随着集成度的提高,光刻技术所面临的困难也越来越多[21]。

　　目前科学家正在探索更短波长光刻技术。由于大量的光吸收,获得用于光刻系统的新型光学及掩模衬底材料是该波段技术的主要困难,人们正大力研发下一代(NGL)非光学曝光。

1. 紫外光刻技术

　　紫外(UV)光刻技术是以高压和超高压汞(Hg)或者汞–氙(Hg – Xe)弧灯在近紫外(350~450 nm)的 3 条光强很强的光谱(g、h、i 线)线,特别是波长为 365 nm 的 i 线为光源,配合使用像离轴照明技术(OAI)、移相掩模技术(PSM)、光学接近矫正技术(OPC)等,可为 0.35~0.25 μm 的大规模生产提供成熟的技术支持和设备保障,在目前任何一家 FAB 中,此类设备和技术会占整个光刻技术至少 50% 的份额。

2. 深紫外光刻技术

　　深紫外光刻(DUV)技术是以 KrF 气体在高压受激而产生的等离子体发出的深紫外波长(248 nm 和 193 nm)的激光作为光源,配合使用 i 线系统使用的一些成熟技术和分辨率增强技术(RET)、高折射率图形传递介质(如浸没式光刻使用折射率常数大于 1 的液体)等,可完全满足 0.25~0.18 μm 和 0.18 μm~90 nm 的生产线要求;同时,90~65 nm 的大生产技术已经在开发中,如光刻的成品率问题、光刻胶的问题、光刻工艺中缺陷和颗粒的控制等,仍然在突破中。至于深紫外技术能否满足 65~45 nm 的大生产工艺要求,目前尚无明确的技术支持。相比之下,由于深紫外(248 nm 和 193 nm)激光的波长更短,对光学系统材料的开发和选择、激光器功率的提高等的要求更高。

3. 极紫外光刻技术

　　极紫外(EUV)光刻技术早期有波长 10~100 nm 和波长 1~25 nm 的软 X 光两种,两者的主要区别是成像方式,而非波长范围。前者以缩小投影方式为主,后者以接触/接近式为主,目前的研发和开发主要集中在 13 nm 波长的系统上。极紫外系统的分辨率主要瞄准在 13~16 nm 的生产上。光学系统结构上,由于很多物质对 13 nm 波长具有很强的吸收作用,透射式系统达不到要求,开发的系统以多层的铝(Al)膜加一层 MgF$_2$保护膜的反射镜构成的反射式系统居多。目前这种系统主要由一些大学和研究机构在进行技术研发和样机开发,光源的功率提高和反射光学系统方面进步很快,但还没有产业化的公司介入。考虑到技术的延续性和产业发展的成本等因素,极紫外(EUV)光刻技术被众多专家和公司看好,特别是软 X 射线光刻技术将能够满足未来的生产需求[22]。

4. X 射线光刻技术

X 射线光刻(XRL)早在 20 世纪 70 年代初期就已经出现,由于波长短、焦深长、生产率高、宽容度大、曝光视场大、无邻近效应、对环境不敏感等特点,作为下一代曝光技术具有诱人的前景,近年来人们一直致力于 X 光光源和掩模的研究,使之成为有竞争力的下一代曝光设备。X 射线光刻的焦深容易控制,对于 0.13 μm 的光刻分辨率,其焦深可达 7 μm。X 射线曝光的视场远远大于光学光刻,而且可方便地应用单层工艺,工艺简单。因此,X 射线光刻是代替光学光刻的首选技术。X射线光刻技术发展的主要困难是系统体积庞大、价格昂贵和运行成本居高不下等。不过最新的研究成果显示,不仅 X 射线光源的体积可以大大减小,进而使系统的体积减小外,而且一个 X 光光源可开出多达 20 束 X 光,成本大幅降低,可与深紫外光刻技术竞争[23-25]。

10.3.3　X 射线光刻技术(XRL)

光学曝光所能达到的极限分辨力与工作波长成正比,与透镜的数值孔径成反比。目前,曝光波长的进一步缩短和数值孔径的增大都受材料、光刻工艺等因素的限制,因而必须寻求新的技术方案。由于 X 射线的波长很短,能满足超大规模集成电路发展的需要,近年来得到了广泛的重视。X 射线可用高能电子束轰击不同的金属靶材料产生,也可用激光等离子体方法获得,即用超短脉冲激光辐照铜或铁表面,使铜或铁原子变成等离子体,当等离子体态还原为基态时,会产生 X 射线。

和其它光刻工艺相比,XRL 工艺有许多优点:

1)高分辨率,可达 70 nm;

2)XRL 由于没有透镜,景深控制容易,对于 0.13 μm 的光刻分辨率,其景深也可达 7 μm;

3)由于 X 射线方向性好,穿透尘埃的能力强,所以掩模上的某些缺陷将不被复印到硅片上,大大地提高了曝光质量和成品率;

4)特征尺寸(CD)控制能力强,利于小尺寸器件的加工;

5)可很方便地采用单层胶工艺,并可以对胶的厚度进行精确控制;

6)曝光视场很大,可达到 50 mm×50 mm,曝光效率高[26-31]。

XRL 的发展可以追溯到 20 世纪 70 年代初,1972 年 Spears 和 Smith 发表了第一篇有关 XRL 的论文。由于当时集成电路的线宽在 5 μm 左右,不仅普通的光学光刻能完全满足要求,而且 XRL 也遇到了诸如掩模版的材料与制备、光致抗蚀剂、光源等方面的困难,因此 XRL 研究进展比较缓慢。到 20 世纪 90 年代,由于光学光刻技术开始逼近物理极限,作为能满足 21 世纪超大规模集成电路(VLSI)生产要求的 XRL 技术受到了极大的重视,世界各大半导体公司及一些国家级实验室都在这一领域投入了巨大的人力和财力,使之成为新的研究热点。美国的 IBM 和 Motorola 公司从 1994 年起就已正式合作开发 XRL 技术,最近它们又与日本的东芝、NEC、三菱和 NTT 联合宣布对 X 射线光刻机采用共同的掩模标准,因此将这项光刻技术的研究推向了高潮。但最有效的 X 射线源是高能同步辐射加速器所产生的同步辐射[32-39]。

10.3.3.1　XRL 掩模结构和特点

X 射线曝光过程与光学曝光过程类似,都是将掩模版上的图形转移到硅表面的光刻胶上。在光刻机的曝光方式方面,由于所有光学材料对 X 射线的折射率都略小于 1,这样在 X 射线光刻机中使用折射光学系统就很困难,而且由于到目前为止还无法对 X 射线聚焦,采用的曝光系统基本都是近贴式和 1∶1 投影式。

X 射线曝光所用的掩模版与光学掩模版不一样,X 射线掩模版是由氮化硅或碳化硅等轻元素材料做成 1~5 μm 厚的薄膜底版,然后在上面根据电路图形要求,沉积 0.4 ~ 0.7 μm 厚的重金属层(通常为金或钨),作为吸收层,如图 10.1 所示[40-42]。感光胶上的曝光区与非曝光区是由掩模版上两种材料对 X 射线的不同吸收系数来决定的。由于 X 射线目前是 1∶1 式,即要制作 80 nm 的线条,掩模上的图形尺寸也必须是 80 nm,而且掩模版本身为仅几个微米厚的薄膜,这使掩模的制作具有相当大的难度。同时还有掩模版使用过程中的受热变形问题。这些是 XRL 技术必须解决的难关。

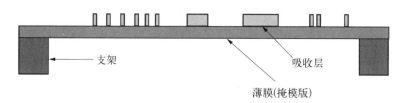

图 10.1　XRL 掩模的结构示意图

XRL 掩模技术是 X 射线光刻成功应用的关键之一。同步辐射 X 射线透过掩模对厚 X 射线光刻胶进行曝光,然后对曝光后的光刻胶进行显影以制成初级模版。X 射线的特性决定了 XRL 掩模技术与普通光学光刻掩模的情况完全不同,它应具有对 X 射线足够高的反差(大于 10)。有两个重要的物理事实使 X 射线光掩模的制作比光学光刻掩模的制作困难得多:其一是目前找不到这样一种材料,使之可像光学掩模上的 Cr 层吸收光一样,在很薄时就能完全吸收 X 射线;同时,也找不到像光学掩模上光学玻璃一样的材料,使之在比较厚时能对 X 射线有很高的透过率。其二是 X 射线光学还未能实现一个 X 射线聚光镜系统,使被曝光的面得到均匀照射。因此,XRL 掩模通常是由低原子序数的轻元素材料形成的衬底及在其上面用高原子序数的重元素材料制成的吸收体图形构成的。在材料的选用上应保证有尽量大的反差。掩模反差可表示为掩模透明区和不透明区的透射系数比,即掩模反差:

$$C = T_s / (T_a \times T_s) = 1 / T_a = C_a$$

式中,T_s 为薄膜衬底的透射率;T_a 为吸收体的透射率。

由此可见,掩模反差可简单地由吸收体的反差特性(C_a)决定,并等于吸收体透射率的倒数。对于同步辐射光源而言,它是一定波长范围内各种波长 X 射线作用的平均结果。

所以对 XRL 掩模基膜材料的基本要求如下:

1)基底透明层必须对 X 射线有高的透明度,透过率>50%,同时又对可见光透明,便于对准,透过率>50%;

2)透明层薄膜应力小、平整,有足够的强度、机械稳定性和吸收薄膜应力(以利于减小 X 射线掩模图形尺寸畸变);

3)耐辐射;

4)缺陷密度低;

5)吸收体图形精度高,侧壁陡直;

6)有高的掩模反差,即掩模透明区与不透明区的透射系数大[43,44]。

10.3.3.2　XRL 掩模材料

近年来国际上实验研究的 XRL 掩模衬底材料主要有 Si、Si_xN_y、SiC、BN 及以聚酰亚胺、聚酯树脂等为代表的高分子材料等。其中 SiN_x 膜是最常用的掩模材料,但 SiN_x 膜在制备过程中会产生非常大的张应力,且张应力随膜厚的增加而增长很快,一般认为采用低压化学气相沉积(LPCVD)很难得到 300 nm 以上的 SiN_x 膜,超过 300 nm 就会龟裂、脱落,极难得到大面积的无支撑膜材料。

吸收体材料要求对光刻胶有高选择刻蚀比、低内应力、抗半导体清洗工艺中所使用的各种强酸、高电导性和高图形定位精度。用来制作吸收体图形的材料有金、钨、钽或者钽化物(如钽化硼、钽化锗等)。常采用常规的蒸发、射频溅射或电镀等方法形成。深亚微米 X 射线吸收体图形的加工,一般由电子束扫描光刻和干法刻蚀和精细电镀等图形转换技术来实现。材料的选择和工艺的优化,将会提高 X 射线掩模的质量。

如制作金吸收体图形,需用加法工艺(即电镀的方法),其工艺简单。但是金工艺在半导体制造中很可能会成为污染源,金掺杂对器件性能的影响大,而且其它难熔金属材料的处理工艺比金工艺更成熟,也具有更好的可延伸性和可制造性,因此目前人们常用减法工艺(即刻蚀)制作钨吸收体图形。钨可以用蒸发、溅射或

CVD 的方法制得,有很好的各向异性的刻蚀特性,较易刻蚀出陡直图形。但是钨膜内应力较高,呈微晶粒及柱状结构。在钨中掺入钛可以大幅度提高钨膜的性能。为了得到一定的曝光效果,吸收体图形的厚度有一定的限制,一般在 0.30～0.65 μm。研究指出,吸收体的厚度对光刻有很大的影响。合适的吸收体厚度有利于减轻图像缩小现象和改善曝光宽容度。1:1 式 X 射线掩模的最大技术难点是高分辨率顶层吸收体图形的制作需要依赖于高质量电子束光刻技术。近年来电子束光刻技术的高速发展有效地解决了这个问题。至于 X 射掩模的修补,目前的电子束和聚焦离子束技术也可用于检测与修补 0.13 μm 的 X 射线掩模。对于深层同步辐射 XRL 其厚度要求在 10 μm 左右。

近年来大量研究表明,含氢的 SiN、BN 和 SiC 等材料经长期大剂量的同步辐射光照射后会导致严重辐射损伤。这主要是因为吸收大量 X 射线后,部分氢原子迁移至薄膜表面,产生了内应力的改变和化学退化,导致几何形变和光学透明度降低[45-48]。

XRL 技术的研究由于遇到掩模材料、光源和光致抗蚀剂等困难,一直没有实用化。近年来,平行性强、抗尘性和光强大的同步辐射 X 射线(0.6～1.0 nm 波长范围)光源技术的成熟,以及接近式曝光技术的采用,使获得小于 0.1 μm 的分辨率成为可能。使用同步辐射 XRL 的关键要素之一是在合适的基片材料上制造出性能可靠的掩模。

金刚石膜在硬度、抗辐照性能等方面都明显优于其他材料,前者保证了掩模在后续加工及使用过程中不易被毁损,而优良的抗辐射性能则可延长掩模的寿命。另外,金刚石还具有优良的热学和光学性能:其热导是现有天然材料中最高的,这使得 X 射线辐照过程中产生的热量很快散去,从而减小了热形变;热膨胀系数很小(1.1×10^{-6} K),在强辐照下温度变化时产生的形变小;X 射线的透过率较高(较目前已知的其它掩模衬底为优);透过波段宽(从软 X 射线直到远红外)。由于金刚石膜具有以上特殊的性能,因此成为下一代同步辐射光刻掩模基膜材料的最佳候选者,也是当前这一领域研究的热门。

10.3.4　纳米金刚石薄膜光刻掩模基膜材料

采用 HFCVD 法制备晶粒大小不等的纳米金刚石薄膜,采用同步辐射光源(同步辐射特征波长分别为 2.4 nm 和 0.5 nm)研究金刚石薄膜的透过率。

不同晶粒大小对薄膜透过率的影响(如图 10.2 所示),在 288 eV 左右的跃迁,是金刚石的材料吸收边所决定,而 144 eV 左右会有一个微小的跃迁,是由于仪器上单色器的二级次谐波所带来的。在 310 eV 附近的透射率很大(图中未给出),是由于单色器在此处的光强不是很强,样品在吸收边前的透射率很差,测得的信号很弱,甚至到了静电计本底噪声,因此两者之比可能很大。

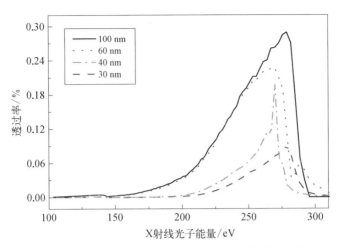

图 10.2　不同晶粒大小的金刚石薄膜的 X 射线透过率

　　由于石墨与金刚石的原子序数相同,所以对 X 射线的质量透过系数相同。忽略石墨对薄膜质量的影响,只考虑薄膜内部缺陷的对透过率的作用。图 10.3 中,随着晶粒变大,258 eV X 射线透过率也逐渐升高,晶粒在纳米级以下时,随晶粒增大,薄膜的透过率上升比较快。这可能由于薄膜晶粒较小时,晶界以及结构缺陷比较多,引起了 X 射线与薄膜的作用,从而削弱了 X 射线的透过率。当晶粒增大时,薄膜内的结构缺陷相对减少,但表面粗糙度逐渐增大,导致透过率增加变缓。晶粒尺寸更大(如 250 nm)的金刚石薄膜的 X 射线透过率甚至开始下降,很可能是薄膜粗糙度增加所致。薄膜内部缺陷对 X 射线透过率影响的具体机理还有待进一步深入研究。

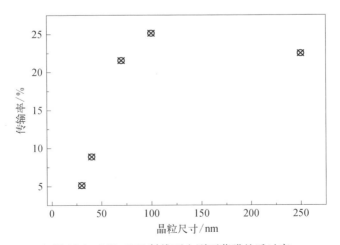

图 10.3　258 eV X 射线下金刚石薄膜的透过率

　　图 10.4 给出了氢刻蚀时间对薄膜透过率的影响,X 射线光子能量范围为 100～310 eV(波长为 4～12 nm)。实验中三个样品的纳米晶金刚石薄膜的晶粒大小依次为 55 nm(刻蚀 3 h)、87 nm(刻蚀 1.5 h)、120 nm(未刻蚀)。考虑到吸收对薄膜透过率的影响,我们选择 258 eV 处的透过率来衡量薄膜的 X 射线透过特性。三个薄膜样品在 258 eV 处的透过率分别为 52.7%、47.8%和 24.8%,而传统的 8 μm 厚的铍窗口在此能量已经完全不透明。X 射线透过率不仅与薄膜表面粗糙度有关,还和薄膜质量、结构和晶粒尺寸有关。通过氢刻蚀工艺,薄膜结构的致密性得到改善,内部缺陷(特别是石墨相含量)和表面粗糙度减小,透过率上升。但刻蚀并不能使薄膜质量无限改变,因此对薄膜的性能改善也是有限的,生长条件才是决定薄膜质量的关键因素。

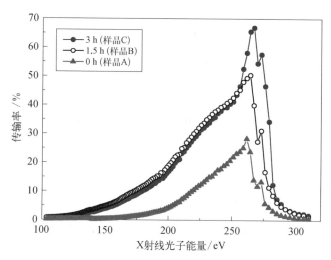

图 10.4　不同刻蚀时间金刚石薄膜样品
在软 X 光波段的透过率

10.4　其它潜在应用

10.4.1　场发射应用

　　早在 1961 年,美国斯坦福国际研究所(SRI)的 K. R. Shoulders 率先提出了微型真空场致发射管的概念[49],它导致了一种新型低电压、高电流密度的场致发射 Spindt 阴极的出现[50]。随着真空微电子技术的发展,更大面积和更高电流密度的场致发射阴极已可以用不同方法制造出来,并在场发射扫描电子显微镜、场发射平面显示器和其他真空电子设备等领域得到广泛应用[51]。

　　场致电子发射又称为冷电子发射,它与其他几种电子发射有本质的不同,例如热电子发射、光电子发射等。在发射电子时需要用加热、光照等形式将能量传递给发射体内的电子,让它们具有足够的能量从表面逸出。而场致发射则不要任何形式的附加能量,只需在发射体外部加一个强电场,此电场有两个作用:一是压抑发射体表面的势垒,使势垒的最高点降低;二是使势垒的宽度变窄。

人们最早采用的阴极材料主要是难熔金属(如 Mo、W 等),随着半导体材料的发展,硅(Si)、砷化镓(GaAs)、碳化硅(SiC)也被广泛研究[52],但这些材料一般来说电子亲和势比较大,一般采用 Spindt 式尖端阵列结构,以增强局部场强、降低发射电场和增大发射电流。近年来,也有人提出采用碳纳米管来做阴极材料。但以上材料均存在各种各样的缺点,比如传统的金属或半导体功函数较大,即使采用 Spindt 式尖端结构,需要的驱动电压还是很高。此外,金属容易被氧化而影响发射稳定性,普通半导体材料大电流工作时也会因严重的散热问题以及化学活性使发射体受到侵害,进而影响发射。于是,人们的注意力便集中到了宽带隙材料上,特别是金刚石作为阴极材料更是具有无可比拟的优越性[52]。主要体现在如下方面。

1)低的电子亲和势,在较低的电场下即可获得较大的发射电流。

2)高的击穿电压,电子饱和速率,载流子迁移率,可以实现高密度发射。

3)宽禁带宽度,可以使得器件能够在高温、辐射环境中运行。

4)高的导热率,解决普通半导体材料的散热问题。

5)化学稳定性。可以使金刚石阴极在较低真空度下可靠地工作而不被氧化。

有报道称[53]:他们所制备的 CVD 金刚石薄膜有较高的发射电流密度(大于 70 A/cm^2),相比之下,硼掺杂{100}晶向的金刚石的发射电流密度高达 115 A/cm^2。Chernov 等[54]在 Mo 电极上制备了金刚石薄膜,该复合阴极材料具有均匀的电子发射性能,电流密度高达 220 A/cm^2。

图 10.5 为金刚石场发射阴极微阵列图。纳米金刚石薄膜场发射平板显示器被誉为未来理想的平面显示器。用纳米金刚石薄膜制造的平面显示器具有高分辨率、高发光效率、体积小、重量轻、大面积/大视角、高亮度和色彩鲜艳清晰图像、宽的温度工作范围、低功耗、快速响应时间、抗振动冲击和电磁辐射小等良好的性能特点,因此被誉为 21 世纪最理想的平板显示器。

10.4.2 超导特性

最近,重掺硼金刚石膜的超导研究也得到了人们的关注。首先是俄罗斯的 Ekimov 等[56]在高温高压条件下合成的重掺硼的金刚石中观察到超导性质,其超导转变温度为 4 K 左右,在温度 2.3 K 附近达到零电阻。随后日本的 Takano 等[57]在微波 PCVD 方法制备的重掺硼金刚石膜中观察到超导性质,其超导转变温度为

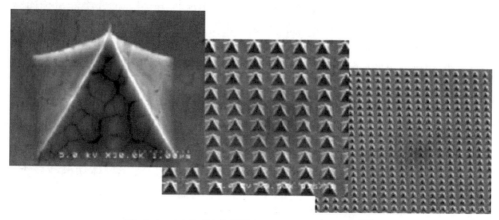

图 10.5　金刚石场发射阴极微阵列扫描电镜图[55]

7.4 K, 在 4.2 K 时达到零电阻。此后, 日本原子能研究开发机构、早稻田大学、物质材料研究所和理化研究所等单位共同进行了这方面的研究, 并首先制作成功可进行观测的(厚度 100 μm)单晶超导金刚石, 采用大型 X 线发射光直接观察了它的晶格振动。结果发现晶格振动中能量最高的振动(纵波光学晶格振动)异常微弱。认为这种晶格振动是与电子强烈相互作用的结果, 而这种振动很有可能引起金刚石的超导电化。这一发现说明有希望研制成功具有较高位错密度的金刚石超导体。

10.4.3　压力传感器

压阻效应是材料的电阻在应力的作用下发生改变的现象。在 1992 年, Aslam 等[58]率先发现了 p 型金刚石薄膜具有压阻效应。同质外延膜的压阻因子高达 550, 然而多晶金刚石薄膜的压阻因子仅仅为 6。Sahli[59]等发现单晶金刚石薄膜的压阻因子高达 2 000, 而多晶金刚石薄膜的压阻因子为 100。国际上, 美国、日本、德国等国家开展了对金刚石薄膜压阻微型传感器的研究。目前普遍使用的硅基压阻微型传感器, 当温度升到 300℃ 时, 器件可靠性急剧下降, 更不用说化学环境恶劣、高辐射和高温环境。然而金刚石以其独特优异的电学、热学、化学和力学等方面的综合性能, 有望成为新一代高灵敏度的压力传感器材料。

10.4.4　基于金刚石晶体的量子计算

量子计算机(quantum computer), 顾名思义, 就是实现量子计算的机器。它是一类遵循量子力学规律进行高速数学和逻辑运算、存储及处理量子信息的物理装置。量子计算机使用量子比特作为基本单位, 一个量子比特能够同时存储一个以上的值, 其计算速度远胜于目前的硅基计算机。自从理查德·费曼在

1982年第一个提出量子计算机的设想以来,对它的几个候选系统已经有了很多的研究,但大多数的候选系统,如原子和半导体量子点,只能在非常低的温度才能进行量子计算的工作。2007年,加拿大计算机公司D-Wave展示了全球首台量子计算机"Orion"(猎户座)。虽然当时只是一台能通过量子力学解决部分问题的原型机,不过也让我们看见了量子计算机的曙光。D-Wave的处理器电路是由金属铌制成的,后者变成极低温的超导体,这样处理器的温度可以低至零下273.145℃。

金刚石内氮空位中心结构自1997年被发现可以开展量子信息研究以来,由于其在室温下具有很长的电子自旋退相干时间,纯净的自旋环境和与周围核自旋丰富的超精细相互作用,人们因此开展了多方面基于金刚石量子计算的研究,实现了单量子比特和多量子比特调控、量子寄存器、双量子比特逻辑门操作、三量子比特纠缠态的制备和近期开展的动力学解耦来延长退相干时间等研究,展示了该体系在固态量子信息和计算中的广阔前景。因此,金刚石是有希望实现固态量子计算的材料之一。

2011年,中国的科学家潘新宇与范桁合作,首次在固态体系里室温下实现了最优化相位量子克隆机。在金刚石氮空位中心由于塞曼效应形成的两个二能级系统中,实现了三个量子态的编码,初态的准备和量子克隆机的实现通过激光的泵浦和微波的两个独立辐射场相结合的方法实现。实验结果的克隆机平均保真度达到85.2%,和理论计算预言的最大的保真度85.4%很接近[60]。

另外,人们还研究了室温下金刚石氮空位中心的电子自旋的噪声涨落效应。局域场的波动会导致量子体系的退相干,通常人们认为在室温情况下,热噪声会比量子噪声强很多倍,除非有人为的方法来抑制热噪声,比如自旋回波。研究发现在室温下的实验中成功地观测到金刚石氮空位中心的电子自旋对周围核自旋的环境所感受到的强的量子噪声涨落效应。量子涨落和热噪声之间的竞争关系可以用外加的磁场来调节,随着外磁场的增大,观测到了从热噪声到量子噪声以及再回归到热噪声的渐变的过程。该实验是基于拉姆齐干涉测量技术来实现的,实验结果和数值模拟符合得很好。

该领域的研究必将极大地促进量子计算技术的发展,也同时会激励凝聚态物理和金刚石制造技术的进步。

10.5 金刚石薄膜修饰后的应用——生物传感器

金刚石有着优异的电化学性能:宽的电化学势窗和低的背景电流,也具有优异的物理性质、良好的化学稳定性。然而金刚石薄膜表面sp³碳构造的高稳定性导致其表面可再造性能差,无法满足各种功能性表面的需要,限制了其应用范围。在金刚石表面导入有机(生物)分子活性官能团,再通过金属、金属氧化物修饰已具有良好催化活性的金刚石表面,扩大其应用范围,金刚石薄膜表面修饰主要以BDD(硼掺杂金刚石)薄膜电极为主,目前 BDD 表面修饰电极的应用研究主要集中在以下几个方面。

10.5.1　电分解(电氧化法废水处理)

在废水处理领域,电氧化处理法的研究一直备受关注,主要是因为电氧化处理过程不需添加氧化剂等化学药品、设备简单、使用方便而且环境友好等优点。电氧化的本质是指电解质溶液在电流的作用下,在阳极和电解质溶液界面上发生反应物失去电子的氧化反应,即电解槽的阳极接受电子相当于氧化剂,可氧化水中的污染物。也就是说电氧化过程利用最洁净的"电子"为反应试剂。但是到目前为止,电化学废水处理过程中存在的主要问题为:一是电极表面由于反应物及反应中间体的吸附,导致电极易失活,降低了电极的分解效率;二是在比较高的电压下,作为阳极的金属材料易溶解到电解质溶液中,这就大大缩短了电极的使用寿命。

BDD 电极用于废水处理有以下几个方面的优势:

1)其宽电势窗特性,可产生过氧化物、羟基自由基、臭氧等强氧化性物质,用于分解水中的有机污染物,尤其是难降解有机污染物,使其分解成无毒的二氧化碳,达到不产生二次污染这一废水处理的最理想状态;

2)由于 BDD 电极本身的电化学稳定性,表面不易被玷污,并可以通过加高电压法焚烧掉表面附着的污染物以达到自清洁效果,因此可以长期使用不需更换;

3)由于金刚石具有极高的稳定性,在电解的过程中,其表面不发生变化,而常用于电解废水的金属氧化物电极,如 PbO_2、WO_3、SnO_2 等电极在高压或者强腐蚀性的溶液中会产生溶出。可以说,由于具有这些常规电极所不可比拟的优点,BDD 电极在废水处理领域应该很有价值。

1995 年,Carey[61] 和其他几位美国柯达公司的研究者,将 BDD 电极引入废水处理过程中,此后国内外很多研究组开始了金刚石电极在电化学处理有机污染物废水领域的研究;一些有机污染物,如有机羧酸[62,63]、3-甲基吡啶[64]、CN- 及含油废水[65]、硝基[66] 及各种酚类的化合物[67,68] 等,均能较好地在 BDD 电极上得到氧化处理。研究了苯酚及其衍生物(包括环境荷尔蒙物质双酚 A)在 BDD、铂与玻碳电极上的废水处理效果的对比,结果表明 BDD 电极确实具有反应速度快、电流效率高、电极表面抗毒化作用强及反应中间体少等其他电极不可比拟的优良性质。且 BDD 电极对废水样中 COD 的去除效率不仅大大高于另外两种电极,而且几乎检测不到反应中间体的存在。目前,我们研究组在 BDD 电极废水处理方面的研究也取得了一系列良好的结果,对几类典型的废水样品进行了降解效果、降解机理的研究,且制作出了降解速率快、电流效率高的以 BDD 薄膜为阳极的废水处理小装置。

可以预料,BDD 电极在电化学废水处理体系的应用是非常有前途的。尽管如此,BDD 薄膜制备受目前 CVD 技术的限制,要应用到实际的废水处理设备中仍然存在着如何制备大面积的 BDD 薄膜及控制制备的成本等问题。目前德国的 CONDIAS GmbH 公司已经利用 HFCVD 法制得 50 cm×100 cm 的大电极,并正在投放市场,但成本比较高且仪器设备独此一家。因此,今后的研究方向主要集中在不断改进和发展 CVD 技术,制备大面积的 BDD 薄膜;另外,可考虑设计一个体系,即连接小面积的金刚石薄膜,人工制作大面积金刚石电极或制成一个多次可循环的处理体系。

10.5.2　电合成

BDD 膜电极在电合成方面也有巨大的发展潜力。BDD 电极在电化学合成方面的应用主要集中在强氧化剂的制备上。前面已经叙及,这主要是利用金刚石电极具有高的氧气生成过电位,从而可得到高的阳极过电位。以臭氧的制备为例,臭氧具有超强的氧化能力,广泛用于处理工业废水、生活用水以及脱色、除臭、杀菌、消毒等领域,由于其没有二次污染,具有良好的应用前景,并已取得了长足的进展。电化学法制备臭氧有比光化学等方法产生的臭氧浓度高的优势。电化学方法制备臭氧要求电极材料满足如下条件:① 氧气在该电极表面生成要有很大的超电势;② 电极在作为阳极时要有长期的稳定性。常用的 PbO_2 电极较铂电极和玻碳电极具有价廉、结构稳定等优点,但是其缺点是缺乏长期的稳定性及对环境不友好。BDD 电极由于其优越的性质非常适合于臭氧制备。

如图 10.6 所示为制备臭氧的电化学反应的装置和作为阳极的 BDD 电极的构造[69]。结果表明在同样的电流密度、电解质溶液和温度下,BDD 电极产生 O_3 的量比 PbO_2 电极增加约 50%。且经过约 3 000 h 的生成 O_3 的试验后,扫描电子显微镜(SEM)、X 射线衍射仪(XRD)和 Raman 的表征结果表明,BDD 薄膜仍是连续的膜,只是有些晶粒的尖端变得稍平了些,其 sp^3 的成分没有改变,即没有被氧化成 sp^2 态的碳;而 PbO_2 电极的表面被破坏、吸附了大量的氧化产物,这就降低了电流效率,且 XRD 的数据分析表明表面电化学活性的 α 和 β 相有所减少。可以说,BDD 薄膜是制备臭氧的电化学装置中理想的阳极材料。为了进一步增大电流效率,在多孔硅上沉积形成的多孔 BDD 膜以及自支撑(无衬底)并被打孔的 BDD 薄膜也被用来作为阳极材料生成臭氧[70]。尤其是自支撑的 BDD 电极没有了硅衬底就有了更加稳定的性能。目前,已有小型的以 BDD 为阳极材料的臭氧产生器研制出来。

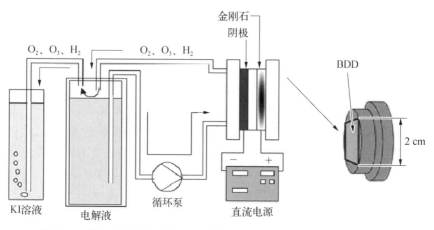

图 10.6　制备臭氧的电化学反应的装置和作为阳极的 BDD 电极的构造

另外,Panizza[71]等利用金刚石电极合成具有强氧化活性的 Ag^{2+},一种可以用于分解有机废弃物及核废料氧化降解过程的调试氧化试剂(mediated electrochemical oxidation,MEO)。金刚石电极也被用在金属纳米粒子和金属复合物的制备上,即通过电化学还原反应沉积金属离子和 N – CdTe 复合物[72-74]等,以应用到电催化、电分析以及固体太阳能电池方面。

10.5.3　电容器

除了在电分解和电合成方面的应用外,BDD 薄膜还在电容器方面有巨大的发

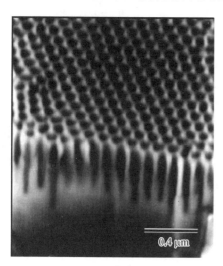

图 10.7　纳米级多孔蜂窝状
BDD 膜的 SEM 图[75]

展潜力。双电层电容器被广泛地用来作为记忆备份装置的能量供应器件,在电解分析、电催化、蓄电池和燃料电池等方面备受关注。人们研究发现,未经处理的多晶 BDD 电极具有较低的电容,但是如果在硅基体的高硼掺杂金刚石膜表面(抛光处理),通过非常有序的纳米多孔 Al_2O_3 模板进行氧等离子体刻蚀,可以制造出纳米多孔蜂窝状 BDD 膜[75-77](图 10.7)。其电容值可通过调控 BDD 膜孔的尺度(即 Al_2O_3 模板的孔径)大小来实现,此电极的双电层是未经刻蚀处理的金刚石膜电容的 150~300 倍,其中当孔径为 400 nm×3 μm 时,每平方厘米电容值最大可达到 3.91×10^3 mF。

　　我们知道传统的双电层电容器在水溶液中的电势窗很小,因此只能工作在有机电解液中,以提高电势工作范围,而有机电解液较大的电阻使其放电性能比水溶液中要低得多,因此双电层电容器一直未能完全发挥其应有的作用。而这种蜂窝状 BDD 膜双电层电容器在水溶液中的电化学视窗[78,79]为 2.7 V,虽比原生的 BDD电极要小(3.04 V),但仍比其它常规电极要宽(如高定向热解石墨为 1.93 V),此纳米级多孔蜂窝状的 BDD 电极较高的电容值和较宽的电势窗使其在双电层电容器应用方面成为极具潜力的候选者。

10.5.4　电分析

　　电分析是分析测定、反应机理研究的重要手段,且具有快速、灵敏的特点。但是电分析的方法在实际的应用中并没有光谱法、色谱法及滴定法等广泛。这是由于电分析中常规使用的电极存在着一定的缺陷,如沉淀的玷污、吸附现象的存在以及一些物质高的过电位与电极本身的不稳定等因素,限制了电分析方法在很多方面的应用。BDD 薄膜电极具有宽的电化学势窗、低的背景电流、高的抗电极表面玷污能力和极高的电化学稳定性,为这些问题的解决提供了有效的手段。近年来,已有很多关于 BDD 薄膜电极应用在电分析方面的研究报道。

　　Ramesham[80]用微分脉冲伏安法和反扫微分脉冲伏安法研究了 BDD 膜电极对多种痕量的有毒金属离子包括(铅、铬、铜和银离子)的电分析测试。溶出伏安法是一种广泛应用于检测溶液中痕量金属离子的方法,由于 BDD 膜的耐腐蚀性能,使其比常规的石墨类电极更适用于溶出伏安法检测金属离子,尤其是对于硬度较大或非粉末状的样品,这种方法对 Zn、Cd 和 Pb 的检测限是几毫克每升。Prado 等[81]还采用阳极溶出伏安法实现了 BDD 膜电极上 Pb 和 Cu 的同时检测。

　　BDD 膜电极可与其他分析方法(如液相色谱法、毛细管电泳和流动注射分析等)结合起来检测安培电流,尤其是对一些有相当高的过电位的物质,从而达到分析检测的目的。特别是借助流动注射分析,BDD 膜电极成功地对多种有机物、药物进行了检测,例如叠氮化合物[82]、聚胺(尸胺、腐胺、精胺和亚精胺)[83]、磺胺类药物(磺胺嘧啶、磺胺甲基嘧啶和磺胺甲嘧啶)[84]及二硫化物[85](谷脆甘肽、2-巯基乙醇磺酸和 L-半肽氨酸)等,并得到了很好的检测结果,如高的检测精度和长的响应寿命。

　　由于 BDD 电极优异的化学和电化学的性能及良好的生物兼容性,使之在生物电分析领域有很广泛的应用。研究表明,利用原生的或者经过简单处理的 BDD 薄膜电极就可以实现在复杂生物体系内对特定物质的选择性测定,下面就几种常见生物物质的测定进行说明。

1. 葡萄糖的检测

目前,世界范围内糖尿病人在日益增多,因临床分析的要求,葡萄糖的检测研究十分活跃。电化学检测葡萄糖有两种类型:一是葡萄糖氧化酶生物传感器,即将葡萄糖氧化酶固定到电极表面通过检测生成的 H_2O_2 的量来达到检测葡萄糖的目的,制备过程相对复杂,优点是能够在复杂的生物体系内选择性检测葡萄糖。另一种为直接电化学氧化法,这种方法比较简便。葡萄糖在金属电极上就有响应,但其稳定性和重复性不高,且由于受到生物体系内大量共存的抗坏血酸等物质的干扰而无法实现选择性;而在常规的碳素类电极上没有电化学氧化的信号,电极表面需经修饰处理才有响应。

Park 等[86]研究发现,葡萄糖在氢终端的 BDD 电极表面有很好的电化学响应,图 10.8(a)为不同浓度葡萄糖的循环伏安曲线。重要的是,在干扰物抗坏血酸大量存在下,仍然可以选择性测定葡萄糖[图 10.8(b)]。并且此响应有很好的重复性和高的稳定性。对于实现选择性检测的原因尚不清楚。因以上方法的简便易于操作的特性及 BDD 薄膜电极优异的化学和电化学的性能,氢终端的 BDD 有望做成检测葡萄糖的器件进行临床应用。

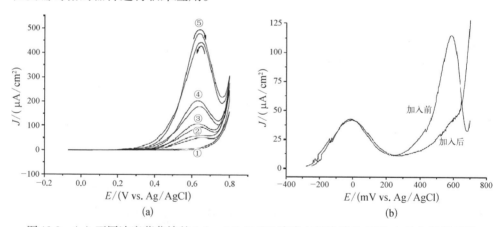

图 10.8　(a) 不同浓度葡萄糖的 1.0 mol/L NaOH 溶液在氢终端的 BDD 电极上的循环伏安曲线(① 0 mol/L、② 0.5 mol/L、③ 1.0 mol/L、④ 2.0 mol/L、⑤ 5.0 mmol/L;扫描速度为 20 mV/s);(b) 氢终端的 BDD 电极上,5.0 mmol/L 葡萄糖溶液中加入1.0 mmol/L 抗坏血酸前后的方波脉冲伏安曲线[86](脉冲振幅为 25 mV,频率为10 Hz)

2. 多巴胺(dopamine,DA)的选择性检测[87]

DA 是一种脑内神经传导物质,它的有效检出对生物化学及医学研究都有极为重要的作用。但是常用的金属电极在生物体内会导致金属电极毒化;且在这些电极材料及生物相容性的碳素类电极上,会由于大量存在的 AA(amino acids,氨基酸)与 DA 的氧化电位相近引起重叠而无法实现选择性测定。Fujishima 研究组的研究表明,BDD 电极在 0.1 mol/L KOH 溶液中经+2.6 V 电压的表面氧化处理后,形成的氧终端的 BDD 电极在酸性条件下(0.1 mol/L HClO₄)可以在含有数千倍于 DA 的 AA 溶液中,把 DA、AA 的氧化峰有效地分离开(ΔE 可达 0.5 V,而在原生的 BDD 电极上仅为 0.1 V),且在比较宽的范围内得到了理想的线性响应关系。此选择性检测是由于氧终端的 BDD 表面的 C=O 功能团的极性对在酸性条件下极性强的 AA 的静电排斥使之氧化峰大幅度向正电位方向移动,导致 DA 与 AA 的氧化峰分离。

3. 尿酸的检测[88]

尿或血液中尿酸的浓度异常,是人体患有痛风等疾病的征兆。但是微量尿酸的检出与 DA 的检测相同,也与 AA 的氧化电位相近从而无法实现选择性检测。利用氧终端的 BDD 电极,同样会因 AA 的氧化峰大幅度向正电位方向移动而实现选择性检测。且制得的标准曲线有很好的定量关系。可以说,利用原生的 BDD 电极(氢终端)或者经过简单处理的氧终端的 BDD 电极就可以实现复杂生物体系中特定物质的选择性检测。而在常规的电极上通常需要经过带有电性的纳米粒子的修饰等特殊的修饰处理才可以实现。另外,如前面 BDD 电化学性质中所提到的,NADH、组胺及其他的生化物质,如嘌呤、嘧啶、半胱氨酸等[89,90]也在 BDD 上得到了比其他电极优越的电化学响应。

10.5.5 电流型生物传感器

电流型生物传感器的基底材料需要满足以下条件:表面的平整和均匀性、表面性质的可控性、热和化学的稳定性、固定生物分子的能力、优异的电化学性质以及生物兼容性等。可以说,BDD 电极薄膜具有优于其他常规电极的性能,基本满足以上条件,有望成为理想的新一代的电流型生物传感器的基底材料。目前,BDD 电极用于电流型生物传感器的报道有葡萄糖氧化酶和酪氨酸酶生物传感器。

Troupe 等[91]率先研究了葡萄糖氧化酶(glucose oxidase,GOD)在 BDD 电极表面的固定,并以二茂铁的衍生物作为电子传递的媒介体,GOD 在 BDD 电极上表现了一定的活性,验证了 BDD 薄膜用于电流型生物传感器的可行性。即 BDD 电极表面首先在空气中氧化处理,接着用硅烷化试剂(3-aminopropyl triethoxysilane,ATPES)固定 GOD,并以二茂铁羧酸作为电子传递媒介体,但是其检测效果并没有得到很好的提高。文献[92,93]分别报道了在未经处理的(氢终端)和阳极极化的(氧终端)BDD 电极表面通过戊二醛的交联作用进行固定 GOD,从而形成 GOD 生物传感器。这两种 GOD 生物传感器在葡萄糖的检测过程中均有较好的电化学响应特性,相比较而言,在阳极极化处理的 BDD 表面形成的 GOD 生物传感器表现出了较快的响应速度(小于 5 s)、较宽的检测范围(0.07~2 mmol/L)和较低的检测限(0.023 mmol/L)。

Notsu 等[94]利用氨基终端的硅烷化试剂 ATPES 来修饰阳极极化处理的 BDD电极,进一步靠戊二醛的交联作用来固定酪氨酸酶。并采用循环伏安法和流动注射分析法对环境荷尔蒙物质双酚 A、17β -雌二醇等酚类的衍生物进行了定性和定量的测定,双酚 A 的检测限达到 10^{-6} mol/L。但是此酶电极由于硅烷化试剂在BDD 薄膜表面弱的吸附作用,导致其活性仅能保持几天。可以说,BDD 薄膜表面 sp^3 碳构造的高稳定性导致其表面的可造性和可加工性差,无法满足各种功能性表面的需要,致使其在生物传感器方面的应用至今未完全打开局面。因此,在金刚石膜表面如何进行修饰以进行生物分子固定的研究方兴未艾。

10.6　结　　语

金刚石薄膜在场发射、压力传感器、超导及量子计算等领域有着潜在的应用前景。各种金刚石薄膜探测器、金刚石薄膜真空微电子器件、声表面波器件(SAW)、金刚石薄膜发光管、金刚石薄膜场效应管和金刚石薄膜热敏电阻等有很大的应用潜力。如金刚石薄膜电极用于废水处理具有不会产生二次污染的功能[95],由于金刚石薄膜电极的低背景电流的特性,经过表面氧化修饰金刚石薄膜传感器可用于环境污染物的微痕量检测[96]等。

但是,在这众多的应用方面,CVD 金刚石薄膜也同时面临非常严峻的考验。金刚石表面 sp^3 碳构造的高稳定性导致其表面可再造性能差,无法满足制备各种功能性表面的需要。因此,要实现其应用并充分发挥它的优异性能,必须解决金刚石表面的惰性问题。综上所述,对于金刚石表面化学修饰的最基本步骤是在其表面导入活性基团,其中光化学激发的方法可以认为是目前能够高修饰的在金刚石薄膜表面引入活性反应基团的最好方法。

Wensha 等[97]采用原位合成法,通过光化学反应在金刚石表面直接引入 DNA分子,实现了直接在金刚石膜上的光加工,这对构建各种生物分子电子器件有着重要的意义,因此该成果一经报道,立刻引起了国际同行的关注。然而,目前该方法在应用方面还有许多问题亟待解决。例如:在制备生物分子排列上还不能达到需要的高密度,有序排列的可控性较差;同时,在可重复性及规模化等方面都还存在极大的研究空间。因此,要真正制备一种具有需要功能的、高覆盖率的功能性金刚石表面以应用于电子器件,还需要走一段较长的道路。另外,一些其他生物分子,如蛋白质、抗体等,在金刚石表面的固定的研究尚处于起步阶段。金刚石薄膜作为一种具有潜力的新兴领域已成为科技界关注的焦点,具有广阔的发展前景。

尽管如此,金刚石薄膜可以沉积在硅上,硅是芯片和其他微电子器件的原材料,这就为微电子器件和生物体系之间提供了一个化学稳定的生物传感器。金刚石薄膜非常稳定,当将生物分子连接到金刚石的表面,就可以检测其电化学响应信号。过去,科学家们试图开发出具有长期稳定性的生物传感器,但是一直没有成功。虽然硅已经用于计算机的芯片,但是已经证实氧化硅不是一个用于传感器的好材料。而生物修饰的金刚石薄膜具有显著的稳定性,能够承受 DNA 或基因材料的多次循环扫描。这种传感器在化学和电化学上都是非常稳定的,而且使用方便,可用于战场上对生物武器的痕量检测,将它放置在公共场所,如机场、地铁、车站等人群密集的地方,可以连续探测,发现危险的生物武器会发出警报。

对于金属粒子在金刚石表面的修饰,电沉积方法制得的电极稳定性不好,而其他方法程序复杂,因此限制了修饰电极在实际中的应用,所以还有待研究开发过程简单、反应条件温和、稳定性好、成本较低的修饰方法,以早日实现金刚石修饰电极在工业中的应用。

另一方面,在金刚石薄膜表面实施金属纳米粒子的修饰将是今后研究的一个重要方向。随着近年来人们对纳米粒子特性认识的加深以及相关学科的发展,纳米技术的介入为金刚石薄膜最大限度地发挥作用提供了无穷的想象空间,如生物传感器、具有催化功能的金刚石薄膜电极等。

因此,随着对金刚石薄膜化学修饰路线和条件研究的进一步深入,在逐步掌握其规律之后,预期将能够合理实现金刚石功能材料的工业化。这将为金刚石薄膜材料提供广阔的发展前景,可望得到更多更优异的实用产品,以满足更高更广泛的需要。人们完全有理由相信,金刚石薄膜这一新型的功能材料将在 21 世纪材料科学的发展中发挥重要的作用。

参 考 文 献

[1] Geis M W. Device quality diamond substrates[J]. Diamond and Related Materials, 1992, 1(5 – 6): 684 – 687.

[2] Geis M W, Rathman D D, Ehrlich D J, et al. High-temperature point-contact transistors and Schottky diodes formed on synthetic boron-doped diamond[J]. Electron Device Letters, IEEE, 1987, 8(8): 341 – 343.

[3] Kohn E, Gluche P, Adamschik M. Diamond MEMS — a new emerging technology[J]. Diamond and Related Materials, 1999, 8(2 – 5): 934 – 940.

[4] Umezawa H, Tatsumi N, Shikata S I, et al. Increase in reverse operation limit by barrier height control of diamond Schottky barrier diode[J]. Electron Device Letters, IEEE, 2009, 30(9): 960 – 962.

[5] 王万录,廖克俊,张振刚,等.偏压对金刚石膜成核过程的影响[J].科学通报,1996,41

(10): 894 − 896.

[6] Koizumi S, Watanabe K, Hasegawa M, et al. Lattice location of phosphorus in n-type homoepitaxial diamond films grown by chemical-vapor deposition [J]. Diamond and Related Materials, 2002, 11: 307 − 312.

[7] Zhang X W, Boyen H G, Ziemann P, et al. Hetero epitaxial growth of cubic boron nitride films on single-crystalline (001) diamond substrates[J]. Applied Physics A, 2005, 80: 735 − 738.

[8] Zhang X W. Doping and electrical properties of cubic boron nitride thin films: a critical review [J]. Thin Solid Films, 2013, 544: 2 − 12.

[9] Zimmermann T, Kubovic M, Denisenko A, et al. Ultra-nano-crystalline/single crystal diamond heterostructure diode[J]. Diamond and Related Materials, 2005, 14(3 − 7): 416 − 420.

[10] Hasegawa M, Teraji T, Koizumi S. Lattice location of phosphorus in n-type homoepitaxial diamond films grown by chemical-vapor deposition [J]. Applied Physics Letters, 2001, 79 (19): 3068 − 3070.

[11] Koizumi S, Watanabe K, Hasegawa M, et al. Ultraviolet emission from a diamond pn junction [J]. Science, 2001, 292(5523): 1899 − 1901.

[12] Tajani A, Tavares C, Wade M, et al. Homoepitaxial {111}-oriented diamond pn junctions grown on B-doped Ib synthetic diamond[J]. Physica Status Solidi (A), 2004, 201(11): 2462 − 2466.

[13] Nesladek M. Conventional n-type doping in diamond: state of the art and recent progress[J]. Semiconductor Science and Technology, 2005, 20(2): 19 − 25.

[14] Nebel C E, Miskys C R, Garrido J A, et al. AlN/diamond np-junctions[J]. Diamond and Related Materials, 2003, 12(10 − 11): 1873 − 1876.

[15] Wang C X, Yang G W, Zhang T C, et al. Fabrication of transparent p-n hetero-junction diodes by p-diamond film and n-ZnO film [J]. Diamond and Related Materials, 2003, 12(9): 1548 − 1552.

[16] 万静,苟立,冉再国.金刚石膜同步辐射 X 射线掩模的研究进展[J].四川师范大学学报(自然科学版), 2001, 24(6): 618 − 621.

[17] Ravet M F, Rousseaux F. Status of diamond as membrane material for X-ray lithography masks [J]. Diamond and Related Materials, 1996, 5(6): 812 − 818.

[18] Drazic G, Sarantopoulou E, Kobe S, et al. X-ray microanalysis of optical materials for 157 nm photolithography[J]. Crystal Engineering, 2002, 5(3): 327 − 334.

[19] Gruetzner G. New negetive-tone photoresists avoid swelling and distortion [J]. Solid State Technology, 1997, 40(1): 79 − 84.

[20] Wang Y, Kang J. Development and challenges of lithography for ULSI[J]. Chinese Journal of Semiconductors, 2000, 23(3): 225 − 237.

[21] Burggraaf P. Optical lithography to 2000 and beyond[J]. Solid State Technology, 1999, 42 (2): 31 − 41.

[22] 王煜.X 射线光学在固体领域中的应用[M].北京: 科学出版社,1985: 40.

[23] Silverman J P. Challenges and progress in X-ray lithography [J]. J. Vac. Sci. Technol., 1998, B16(6): 3137－3141.

[24] Fabrizio E D, Grella L, Gentili M, et al. A novel X-ray mask concept for mix&match lithography fabrication of MOS devices by synchrotron radiation lithography [J]. Microelectron. Eng., 1997, 35(1): 553－556.

[25] Gwyn C W, Stulen R, Sweeney D, et al. Extreme ultraviolet lithography [J]. J. Vac. Sci. Technol., 1998, B16(6): 3142－3147.

[26] Derbyshire K. Issues in advanced lithography [J]. Solid State Technology, 1997, 40(5): 133－138.

[27] Ohki S, Ishihara S. An overview of X-ray lithography [J]. Microelectronic Engineering, 1996, 30(2): 171－178.

[28] DeJule R. Resist enhancement with anti-reflective coating [J]. Semiconductor International, 1996, 19(7): 169－175.

[29] Kinkead D. Airborne molecular contamination: a roadmap for the 0.25 μm generation [J]. Semiconductor International, 1996, 19(6): 233－238.

[30] Deguchi K, Miyoshi K, Metal O. Extendibility of synchrotron radiation lithography to the sub－100 nm region [J] Vac. Sci. Technol. B, 1996, 14(6): 4294－4297.

[31] Hawryluk A M, Seppala L G. Soft X-ray projection lithography using an X-ray reduction camera [J]. Vac. Sci. Technol. B, 1988, 6(6): 2162－2166.

[32] Lunday C. IBM, Motorola, Japan firms agree on common mask for X-ray lithography [J]. Solid State Technology, 1997, 40(5): 48－53.

[33] Gaines D P. X-ray charaterization of a four-bounce projection system [J]. Proceedings on Extreme Ultraviolet Lithography, 1995, 1: 19－21.

[34] Fuchs D. High precision soft X-ray reflectometer [J]. Rev. Sci. Instrum., 1995, 66(2): 2248－2250.

[35] Lebert R, Neff W. Pinch plasma source for X-ray microscopy with nanosecond exposure time [J]. Journal of X－Ray Science and Technology, 1996, 6(2): 107－140.

[36] Lebert R. Pinch plasmas as intense EUV sources for laboratory application [J]. Optical and Quantum Electronics, 1996, 28(3): 241－259.

[37] Smmargren G E, Seppala L G. Condenser optics partial coherence and imaging for soft X-ray projection lithography [J]. Appl. Opt., 1993, 32(34): 6938－6944.

[38] Kinoshita H. Present and future requirements of soft X-ray projection lithography in multilayer and grazing incidence X-ray/EUV optics for a stronomy and projection lithography [J]. SPIE, 1992, 17(42): 576－584.

[39] Reilly M, Leonard Q, Wells G, et al. Performance of the modified Suss XRS 200/2M X-ray stepper at CXrL [J]. Jpn. J. Appl. Phys., 1994, 33(p1): 6899－6904.

[40] 韩毅松.纳米金刚膜——一种新的具有广阔应用前景的 CVD 金刚石 [J]. 人工晶体学报,2002, 31(2): 158－163.

[41] 姜念云,沈峰,胡思福.同步辐射及其应用[M].北京:科学技术出版社,1996:216-218.

[42] 吴沐新,朱樟震,张菊芳,等.同步辐射及其应用[M].北京:北京科学技术出版社,1996:212-215.

[43] Rovet M F, Rousseaux F. Status of diamond as membrane material for X-ray lithography mask [J]. Diamond and Related Materials, 1996, 5(6): 812-818.

[44] Shimkunas A R. Advances in X-ray mask technology[J]. Solid State Technolgy, 1984, 27(9): 192-199.

[45] Trimble L E, Celler G K, Frakoviak J. Fabrication and properties of free-standing C60 membranes[J]. J. Vac. Sci. Technol. B, 1993, 10(6): 1887-1890.

[46] Shoki T, Yamaguchi Y. Optical properties of polycrystalline β-SiC membrane for X-ray masks [J]. Proceedings of SPIE — The International Society for Optical Engineering, 1994, 2254: 313-319.

[47] Alberto M, Masamitsu I. Mask distortion analysis for the fabrication of 1 Gbit dynamic random access memories by X-ray lithography[J]. Japanese Journal of Applied Physics B, 1993, 32 (12): 5947-5950.

[48] Rousseaux F, Haghiri-Gosnet A M. X-ray lithography at the Super-ACO storage ring of Orsay [J]. Microelectronic Engineering, 1990, 11(1-4): 229-232.

[49] Shoulders K R. Microelectronics using electron-beam-activated machining techniques [J]. Advances in Computers, 1961, 2: 135-293.

[50] Spindt C A. A thin-film field-emission cathode[J]. Journal of Applied Physics, 1968, 39(7): 3504-3509.

[51] 黄庆安,秦明,章彬.金刚石薄膜场发射进展[J].物理,1997,26(7):414-416.

[52] Collins C B, Davanloo F, Juengerman E M, et al. Laser plasma source of amorphous diamond [J]. Applied Physics Letters, 1989, 54(3): 216-218.

[53] Wang B, Xiong Y, Xia L, et al. High-current electron emission characteristics of cathodes based on diamond films[J]. Diamond and Related Materials, 2011, 20(3): 433-438.

[54] Chernov V V, Ivanov O A, Isaev V A, et al. High current electron emission of thin diamond films deposited on molybdenum cathodes[J]. Diamond and Related Materials, 2013, 37: 87-91.

[55] 赵建文.功能化金刚石薄膜制备及其应用研究[D].北京:中国科学院理化技术研究所,2008.

[56] Ekimov E A, Sidorov V A, Bauer E D, et al. Superconductivity in diamond[J]. Nature, 2004, 428(6982): 542-545.

[57] Takano Y, Nagao M, Sakaguchi I, et al. Superconductivity in diamond thin films well above liquid helium temperature[J]. Applied Physics Letters, 2004, 85(14): 2851-2853.

[58] Aslam M, Taher I, Masood A, et al. Piezoresistivity in vapor-deposited diamond films[J]. Applied Physics Letters, 1992, 60(23): 2923-2925.

[59] Sahli S, Aslam D M. Ultra-high sensitivity intra-grain poly-diamond piezoresistors[J]. Sensors

and Actuators A: Physical, 1998, 71(3) 193 - 197.

[60] Pan X Y, Liu G Q, Yang L L, et al. Solid-state optimal phase-covariant quantum cloning machine[J]. Applied Physics Letters, 2011, 99(5): 051113 - 051115.

[61] Carey J J, Christ C S, Lowery S N. Method of eletrolysis employing a doped diamond anode to oxidize solutes in wastewater[P]. US patent 5399247, 1995.

[62] Fryda M, Dietz A, Herrmann D. Waste treatment with diamond electrodes[J]. Electrochemical Society Proceedings, 1999, 99: 473 - 483.

[63] Montilla F, Michaud P A, Morallón E. Electrochemical oxidation of benzoic acid at boron-doped diamond electrode[J]. Electrochimica Acta, 2002, 47: 3509 - 3513.

[64] Iniesta J, Michaud P A, Panizza M. Electrochemical oxidation of 3-methylpyridine at a boron doped diamond electrode: application to electroorganic synthesis and wastewater treatment[J]. Electrochemistry Communications, 2001, 3: 346 - 351.

[65] Marselli B, Garcia G J, Michaud P A. Electrogeneration of hydroxyl radicals on boron-doped diamond electrodes[J]. Journal of the Electrochemical Society, 2003, 150: 79 - 83.

[66] Clément C L, Ndao N A, Katty A. Boron doped diamond electrodes for nitrate elimination in concentrated wastewater[J]. Diamond Related Materials, 2003, 12: 606 - 612.

[67] Murugananthan M, Yoshihara S, Rakuma T. Electrochemical degradation of 17β-estradiol (E2) at boron-doped diamond (Si/BDD) thin film electrode[J]. Electrochimica Acta, 2007, 52: 3242 - 3249.

[68] Panizza M, Michaud P A, Cerisola G. Anodic oxidation of 2-naphthol at boron-dopedd iamond electrodes[J]. Journal of Electroanalytical Chemistry, 2001, 507: 206 - 214.

[69] Park S G, Kim G S, Park J E. Use of boron-doped diamond electrode in ozone generation[J]. Journal of New Materials for Electrochemical Systems, 2005, 8: 65 - 68.

[70] Fujishima A, Einaga Y, Rao T N. Diamond electrochemistry[M]. Berlin: Elsevier, 2005: 543 - 555.

[71] Panizza M, Duo I, Michand P A. Electrochemical generation of silver (II) at boron-doped diamond electrodes[J]. Electrochemical and Solid-State Letters, 2000, 3: 550 - 551.

[72] Awada M, Strojek J W, Swain G M. Electrodeposition of metal alloyed on boron-doped diamond thin-film electrodes[J]. Journal of the Electrochemical Society, 1995, 142: L42 - L45.

[73] Vinokur N, Miller B, Avyigal Y. Cathodic and anodic deposition of mercury and silver at boron-doped diamond electrodes[J]. Journal of the Electrochemical Society, 1999, 146: 125 - 130.

[74] Huth V P, Tenne R. Mini-symposium on diamond electrochemistry related topics[C]. 2nd Int. Tokyo: Tokyo University, 1998.

[75] Masuda H, Watanabe M, Yasui K. Fabrication of a nanostructured diamond honeycomb film[J]. Advanced Materials, 2000, 12: 444 - 447.

[76] Honda K, Rao T N, Tryk D A. Electrochemical characterization of the nanoporous honeycomb diamond electrode as an electrical double-layer capacitor[J]. Journal of the Electrochemical Society, 2000, 147: 659 - 664.

［77］ Honda K, Rao T N, Tryk D A. Impedance characteristics of the nanoporous honeycomb diamond electrodes for electrical double-layer capacitor applications［J］. Journal of the Electrochemical Society, 2001, 148: A668 – A679.

［78］ Yoshimura M, Honda K, Uchikado R. Electrochemical characterization of nanoporous honeycomb diamond electrodes in non-aqueous electrolytes［J］. Diamond Related. Materials, 2001, 10: 620 – 626.

［79］ Honda K, Yoshimura M, Uchikado R. Electrochemical characteristics for redox systems at nano-honeycomb diamond［J］. Electrochimica Acta, 2002, 47: 4373 – 4385.

［80］ Ramesham R. Diferential pulse voltammetry of toxic metal ions at the boron-doped CVD diamond electrode［J］. Journal of Materials Science, 1999, 34: 1439 – 1445.

［81］ Prado C, Wilkins S J, Marken F. Simultaneous electrochemical detection and determination of lead and copper at boron-doped diamond film electrodes［J］. Electroanalysis, 2002, 14: 262 – 272.

［82］ Xu J S, Swain G M. Oxidation of azide anion at boron-doped diamond thin-film electrodes［J］. Analytical Chemistry, 1998, 70: 1502 – 1510.

［83］ Koppang M D, Witek M, Blau J. Electrochemical oxidation of polyamines at diamond thin-film electrodes［J］. Analytical Chemistry, 1999, 71: 1188 – 1195.

［84］ Rao T N, Sarada B V, Tryk D A. Electroanalytical study of sulfa drugs at diamond electrodes and their determination by HPLC with amperometric detection［J］. Journal of Electroanalytical Chemistry, 2000, 491: 175 – 181.

［85］ Chailapakul O, Aksharandana P, Frelink T. The electrooxidation of sulfur-containing compounds at boron-doped diamond electrode［J］. Sensors and Actuators B, 2001, 80: 193 – 201.

［86］ Lee J W, Park S M. Direct electrochemical assay of glucose using boron-doped diamond electrodes［J］. Analytica Chimica Acta, 2005, 545: 27 – 32.

［87］ Popa E, Notsu H, Miwa T. Selective electrochemical detection of dopamine in the presence of ascorbic acid at anodized diamond thin film electrodes［J］. Electrochemical and Solid-State Letters, 1999, 2: 49 – 51.

［88］ Popa E, Kubota Y, Tryk D A. Selective voltammetric and amperometric detection of uric acid with oxidized diamond film electrodes［J］. Analytical Chemistry, 2000, 72: 1724 – 1727.

［89］ Ivandini T A, Honda K, Rao T N. Simultaneous detection of purine and pyrimidine at highly boron-doped diamond electrodes by using liquid chromatography［J］. Talanta, 2007, 71: 648 – 655.

［90］ Nekrassova O, Lawrence N S, Compton R G. Selective electroanalytical assay for cysteine at a boron doped diamond electrode［J］. Electroanal, 2004, 16: 1285 – 1291.

［91］ Troupe C E, Drummond I C, Graham C. Diamond-based glucose sensors［J］. Diamond Related Materials, 1998, 7: 575 – 580.

［92］ Su L, Qiu X P, Guo L H. Amperometric glucose sensor based on enzyme-modified boron-doped diamond electrode by cross-linking method［J］. Sensors and Actuators B, 2004, 99: 499 – 504.

[93] Wu J, Qu Y. Mediator-free amperometric determination of glucose based on direct electron transfer between glucose oxidase and an oxidized boron-doped diamond electrode[J]. Analytical Bioanal Chemistry, 2006, 385: 1330 – 1335.

[94] Notsu H, Tatsuma T, Fujishima A. Tyrosinase-modified boron-doped diamond electrodes for the determination of phenol derivatives[J]. Journal of Electroanal Chemistry, 2002, 523: 86 – 92.

[95] Zhi J F, Wang H B, Nakashima T. Electrochemical incineration of organic pollutants on boron-doped diamond electrode[J]. Journal of Physical Chemistry, 2003, 107: 13389 – 13395.

[96] Gurbuz Y, Kang W P, Davodson J L. High temperature tolerant diamond-based microelectronic oxygen gas sensor[J]. Sensors and Actuators, 1998, 13: 115 – 120.

[97] Wensha Y, Orlando A, James E B. DNA-modified nanocrystalline diamond thin-films as stable, biologically active substrates[J]. Nature Materials, 2002, 1: 253 – 257.